“101 计划”核心教材

数学领域

数学分析（下册）

梅加强　楼红卫　杨家忠　编著

中国教育出版传媒集团
高等教育出版社·北京

内容提要

本教材根据“101 计划”的要求编写。教材的编写基于编者多年的教学经验以及与兄弟院校教师的交流，兼顾了先进性与一定的普适性，注重基础性、思想性以及学科间的融会贯通，精选了例题和习题。

全书共二十一章，包含集合与映射、实数、序列极限、函数极限、连续函数、导数与微分、微分中值定理、不定积分、Riemann 积分、广义积分、数项级数、函数序列与函数项级数、幂级数、多元函数与映射的极限与连续、多元函数微分学及其应用、多元函数的积分学、曲线积分与曲面积分、微分形式简介、场论初步、含参变量积分、Fourier 级数等。

本教材可作为数学类专业数学分析课程的教材或教学参考书，还可供科技工作者参考。

目 录

第十六章

多元函数的积分学

在第九章中,我们讨论了一元函数的 Riemann 积分. 本章讨论多元函数的 Riemann 积分 (重积分). 我们遵循的理论框架和第九章类似, 区别在于一元函数的积分区域是区间, 而多元函数的积分区域就要复杂得多. 另外, 多元函数的积分还有积分次序的交换问题, 多元函数的积分变量替换公式的证明也比一元情形复杂得多. 由于两个变量的函数和更多变量的函数的积分理论并无本质差别, 因此我们从 $\mathbb{R}^2$ 上的积分开始讨论.

16.1 二重 Riemann 积分

设 $[a,b]$, $[c,d]$ 分别为 $\mathbb{R}$ 中的区间, 则 $I=[a,b]\times[c,d]$ 为 $\mathbb{R}^2$ 中的矩形, 其直径 $d(I)$ 和容积 (面积) $\nu(I)$ 分别为

$$d(I)=\sqrt{(b-a)^2+(d-c)^2},\quad \nu(I)=(b-a)(d-c).$$

设这两个区间分别有分割

$$\mathrm{P}_1:\ a=x_0<x_1<\cdots<x_m=b,\quad \mathrm{P}_2:\ c=y_0<y_1<\cdots<y_n=d,$$

则直线 $x=x_i$ $(0\leqslant i\leqslant m)$ 和 $y=y_j$ $(0\leqslant j\leqslant n)$ 将 I 分成 mn 个小矩形 (图 16.1)

$$I_{ij}=[x_{i-1},x_i]\times[y_{j-1},y_j],\quad 1\leqslant i\leqslant m,\ 1\leqslant j\leqslant n.$$

这些小矩形称为 I 的一个分割, 记为 $\mathrm{P}=\mathrm{P}_1\times\mathrm{P}_2$. 分割 P 的模定义为 $\|\mathrm{P}\|=\max\limits_{i,j}d(I_{ij})$.

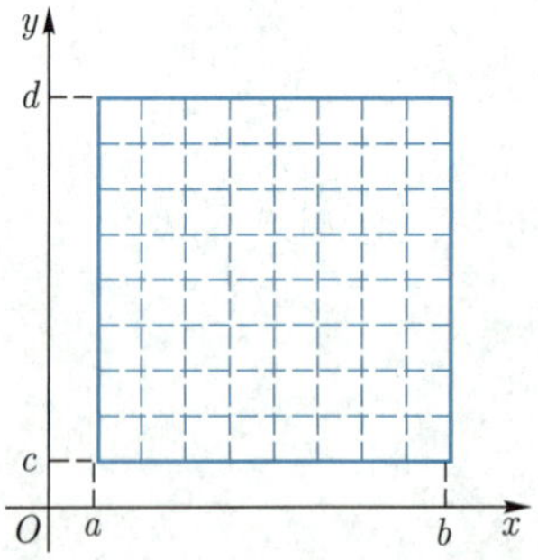

图 16.1 矩形的分割

定义 16.1.1 (矩形中的 Riemann 积分) 设 $f:I\to\mathbb{R}$ 是定义在矩形 I 上的函数 (图 16.2), 如果存在实数 α, 使得任给 $\varepsilon>0$, 均存在 $\delta>0$, 当 $\|\mathrm{P}\|<\delta$ 时, 有

$$\left|\sum_{i,j}f(\boldsymbol{\xi}_{ij})\nu(I_{ij})-\alpha\right|<\varepsilon,\quad \forall\,\boldsymbol{\xi}_{ij}\in I_{ij},$$

则称 f 在 I 上 Riemann 可积, 简称可积, 记为 $f\in R(I)$. α 称为 f 在 I 上的积分, 记为

$$\alpha=\int_I f=\iint_I f(x,y)\,\mathrm{d}x\,\mathrm{d}y.$$

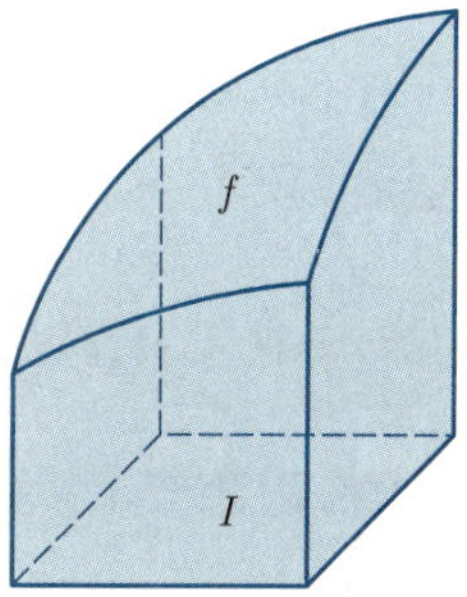

图 16.2 二重积分

注 16.1.1 (1) 我们将 $\sum\limits_{i,j} f(\boldsymbol{\xi}_{ij})\nu(I_{ij})$ 称为 f 关于分割 P 的一个 Riemann 和, 也记为 $S(f,\mathrm{P},\boldsymbol{\xi})$. 如果 f 可积, 则积分可用极限表示为

$$\int_I f=\lim_{\|\mathrm{P}\|\to 0} S(f,\mathrm{P},\boldsymbol{\xi}).$$

(2) 与一元函数类似, f 在 I 上 Riemann 可积的必要条件是 f 为 I 上的有界函数.

下面假设 f 为 I 上的有界函数. 我们像对一元函数所做过的那样来讨论 f 可积的充要条件. 记 $M_{ij}=\sup\limits_{p\in I_{ij}} f(p)$, $m_{ij}=\inf\limits_{p\in I_{ij}} f(p)$, 并令

$$S(\mathrm{P})=S(\mathrm{P},f)=\sum_{i,j} M_{ij}\nu(I_{ij}),\quad s(\mathrm{P})=s(\mathrm{P},f)=\sum_{i,j} m_{ij}\nu(I_{ij}),$$

$S(\mathrm{P})$ 和 $s(\mathrm{P})$ 分别是 f 关于分割 P 的 Darboux 上和与 Darboux 下和. 与一元函数一样, 称

$$\omega_{ij}=M_{ij}-m_{ij}=\sup_{p\in I_{ij}} f(p)-\inf_{p\in I_{ij}} f(p)$$

为 f 在小矩形 I_{ij} 上的振幅. f 的上和与下和之差可以表示为

$$S(\mathrm{P})-s(\mathrm{P})=\sum_{i,j}\omega_{ij}\nu(I_{ij}).$$

如果 $[a,b]$ 的分割 P_1' 是由 P_1 通过添加分点得到, $[c,d]$ 的分割 P_2' 是由 P_2 通过添加分点得到, 则称 $[a,b]\times[c,d]$ 的分割 $\mathrm{P}'=\mathrm{P}_1'\times\mathrm{P}_2'$ 是 $\mathrm{P}=\mathrm{P}_1\times\mathrm{P}_2$ 的一个加细. 对于加细分割, 下面命题的证明和一元函数完全类似.

命题 16.1.1　如果 P' 是 P 的加细, 则

$$s(\mathrm{P}) \leqslant s(\mathrm{P}') \leqslant S(\mathrm{P}') \leqslant S(\mathrm{P}),$$

即分割加细后下和不减, 上和不增.

推论 16.1.2　对于 I 的任何两个分割 $\mathrm{P}^1, \mathrm{P}^2$, 均有 $s(\mathrm{P}^1) \leqslant S(\mathrm{P}^2)$.

证明　设 $\mathrm{P}^1 = \mathrm{P}_1 \times \mathrm{P}_2$, $\mathrm{P}^2 = \mathrm{P}_1' \times \mathrm{P}_2'$, 令

$$\mathrm{P} = \mathrm{P}^1 \cup \mathrm{P}^2 = (\mathrm{P}_1 \cup \mathrm{P}_1') \times (\mathrm{P}_2 \cup \mathrm{P}_2'),$$

则 P 既是 P^1 的加细, 又是 P^2 的加细, 因此

$$s(\mathrm{P}^1) \leqslant s(\mathrm{P}) \leqslant S(\mathrm{P}) \leqslant S(\mathrm{P}^2),$$

这说明下和总是不超过上和. □

对于有界函数, 它的上和与下和也都是有界的. 因此可以考虑

$$S(f) = \inf_{\mathrm{P}} S(\mathrm{P}), \quad s(f) = \sup_{\mathrm{P}} s(\mathrm{P}).$$

分别称 $S(f)$, $s(f)$ 为 f 的上积分与下积分.

例 16.1.1　求常值函数的积分.

解　如果 $f \equiv c$, 则它在矩形 I 上的任何 Riemann 和均为 $c\nu(I)$, 因此常值函数可积. 同时, 常值函数的上积分和下积分与其积分也相等. □

如果 k 为常数, 则易见 $f+k$ 可积当且仅当 f 可积, 且

$$S(f+k) = S(f) + k\nu(I), \quad s(f+k) = s(f) + k\nu(I).$$

设 $I = [a,b] \times [c,d]$, δ 是充分小的正数, 记

$$I^\delta = (a+\delta,\ b-\delta) \times (c+\delta, d-\delta),$$

显然 $0 < \nu(I) - \nu(I^\delta) < 2(b-a)\delta + 2(d-c)\delta$.

定理 16.1.3 (Darboux 定理)　设 f 为矩形 I 上的有界函数, 则

$$\lim_{\|\mathrm{P}\| \to 0} S(\mathrm{P}) = S(f), \quad \lim_{\|\mathrm{P}\| \to 0} s(\mathrm{P}) = s(f).$$

证明　我们以上和为例证明第一个等式. 因为 f 有界, 根据刚才的讨论, 不妨设 $0 \leqslant f \leqslant M$. 任给 $\varepsilon > 0$, 存在分割 $\mathrm{P}' = \{I_{ij}\}$, 使得 $S(\mathrm{P}') < S(f) + \dfrac{\varepsilon}{2}$. 设 δ 是充分小的正数, 记 $J_\delta = I \setminus \bigcup\limits_{ij} I_{ij}^\delta$, 我们要求 $\nu(J_\delta) < \varepsilon(2M+1)^{-1}$. 现在设 $\|\mathrm{P}\| < \delta$, 对于分割

P 的每一个小矩形来说 (图 16.3), 不难看出, 要么它完全含于 J_δ, 要么它完全含于分割 P′ 的某个 (开) 矩形之内, 二者必居其一 (也可同时成立). 因此, P 的上和有如下估计:

$$\begin{aligned} S(f) &\leqslant S(\mathrm{P}) \leqslant M\nu(J_\delta) + S(\mathrm{P}') \\ &\leqslant M\frac{\varepsilon}{2M+1} + S(f) + \frac{\varepsilon}{2} < S(f) + \varepsilon. \end{aligned}$$

这说明 $\lim\limits_{\|\mathrm{P}\|\to 0} S(\mathrm{P}) = S(f)$. □

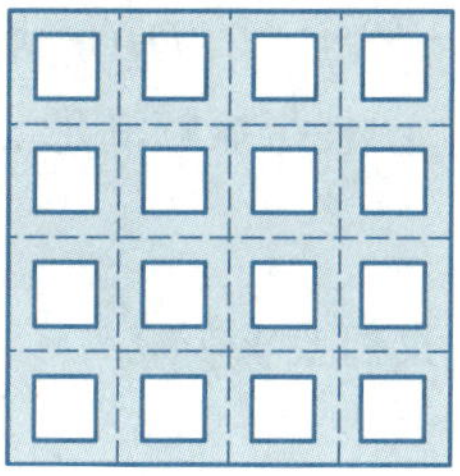

图 16.3 矩形的内缩

有了 Darboux 定理, 下面判断有界函数可积性定理的证明和一元函数就没什么不同了.

定理 16.1.4 (可积的充要条件) 设 f 为 I 上的有界函数, 则下列条件等价:

(1) $f \in R(I)$;

(2) f 的上积分和下积分相等;

(3) $\lim\limits_{\|\mathrm{P}\|\to 0} \sum\limits_{i,j} \omega_{ij}\nu(I_{ij}) = 0$.

(4) 任给 $\varepsilon > 0$, 存在 I 的某个分割 P, 使得

$$S(\mathrm{P}) - s(\mathrm{P}) = \sum_{i,j} \omega_{ij}\nu(I_{ij}) < \varepsilon.$$

对于二元函数, 下面的结果也是成立的.

定理 16.1.5 (Riemann 定理) 设 f 为 I 上的有界函数, 则 $f \in R(I)$ 当且仅当任给 $\varepsilon, \eta > 0$, 存在 I 的分割 P, 使得

$$\sum_{\{(i,j)|\omega_{ij}\geqslant\eta\}} \nu(I_{ij}) < \varepsilon.$$

因为闭矩形上的连续函数具有一致连续性, 我们立即得到

推论 16.1.6 设 f 为矩形 I 上的连续函数, 则 $f \in R(I)$.

和一元函数一样, 我们可以用零测集来刻画可积函数. 设 f 是定义在矩形 I 上的有界函数, $\boldsymbol{x} \in I$. f 在 $\boldsymbol{x}$ 处的振幅定义为

$$\omega(f, \boldsymbol{x}) = \lim_{r\to 0^+} \sup\{|f(\boldsymbol{x}_1) - f(\boldsymbol{x}_2)| : \boldsymbol{x}_1, \boldsymbol{x}_2 \in B_r(\boldsymbol{x}) \cap I\}.$$

易见, f 在 $\boldsymbol{x}$ 处连续当且仅当 $\omega(f,\boldsymbol{x})=0$. 设 $\delta>0$, 记

$$D_f(\delta)=\{\boldsymbol{x}\in I\,|\,\omega(f,\boldsymbol{x})\geqslant\delta\},$$

则 f 的间断点 (不连续点) 全体为 $D_f=\bigcup\limits_{n=1}^{\infty}D_f(1/n)$.

定理 16.1.7 (Lebesgue 定理) 设 f 为矩形 I 上的有界函数, 则 f 可积 $\Longleftrightarrow$ f 的间断点集 D_f 为零测集.

证明 "$\Longrightarrow$" 只要证明对每一个 $\eta>0$, $D_f(\eta)$ 均为零测集即可. 任给 $\varepsilon>0$, 根据 Riemann 定理, 可取 I 的分割 $\{I_{ij}\}$, 使得振幅满足 $\omega_{ij}\geqslant\eta$ 的小矩形的面积之和小于 $\dfrac{\varepsilon}{2}$.

设 $\delta>0$, 记 $J_\delta=I\setminus\bigcup\limits_{ij}I_{ij}^\delta$, 我们要求 $\nu(J_\delta)<\dfrac{\varepsilon}{2}$. 注意到当 $I_{ij}^\delta\cap D_f(\eta)\neq\varnothing$ 时, $\omega_{ij}\geqslant\eta$. 这说明 $D_f(\eta)$ 包含在 J_δ 和 $\{I_{ij}\mid I_{ij}^\delta\cap D_f(\eta)\neq\varnothing\}$ 的并集之中, 且它们的面积之和小于 ε. 由零测集的定义即知 $D_f(\eta)$ 为零测集.

"$\Longleftarrow$" 设 D_f 为零测集. 任给 $\varepsilon,\eta>0$, 存在至多可数个开矩形 $\{I_k\}$, 使得

$$D_f\subseteq\bigcup_{k\geqslant1}I_k,\quad\sum_{k\geqslant1}\nu(I_k)<\varepsilon.$$

任取 $\boldsymbol{x}\in I\setminus D_f$, 由 f 在 $\boldsymbol{x}$ 处连续可知, 存在 $r>0$, 使得 f 在 $B_r(\boldsymbol{x})\cap I$ 中的振幅小于 η. 显然, $\{B_r(\boldsymbol{x})\mid\boldsymbol{x}\in I\setminus D_f\}$ 和 $\{I_k\}$ 形成了 I 的开覆盖, 设 λ 是它的 Lebesgue 数. 设 $\{I_{ij}\}$ 是 I 的分割, 当它的模小于 λ 时, 每一个小矩形要么完全包含于某一个 $B_r(\boldsymbol{x})$ 中, 此时 f 在此小矩形中的振幅小于 η; 要么小矩形完全包含于某一个 I_k 中. 这说明

$$\sum_{\{(i,j)|\omega_{ij}\geqslant\eta\}}\nu(I_{ij})\leqslant\sum_{k\geqslant1}\nu(I_k)<\varepsilon,$$

由 Riemann 定理即知 f 可积. □

下面的推论是显然的.

推论 16.1.8 (1) 设 $f\in R(I)$, 矩形 $J\subseteq I$, 则 $f\in R(J)$;

(2) 如果矩形 I 被有限个矩形 $\{J_k\}$ 所覆盖, 且 f 在每个 J_k 上都是可积的, 则 $f\in R(I)$.

习题 16.1

1. 设 I 为矩形, $f,g\in R(I)$, 证明: $fg\in R(I)$.

2. 设 $f\in R[a,b]$, $g\in R[c,d]$, 记 $h(x,y)=f(x)g(y)$. 证明: h 是矩形 $I=[a,b]\times[c,d]$

上的可积函数, 且

$$\iint_I h(x,y)\,\mathrm{d}x\mathrm{d}y=\left(\int_a^b f(x)\,\mathrm{d}x\right)\left(\int_c^d g(y)\,\mathrm{d}y\right).$$

3. 计算积分 $\displaystyle\iint_{[0,1]^2}\sin(x+y)\,\mathrm{d}x\mathrm{d}y$.

4. 按照定义证明: 矩形上只有有限个间断点的有界函数是 Riemann 可积的.

5. 在矩形 $[0,1]^2$ 上定义函数 f 如下:

$$f(x,y)=\begin{cases}\sin\dfrac{1}{xy}, & xy>0,\\ 0, & xy=0.\end{cases}$$

研究 f 在 I 上是否可积.

6. 设 f 是定义在矩形 $I=[a,b]\times[c,d]$ 上的函数, 对于每一个固定的 $x\in[a,b]$, $f(x,y)$ 是关于 y 的单调递增函数, 且对于每一个固定的 $y\in[c,d]$, $f(x,y)$ 是关于 x 的单调递增函数. 证明: $f\in R(I)$.

7. 设非负函数 f 在矩形 I 上可积, 则 $\sqrt{f}$ 在 I 上也可积.

8. 设 f 是 $[a,b]$ 中的一元连续函数, $\varphi: I\to[a,b]$ 为矩形 I 上的可积函数, 则复合函数 $f\circ\varphi$ 为矩形 I 上的可积函数.

9. 设 $f\in R[-1,1]$, 当 $x,y\in[0,1]$ 时, 记 $g(x,y)=f(x-y)$. 证明: $g\in R\big([0,1]^2\big)$.

10. 设 I,J 为矩形, 且 $I\subseteq J$. 证明: $\chi_I\in R(J)$, 且其积分等于 I 的面积.

11. 在矩形 $I=[a,b]\times[c,d]$ 上定义 Dirichlet 函数 D 为: 当 x,y 均为有理数时 $D(x,y)=1$, 否则 $D(x,y)=0$. 证明: D 不是矩形 I 上的可积函数.

12. 证明: 矩形不是平面上的零测集.

16.2 多重积分及其基本性质

前一节关于二元函数积分的理论可以直接推广至多元函数. 在 n 维欧氏空间 $\mathbb{R}^n$ 中, 考虑定义在 n 维矩形 I 上的函数 f, 其中

$$I=[a_1,b_1]\times[a_2,b_2]\times\cdots\times[a_n,b_n],$$

I 的直径 $d(I)$ 和容积 (体积) $\nu(I)$ 分别为

$$d(I)=\sqrt{(b_1-a_1)^2+(b_2-a_2)^2+\cdots+(b_n-a_n)^2},$$

$$\nu(I)=(b_1-a_1)(b_2-a_2)\cdots(b_n-a_n).$$

设区间 $[a_i, b_i]$ $(i=1,2,\cdots,n)$ 有分割

$$\mathrm{P}_i:\ a_i = x_0^i < x_1^i < \cdots < x_{m_i}^i = b_i,$$

这时超平面 $x_i = x_j^i$ $(i=1,2,\cdots,n; j=0,1,\cdots,m_i)$ 将 I 分割成 $m_1 m_2 \cdots m_n$ 个小 n 维矩形

$$I_{i_1 i_2 \cdots i_n} = [x_{i_1-1}^1,\ x_{i_1}^1] \times [x_{i_2-1}^2,\ x_{i_2}^2] \times \cdots \times [x_{i_n-1}^n,\ x_{i_n}^n],$$

$$1 \leqslant i_1 \leqslant m_1, 1 \leqslant i_2 \leqslant m_2,\ \cdots,\ 1 \leqslant i_n \leqslant m_n.$$

这些小矩形所形成的分割记为 $\mathrm{P} = \mathrm{P}_1 \times \mathrm{P}_2 \times \cdots \times \mathrm{P}_n$, 定义

$$\|\mathrm{P}\| = \max_{i_1 i_2 \cdots i_n} d(I_{i_1 i_2 \cdots i_n}),$$

称为分割 P 的模.

定义 16.2.1 (n 维矩形上的 Riemann 积分) 设 f 是定义在 n 维矩形 I 上的函数. 如果存在实数 α, 使得任给 $\varepsilon > 0$, 均存在 $\delta > 0$, 当 $\|\mathrm{P}\| < \delta$ 时, 有

$$\left| \sum_{i_1 i_2 \cdots i_n} f(\boldsymbol{\xi}_{i_1 i_2 \cdots i_n}) \nu(I_{i_1 i_2 \cdots i_n}) - \alpha \right| < \varepsilon,\quad \forall\, \boldsymbol{\xi}_{i_1 i_2 \cdots i_n} \in I_{i_1 i_2 \cdots i_n},$$

则称 f 在 I 上 Riemann 可积, 简称可积, 记为 $f \in R(I)$. α 称为 f 在 I 上的积分, 记为

$$\alpha = \int_I f = \int_I f(\boldsymbol{x})\,\mathrm{d}\boldsymbol{x} = \int \cdots \int_I f(x_1, x_2, \cdots, x_n)\,\mathrm{d}x_1\,\mathrm{d}x_2 \cdots \mathrm{d}x_n.$$

矩形上的多元函数的可积性理论与二元函数的可积性理论是完全类似的, 我们不重复叙述. 下面我们将被积区域做一点推广.

定义 16.2.2 (Jordan[①] 可测集) 设 $A \subset \mathbb{R}^n$ 为有界集合, I 为包含 A 的矩形. 如果 A 的特征函数 χ_A 在 I 上可积, 则称 A 为 Jordan 可测集, χ_A 在 I 上的积分称为 A 的 Jordan 测度或容积, 记为 $\nu(A)$.

不难看出, 有界集合 A 是否为 Jordan 可测集以及 Jordan 测度的大小与定义中矩形 I 的选取无关. 如果 A 本身就是一个矩形, 则其 Jordan 测度等于矩形的容积.

命题 16.2.1 设 $A \subset \mathbb{R}^n$ 为有界集合, 则 A 为 Jordan 可测集当且仅当其边界 ∂A 为零测集.

证明 取矩形 $I \supseteq \bar{A}$, 且 $\bar{A}$ 与 I 的边界不相交. 易见, 特征函数 χ_A 在 I 中的间断点集恰为 ∂A. 由 Lebesgue 定理可知 A 为 Jordan 可测集当且仅当 ∂A 为零测集. □

---

① Jordan, Marie Ennemond Camille, 1838 年 1 月 5 日—1922 年 1 月 22 日, 法国数学家.

注 16.2.1 由 $\partial\bar{A}\subseteq\partial A$ 可知, 当 A 为 Jordan 可测集时, $\bar{A}$ 也为 Jordan 可测集, 并且 $\nu(\bar{A})=\nu(A)$.

设 A 为 Jordan 可测集, $f:A\to\mathbb{R}$ 为有界函数, 将 f 零延拓为 $\mathbb{R}^n$ 上的函数 f_A 如下:

$$f_A(\boldsymbol{x})=\begin{cases}f(\boldsymbol{x}), & \boldsymbol{x}\in A,\\ 0, & \boldsymbol{x}\in\mathbb{R}^n\setminus A.\end{cases}$$

定义 16.2.3 (Jordan 可测集上的积分) 设 A 和 f 如上, I 为包含 A 的矩形. 如果 $f_A\in R(I)$, 则称 f 在 A 上可积, 记为 $f\in R(A)$, 其积分定义为 f_A 在 I 上的积分, 即

$$\int_A f=\int_I f_A.$$

这个定义也和矩形 I 的选取无关. 当 A 本身就是矩形时, 这个定义和矩形上积分的定义是一致的. 下面的定理给出了有界函数在 Jordan 可测集上可积的判别条件.

定理 16.2.2 设 $f:A\to\mathbb{R}$ 是定义在 Jordan 可测集 A 上的有界函数. 则 $f\in R(A)$ 当且仅当 f 在 A 中的间断点集为零测集.

证明 取矩形 $I\supseteq\bar{A}$, 且 $\bar{A}$ 与 I 的边界不相交. 由定义, $f\in R(A)$ 当且仅当 $f_A\in R(I)$. 根据 Lebesgue 定理, $f_A\in R(I)$ 当且仅当 f_A 的间断点集为零测集. 因为在 $I\setminus\bar{A}$ 中 f_A 为零, 因此 f_A 的间断点都在 $\bar{A}$ 中. 又由于 ∂A 为零测集, 故 f_A 可积当且仅当 f_A 在 $\mathrm{int}A=A\setminus\partial A$ 中的间断点集为零测集. 在 $\mathrm{int}A$ 上 $f_A=f$, 因此 f_A 可积当且仅当 f 在 $\mathrm{int}A$ 中的间断点集是零测集, 也就是说当且仅当 f 在 A 中的间断点集为零测集. □

下面我们考虑积分的基本性质.

命题 16.2.3 设 $A\subset\mathbb{R}^n$ 为 Jordan 可测集, $f,g\in R(A)$, 则 fg, $|f|$, $\lambda f+\mu g$ 均在 A 上可积, 其中 $\lambda,\mu\in\mathbb{R}$, 且

$$\int_A(\lambda f+\mu g)=\lambda\int_A f+\mu\int_A g.$$

当 $f\geqslant g$ 时, $\displaystyle\int_A f\geqslant\int_A g$. 特别地, 有

$$\left|\int_A f\right|\leqslant\int_A|f|.$$

证明 只需在矩形中考虑即可, 留作练习. □

命题 16.2.4 设 A,B 均为 Jordan 可测集, 则 $A\cap B$, $A\cup B$ 也为 Jordan 可测集, 且

$$\nu(A\cup B)=\nu(A)+\nu(B)-\nu(A\cap B). \tag{16.2.1}$$

特别地, $\nu(A\cup B)\leqslant\nu(A)+\nu(B)$. 若 $A\subseteq B$, 则 $B\setminus A$ 也为 Jordan 可测集, 且

$$\nu(B\setminus A)=\nu(B)-\nu(A). \tag{16.2.2}$$

特别地, 此时 $\nu(A)\leqslant\nu(B)$.

证明 由 $\chi_{A\cap B}=\chi_A\chi_B$ 可知 $A\cap B$ 为 Jordan 可测集. 由

$$\chi_{A\cup B}=\chi_A+\chi_B-\chi_{A\cap B}$$

可知 $A\cup B$ 为 Jordan 可测集, 且 (16.2.1) 式成立. 同理, 当 $A\subseteq B$ 时, 由

$$\chi_{B\setminus A}=\chi_B-\chi_A$$

可知 $B\setminus A$ 为 Jordan 可测集, 且 (16.2.2) 式成立. □

推论 16.2.5 矩形不是零测集.

证明 设 $\{I_i\}$ 为至多可数个矩形, 它们覆盖了矩形 I. 不妨设 $\{I_i\}$ 均为开矩形. 根据有限覆盖定理, 存在有限个 I_i $(i\leqslant k)$ 使得它们仍然覆盖 I. 由上述命题可知

$$\sum_{i\leqslant k}\nu(I_i)\geqslant\nu\left(\bigcup_{i\leqslant k}I_i\right)\geqslant\nu(I)>0,$$

特别地, I 不可能为零测集. □

命题 16.2.6 A 为 Jordan 可测集且 Jordan 测度为零当且仅当任给 $\varepsilon>0$, 存在有限个矩形 $\{I_i\}$, 使得

$$A\subseteq\bigcup_i I_i,\quad \sum_i\nu(I_i)<\varepsilon. \tag{16.2.3}$$

证明 设 $\nu(A)=0$. 取包含 A 的矩形 I, 由 χ_A 在 I 上的积分为零可知, 任给 $\varepsilon>0$, 存在 I 的分割 $\{I_k\}$, 使得

$$\sum_{\{i|A\cap I_i\neq\varnothing\}}\nu(I_i)=\sum_k\left(\sup_{I_k}\chi_A\right)\nu(I_k)<\varepsilon,$$

这说明 (16.2.3) 式成立.

反之, 如果 (16.2.3) 式对 A 成立, 则对 $\bar{A}$ 也成立, 这说明 $\bar{A}$ 为零测集. 特别地, $\partial A\subseteq\bar{A}$ 为零测集, 从而 A 为 Jordan 可测集. 此时

$$\nu(A)\leqslant\nu\left(\bigcup_{i\leqslant k}I_i\right)\leqslant\sum_{i\leqslant k}\nu(I_i)<\varepsilon,$$

由 ε 的任意性可知 $\nu(A)=0$. □

定理 16.2.7 (积分中值定理) 设 A 为 Jordan 可测集, $f, g \in R(A)$. 如果 g 在 A 上不变号, 则存在 $\mu \in \mathbb{R}$, 使得

$$\int_A fg = \mu \int_A g,$$

其中 $\inf\limits_A f \leqslant \mu \leqslant \sup\limits_A f$.

证明 不妨假设 $g \geqslant 0$, 则

$$(\inf_A f)g(x) \leqslant f(x)g(x) \leqslant (\sup_A f)g(x), \quad \forall\, x \in A.$$

积分可得

$$(\inf_A f)\int_A g \leqslant \int_A fg \leqslant (\sup_A f)\int_A g,$$

如果 $\int_A g = 0$, 则上式表明 fg 在 A 上的积分也为零, 此时 μ 可任意取值. 设 $\int_A g > 0$, 则

$$\inf_A f \leqslant \left(\int_A g\right)^{-1} \int_A fg \leqslant \sup_A f,$$

令

$$\mu = \left(\int_A g\right)^{-1} \int_A fg,$$

则 μ 满足定理的要求. □

推论 16.2.8 设 A 为 Jordan 可测集, $f \in C(A)$, $g \in R(A)$ 且不变号. 如果 A 为道路连通的闭集, 则存在 $\boldsymbol{\xi} \in A$, 使得

$$\int_A fg = f(\boldsymbol{\xi}) \int_A g,$$

证明 利用积分中值定理和连续函数的介值定理即可. □

习题 16.2

1. 设 I 为 n 维矩形, $J \subseteq I$ 为子矩形. 证明: 当 $f \in R(I)$ 时, 也有 $f \in R(J)$.

2. 设 A 为 Jordan 可测集且 Jordan 测度为零, 则任何有界函数在 A 上均可积且积分为零.

3. 设 A 为 Jordan 可测集, $f, g \in R(A)$, 则 $\max\{f, g\}$ 和 $\min\{f, g\}$ 也在 A 上可积.

4. 设 A 为 Jordan 可测集, $\boldsymbol{b} \in \mathbb{R}^n$, 记 $A + \boldsymbol{b} = \{\boldsymbol{x} + \boldsymbol{b} \mid \boldsymbol{x} \in A\}$. 证明: $A + \boldsymbol{b}$ 也为 Jordan 可测集, 且 $\nu(A + \boldsymbol{b}) = \nu(A)$.

5. 设 A 为 Jordan 可测集, 则 $\bar{A}$ 也为 Jordan 可测集且 $\nu(\bar{A}) = \nu(A)$.

6. 设 A, B 为 Jordan 可测集且 $\nu(A\cap B)=0$, f 为 $A\cup B$ 上的可积函数, 证明:

$$\int_{A\cup B} f=\int_A f+\int_B f.$$

7. 设 $A_1, A_2, \cdots, A_k$ 为 Jordan 可测集, 则 $A_1\cup A_2\cup\cdots\cup A_k$ 为 Jordan 可测集, 且

$$\nu\big(A_1\cup A_2\cup\cdots\cup A_k\big)=\sum_{i=1}^{k}\sum_{1\leqslant j_1<j_2<\cdots<j_i\leqslant k}(-1)^{i-1}\nu\big(A_{j_1}\cap A_{j_2}\cap\cdots\cap A_{j_i}\big).$$

8. 设开集 U 为 Jordan 可测集，f 是 U 上的非负连续函数且不恒为零. 证明: f 在 U 上的积分大于零.

9. 设开区域 Ω 为 Jordan 可测集，f 是 Ω 上的连续函数. 如果任给 Jordan 可测集 $A\subseteq\Omega$，f 在 A 上的积分均为零, 证明: f 恒等于零.

10. 设开区域 Ω 为 Jordan 可测集，f 是 $\overline{\Omega}$ 上的连续函数. 如果任给 $\overline{\Omega}$ 上连续而且在 $\partial\Omega$ 上取值为零的函数 ϕ，都有

$$\int_{\Omega} f\phi=0,$$

证明: f 恒等于零.

11. 设 I 为矩形, f 在 I 上可积且积分大于零. 证明: 存在子矩形 $J\subseteq I$, 使得 f 在 J 上处处大于零.

12. 设 I 为矩形, f 在 I 上可积且处处大于零, 证明: f 在 I 上的积分大于零.

13. 利用积分中值定理证明:

$$1.96\leqslant\iint\limits_{|x|+|y|\leqslant 10}\frac{\mathrm{d}x\,\mathrm{d}y}{100+\cos^2 x+\cos^2 y}<2.$$

14. 设 f 为连续函数, 求极限

$$\lim_{r\to 0^+}\frac{1}{\pi r^2}\iint\limits_{x^2+y^2\leqslant r^2} f(x,y)\,\mathrm{d}x\,\mathrm{d}y.$$

16.3　重积分化为累次积分计算

我们现在讨论重积分的一个常用的计算方法, 其特点是将 n 元函数的积分化为 m 元函数的积分, 其中 $m<n$. 我们先以二重积分化为一元函数的积分为例加以说明.

设 f 为矩形 $I=[a,b]\times[c,d]$ 上的有界函数. 对于每一个固定的 $x\in[a,b]$, $f(x,y)$ 可以看成区间 $[c,d]$ 上关于 y 的函数, 它在 $[c,d]$ 上的下积分和上积分分别记为 $\varphi(x)$ 和 $\psi(x)$, 这样我们就得到了定义在 $[a,b]$ 上的两个有界函数.

定理 16.3.1 设 $f\in R(I)$, 则 $\varphi,\psi\in R[a,b]$, 且

$$\int_I f=\int_a^b\varphi(x)\,\mathrm{d}x=\int_a^b\psi(x)\,\mathrm{d}x.$$

证明 用记号 P_1, P_2 分别表示 $[a,b]$ 和 $[c,d]$ 的分割:

$$\mathrm{P}_1:\ a=x_0<x_1<\cdots<x_m=b,\quad \mathrm{P}_2:\ c=y_0<y_1<\cdots<y_n=d,$$

I 的相应分割记为 $\mathrm{P}=\mathrm{P}_1\times\mathrm{P}_2$. 因为 $f\in R(I)$, 故任给 $\varepsilon>0$, 存在 $\delta>0$, 当 $\|\mathrm{P}_1\|,\|\mathrm{P}_2\|<\delta$ 时

$$\int_I f-\varepsilon<\sum_{i,j}f(\boldsymbol{\xi}_{ij})\nu(I_{ij})<\int_I f+\varepsilon,\quad \forall\,\boldsymbol{\xi}_{ij}\in I_{ij}.$$

特别地, 任取 $\xi_i\in[x_{i-1},x_i]$ $(i=1,2,\cdots,m)$, 由上式可得

$$\begin{aligned}\int_I f-\varepsilon&\leqslant\sum_{i,j}\inf_{\eta\in[y_{j-1},\ y_j]}f(\xi_i,\eta)\Delta x_i\Delta y_j\\&\leqslant\sum_{i,j}\sup_{\eta\in[y_{j-1},\ y_j]}f(\xi_i,\eta)\Delta x_i\Delta y_j\leqslant\int_I f+\varepsilon,\end{aligned}$$

因为 $\displaystyle\sum_{j=1}^n\inf_{\eta\in[y_{j-1},\ y_j]}f(\xi_i,\eta)\Delta y_j$ 是函数 $f(\xi_i,y)$ 在 $[c,d]$ 上的 Darboux 下和, 故

$$\sum_{j=1}^n\inf_{\eta\in[y_{j-1},\ y_j]}f(\xi_i,\eta)\Delta y_j\leqslant\varphi(\xi_i).$$

同理

$$\sum_{j=1}^n\sup_{\eta\in[y_{j-1},\ y_j]}f(\xi_i,\eta)\Delta y_j\geqslant\psi(\xi_i).$$

因此我们得到

$$\int_I f-\varepsilon\leqslant\sum_{i=1}^m\varphi(\xi_i)\Delta x_i\leqslant\sum_{i=1}^m\psi(\xi_i)\Delta x_i\leqslant\int_I f+\varepsilon.$$

这说明 φ 和 ψ 在 $[a,b]$ 上均可积, 且积分等于 f 在 I 上的积分. □

推论 16.3.2 设 $f\in R(I)$. 如果对于每一个 $x\in[a,b]$, 以 y 为变量的函数 $f(x,y)$ 在 $[c,d]$ 上均可积, 则

$$\int_I f=\int_a^b\mathrm{d}x\int_c^d f(x,y)\,\mathrm{d}y.$$

同理, 如果对于每一个 $y \in [c,d]$, 以 x 为变量的函数 $f(x,y)$ 在 $[a,b]$ 上均可积, 则

$$\int_I f = \int_c^d \mathrm{d}y \int_a^b f(x,y)\,\mathrm{d}x.$$

推论 16.3.3 设 $f \in C(I)$, 则有

$$\int_I f = \int_a^b \mathrm{d}x \int_c^d f(x,y)\,\mathrm{d}y = \int_c^d \mathrm{d}y \int_a^b f(x,y)\,\mathrm{d}x,$$

为了区别起见, 上式最左边常称为重积分, 右边称为累次积分.

对于多重积分, 类似的结果也成立. 例如, 三重积分在一定条件下可以化为关于二重积分和一重积分的累次积分.

例 16.3.1 设 $I = [0,1] \times [0,1]$, 计算积分

$$\iint_I \frac{y\,\mathrm{d}x\,\mathrm{d}y}{(1+x^2+y^2)^{\frac{3}{2}}}.$$

解 被积函数是连续函数, 因此重积分可以化为累次积分:

$$\begin{aligned}\iint_I \frac{y\,\mathrm{d}x\,\mathrm{d}y}{(1+x^2+y^2)^{\frac{3}{2}}} &= \int_0^1 \mathrm{d}x \int_0^1 \frac{y\,\mathrm{d}y}{(1+x^2+y^2)^{\frac{3}{2}}}\\ &= \int_0^1 \left(\frac{1}{\sqrt{1+x^2}} - \frac{1}{\sqrt{x^2+2}}\right)\mathrm{d}x = \ln\frac{2+\sqrt{2}}{1+\sqrt{3}}.\end{aligned}$$ □

例 16.3.2 设 $I = [0,1] \times [0,1]$, 计算积分 $\int_I f$, 其中

$$f(x,y) = \begin{cases} 1-x-y, & x+y \leqslant 1, \\ 0, & x+y > 1. \end{cases}$$

解 被积函数是连续函数, 因此重积分可以化为累次积分:

$$\begin{aligned}\int_I f &= \int_0^1 \mathrm{d}x \int_0^1 f(x,y)\,\mathrm{d}y\\ &= \int_0^1 \mathrm{d}x \int_0^{1-x} (1-x-y)\,\mathrm{d}y\\ &= \int_0^1 \frac{1}{2}(1-x)^2\,\mathrm{d}x = \frac{1}{6}.\end{aligned}$$ □

例 16.3.3 设 $I = [0,1]^3 = [0,1] \times [0,1] \times [0,1]$, 计算积分

$$\iiint_I \frac{\mathrm{d}x\,\mathrm{d}y\,\mathrm{d}z}{(1+x+y+z)^3}.$$

解 被积函数是连续函数, 因此重积分可以化为累次积分:

$$\begin{aligned}\iiint_I \frac{\mathrm{d}x\,\mathrm{d}y\,\mathrm{d}z}{(1+x+y+z)^3} &= \int_0^1 \mathrm{d}x \int_0^1 \mathrm{d}y \int_0^1 \frac{\mathrm{d}z}{(1+x+y+z)^3} \\ &= \int_0^1 \mathrm{d}x \int_0^1 \frac{1}{2}\left[\frac{1}{(1+x+y)^2} - \frac{1}{(2+x+y)^2}\right] \mathrm{d}y \\ &= \int_0^1 \frac{1}{2}\left[\left(\frac{1}{1+x} - \frac{1}{2+x}\right) - \left(\frac{1}{2+x} - \frac{1}{3+x}\right)\right] \mathrm{d}x \\ &= \frac{1}{2}(5\ln 2 - 3\ln 3).\end{aligned}$$ □

现在我们讨论 Jordan 可测集上的重积分化为累次积分的问题, 这往往可以通过考虑矩形上的积分予以解决.

设 $y_1(x) \leqslant y_2(x)$ 为 $[a,b]$ 上的连续函数 (图 16.4), 考虑有界集合

$$A = \{(x,y) \in \mathbb{R}^2 \mid y_1(x) \leqslant y \leqslant y_2(x),\ a \leqslant x \leqslant b\},$$

其边界为零测集, 因此 A 为 Jordan 可测集.

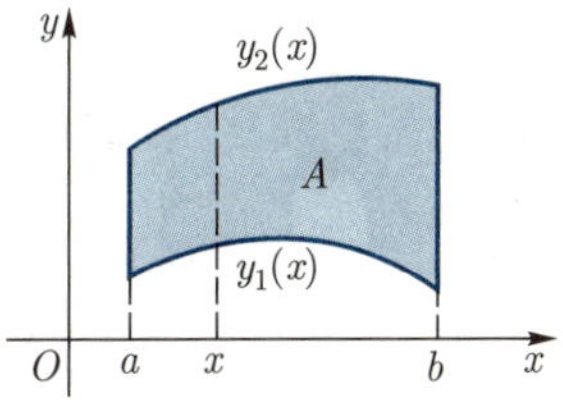

图 16.4 重积分的投影法

定理 16.3.4 设 y_1, y_2 和 A 如上, $f \in R(A)$, 且对于每一个 $x \in [a,b]$, 关于 y 的积分 $\displaystyle\int_{y_1(x)}^{y_2(x)} f(x,y)\,\mathrm{d}y$ 均存在, 则

$$\int_A f = \int_a^b \mathrm{d}x \int_{y_1(x)}^{y_2(x)} f(x,y)\,\mathrm{d}y.$$

证明 记 y_1 的最小值为 c, y_2 的最大值为 d, 则 $A \subseteq [a,b]\times[c,d]$. 由 $f \in R(A)$ 可知 f_A 在 $[a,b]\times[c,d]$ 上可积. 当 $x \in [a,b]$ 时, $f_A(x,y)$ 关于 y 在 $[c,d]$ 上的积分等于 $f(x,y)$ 关于 y 在 $A_x = [y_1(x), y_2(x)]$ 上的积分. 从而有

$$\begin{aligned}\int_A f = \int_{[a,b]\times[c,d]} f_A &= \int_a^b \mathrm{d}x \int_c^d f_A(x,y)\,\mathrm{d}y \\ &= \int_a^b \mathrm{d}x \int_{y_1(x)}^{y_2(x)} f(x,y)\,\mathrm{d}y.\end{aligned}$$ □

同理, 如果 A 形如

$$\{(x,y)\in\mathbb{R}^2 \mid x_1(y)\leqslant x\leqslant x_2(y),\ c\leqslant y\leqslant d\},$$

在类似条件下就有 (图 16.5)

$$\int_A f=\int_c^d \mathrm{d}y\int_{x_1(y)}^{x_2(y)} f(x,y)\,\mathrm{d}x.$$

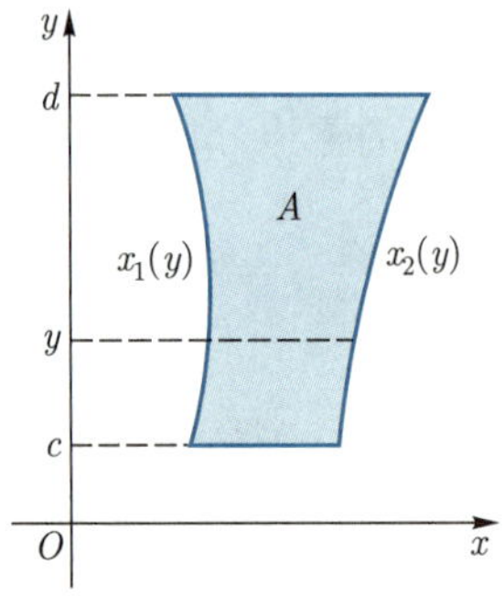

图 16.5　向 y 轴的投影

对于一般的 n 重积分, 类似的结果也成立, 我们仅举例说明.

例 16.3.4　计算积分 $I=\iint_A x^2y^2\,\mathrm{d}x\,\mathrm{d}y$, 其中 A 是由直线 $y=0$, $x=1$ 和 $y=x$ 围成的三角形区域 (图 16.6).

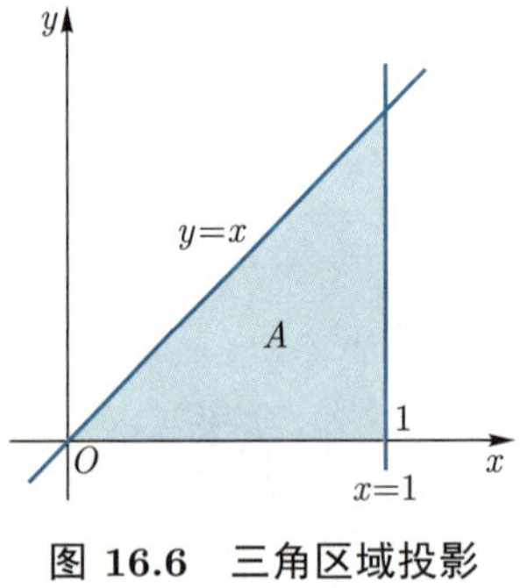

图 16.6　三角区域投影

解　利用向 x 轴作投影, 得

$$I=\int_0^1 \mathrm{d}x\int_0^x x^2y^2\,\mathrm{d}y=\int_0^1 \frac{1}{3}x^5\,\mathrm{d}x=\frac{1}{18}.$$ □

例 16.3.5　计算积分 $I=\iint_A y^2\,\mathrm{d}x\,\mathrm{d}y$, 其中 A 是由直线 $2x-y-1=0$ 与抛物线 $x=y^2$ 所围成的区域.

解 如图 16.7(a), 直线 $2x-y-1=0$ 与抛物线 $x=y^2$ 的交点为 $(1/4,-1/2)$ 和 $(1,1)$. 利用向 y 轴作投影, 得

$$I=\int_{-\frac{1}{2}}^{1}\mathrm{d}y\int_{y^2}^{\frac{y+1}{2}}y^2\,\mathrm{d}x=\int_{-\frac{1}{2}}^{1}\left[\frac{1}{2}y^2(y+1)-y^4\right]\mathrm{d}y=\frac{63}{640}. \qquad \square$$

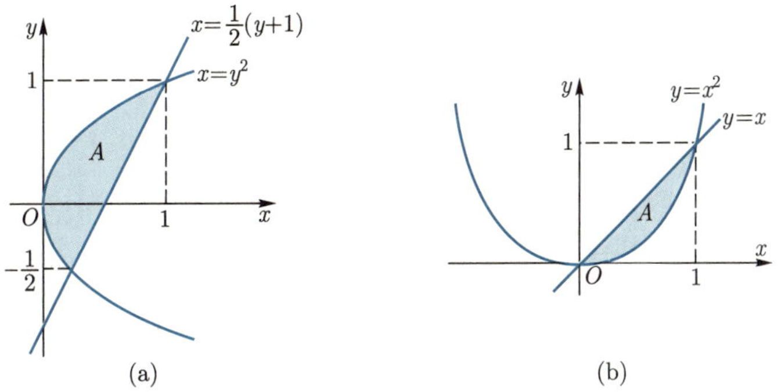

图 16.7 直线和抛物线相交区域的投影

例 16.3.6 计算积分 $I=\int_0^1\mathrm{d}y\int_y^{\sqrt{y}}\frac{\sin x}{x}\,\mathrm{d}x$.

解 这个积分必须交换次序才行. 如图 16.7(b), 它可以看成连续函数 $\frac{\sin x}{x}$ 在由直线 $y=x$ 和抛物线 $y=x^2$ 所围成的区域中的积分, 因而

$$I=\int_0^1\mathrm{d}x\int_{x^2}^{x}\frac{\sin x}{x}\,\mathrm{d}y=\int_0^1\frac{\sin x}{x}(x-x^2)\,\mathrm{d}x=1-\sin 1. \qquad \square$$

例 16.3.7 求 n 维单形 $\Delta_n(a)$ $(a>0)$ 的容积, 其中

$$\Delta_n(a)=\{(x_1,x_2,\cdots,x_n)\in\mathbb{R}^n\,|\,x_1\geqslant 0,x_2\geqslant 0,\cdots,x_n\geqslant 0,\ x_1+x_2+\cdots+x_n\leqslant a\}.$$

$n=3$ 的情形见图 16.8.

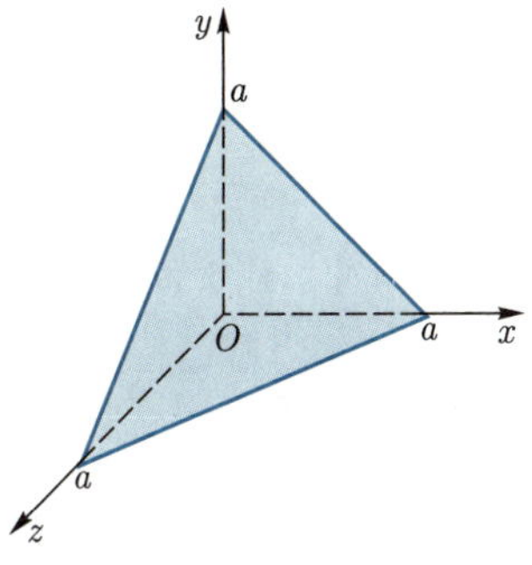

图 16.8 三角面的投影

解 被积区域 $\Delta_n(a)$ 可以表示为

$$\{x\in\mathbb{R}^n\,|\,0\leqslant x_1\leqslant a,\ 0\leqslant x_2\leqslant a-x_1,\cdots,$$

$$0 \leqslant x_n \leqslant a - x_1 - \cdots - x_{n-1}\},$$

因此

$$\nu(\Delta_n(a)) = \int_0^a \mathrm{d}x_1 \int_0^{a-x_1} \mathrm{d}x_2 \cdots \int_0^{a-x_1-\cdots-x_{n-1}} \mathrm{d}x_n.$$

在上式右端中对各个一元积分依次做变量替换

$$y_n = x_1 + x_2 + \cdots + x_n,\ \cdots,\ y_2 = x_1 + x_2,\ y_1 = x_1,$$

可得

$$\begin{aligned}
\nu(\Delta_n(a)) &= \int_0^a \mathrm{d}y_1 \int_{y_1}^a \mathrm{d}y_2 \cdots \int_{y_{n-1}}^a \mathrm{d}y_n \\
&= \int_0^a \mathrm{d}y_1 \int_{y_1}^a \mathrm{d}y_2 \cdots \int_{y_{n-2}}^a (a - y_{n-1})\,\mathrm{d}y_{n-1} \\
&= \cdots = \frac{1}{(n-1)!}\int_0^a (a - y_1)^{n-1}\,\mathrm{d}y_1 \\
&= \frac{a^n}{n!}.
\end{aligned}$$

□

注 16.3.1　显然, $\nu(\Delta_1(a)) = a$. 利用向 x_1 轴作投影可得

$$\nu(\Delta_n(a)) = \int_0^a \nu(\Delta_{n-1}(a - x_1))\,\mathrm{d}x_1.$$

对 n 进行归纳也容易得出 $\nu(\Delta_n(a)) = \dfrac{1}{n!}a^n$.

习题 16.3

1. 计算下列积分:

(1) $\displaystyle\iint_I \frac{x^2}{2-y^2}\,\mathrm{d}x\,\mathrm{d}y$, $I = [0,1]\times[0,1]$;

(2) $\displaystyle\iint_I \sin(x+y)\,\mathrm{d}x\,\mathrm{d}y$, $I = \big[0,\pi/2\big]\times\big[0,\pi/2\big]$;

(3) $\displaystyle\iint_A \sin x^2\,\mathrm{d}x\,\mathrm{d}y$, A 是由 $y=0$, $x=\sqrt{\pi/2}$, $y=x$ 所围成的区域;

(4) $\displaystyle\iint_A \frac{x^2}{y^2}\,\mathrm{d}x\,\mathrm{d}y$, A 是由 $x=2$, $y=x$ 和 $xy=1$ 所围成的区域;

(5) $\displaystyle\iint_A xy^2\,\mathrm{d}x\,\mathrm{d}y$, A 是由 $y^2=2px$, $x=p/2$ $(p>0)$ 所围成的区域.

2. 计算下列积分:

(1) $\displaystyle\iiint_\Omega (x+y+z)\,\mathrm{d}x\,\mathrm{d}y\,\mathrm{d}z$, Ω 为椭球 $\dfrac{x^2}{a^2}+\dfrac{y^2}{b^2}+\dfrac{z^2}{c^2}\leqslant 1$;

(2) $\iiint_{\Omega} x^3yz\,\mathrm{d}x\,\mathrm{d}y\,\mathrm{d}z$, Ω 是由曲面 $x^2+y^2+z^2=1$，平面 $x=0$，$y=0$ 与 $z=0$ 围成的位于第一卦限的有界区域;

(3) $\iiint_{\Omega} z\,\mathrm{d}x\,\mathrm{d}y\,\mathrm{d}z$, Ω 由曲面 $z=x^2+y^2$，平面 $z=1$ 与 $z=2$ 围成;

(4) $\iiint_{\Omega}(1+x^4)\,\mathrm{d}x\,\mathrm{d}y\,\mathrm{d}z$, Ω 由曲面 $x^2=z^2+y^2$，平面 $x=2$ 与 $x=4$ 围成;

(5) $\iiint_{\Omega}(x^2+y^2)\,\mathrm{d}x\,\mathrm{d}y\,\mathrm{d}z$, Ω 由 $z=16(x^2+y^2)$，$z=4(x^2+y^2)$ 与 $z=64$ 围成.

3. 求由平面 $x=0, x=1, y=0, y=2, z=0$ 与曲面 $z=xy^2$ 所围区域的体积.

4. 求由平面 $x=-1, x=1, y=-1, y=2, z=0$ 与曲面 $z=x^2+y^2$ 所围区域的体积.

5. 计算由曲面 $|x|+|y|+|z|=a\ (a>0)$ 所围区域的体积.

6. 求由曲面 $z=xy$, 平面 $z=x+y$, $x+y=1$, $x=0$, $y=0$ 所围区域的体积.

7. 设 $A=\{(x,y,z,w)\,|\,x,y,z,w\geqslant 0,\ x+y+z+w\leqslant a\}$, 计算积分

$$\iiiint_A xyzw\,\mathrm{d}x\,\mathrm{d}y\,\mathrm{d}z\,\mathrm{d}w.$$

8. 设 $f\in R[a,b]$, 对二元函数 $g(x,y)=[f(x)-f(y)]^2$ 应用重积分化为累次积分进行计算的方法证明:

$$\left(\int_a^b f(x)\,\mathrm{d}x\right)^2\leqslant(b-a)\int_a^b f^2(x)\,\mathrm{d}x.$$

9. 设 f 为 $[a,b]\times[a,b]$ 上的连续函数, 证明:

$$\int_a^b \mathrm{d}x\int_a^x f(x,y)\,\mathrm{d}y=\int_a^b \mathrm{d}y\int_y^b f(x,y)\,\mathrm{d}x.$$

10. 设 $f\in R[a,b]$, 证明:

$$\int_a^b \mathrm{d}x\int_a^x f(y)\,\mathrm{d}y=\int_a^b f(y)(b-y)\,\mathrm{d}y.$$

11. 设 $f\in R[a,b]$, 证明:

$$\int_a^b f(x)\,\mathrm{d}x\int_a^x f(y)\,\mathrm{d}y=\frac{1}{2}\left(\int_a^b f(x)\,\mathrm{d}x\right)^2.$$

12. 设 $f_i\in R[a_i,b_i]$，$i=1,2,\cdots,n$. 记

$$F(\boldsymbol{x})=\prod_{i=1}^n f_i(x_i),\quad \boldsymbol{x}=(x_1,x_2,\cdots,x_n)\in I=[a_1,b_1]\times[a_2,b_2]\times\cdots\times[a_n,b_n],$$

证明:

$$\int_I F(\boldsymbol{x})\,\mathrm{d}\boldsymbol{x}=\prod_{i=1}^n\int_{a_i}^{b_i} f_i(x_i)\,\mathrm{d}x_i.$$

13. 设 $f \in R[a,b]$, 证明:

$$\int_a^b f(x_1)\,\mathrm{d}x_1 \int_a^{x_1} f(x_2)\,\mathrm{d}x_2 \cdots \int_a^{x_{n-1}} f(x_n)\,\mathrm{d}x_n = \frac{1}{n!}\left(\int_a^b f(x)\,\mathrm{d}x\right)^n.$$

14. 设 D 是 $\mathbb{R}^{n-1}$ 中的紧致 Jordan 可测集, φ,ψ 是定义在 D 上的连续函数且 $\varphi \leqslant \psi$. 记

$$A = \big\{(\boldsymbol{x},y) \in \mathbb{R}^{n-1} \times \mathbb{R} \mid \boldsymbol{x} \in D,\ \varphi(\boldsymbol{x}) \leqslant y \leqslant \psi(\boldsymbol{x})\big\}.$$

证明: (1) A 为 $\mathbb{R}^n$ 中的紧致 Jordan 可测集, 且

$$\nu(A) = \int_D \big[\psi(\boldsymbol{x}) - \varphi(\boldsymbol{x})\big]\,\mathrm{d}\boldsymbol{x}.$$

(2) 若 f 是 A 上的连续函数, 则

$$\iint_A f(\boldsymbol{x},y)\,\mathrm{d}\boldsymbol{x}\,\mathrm{d}y = \int_D \left(\int_{\varphi(\boldsymbol{x})}^{\psi(\boldsymbol{x})} f(\boldsymbol{x},y)\,\mathrm{d}y\right)\mathrm{d}\boldsymbol{x}.$$

15. 计算下列 n 重积分:

(1) $\displaystyle\int_0^1 x_1\,\mathrm{d}x_1 \int_0^{x_1} x_2\,\mathrm{d}x_2 \cdots \int_0^{x_{n-1}} x_n\,\mathrm{d}x_n$;

(2) $\displaystyle\iint\cdots\int_{[0,1]^n} \max\{x_1,x_2,\cdots,x_n\}\,\mathrm{d}x_1\,\mathrm{d}x_2\cdots\mathrm{d}x_n$.

16. 在 $[0,1]\times[0,1]$ 上定义函数 f 如下:

$$f(x,y) = \begin{cases} 1, & x \text{ 为无理数}, \\ 3y^2, & x \text{ 为有理数}. \end{cases}$$

证明: f 不可积, 但累次积分 $\displaystyle\int_0^1 \mathrm{d}x \int_0^1 f(x,y)\,\mathrm{d}y$ 存在.

17. 在 $[0,1]\times[0,1]$ 上定义函数 f 如下:

$$f(x,y) = \begin{cases} 0, & x,y \text{ 都是或都不是无理数}, \\ \dfrac{1}{p}, & x = \dfrac{r}{p} \text{ 为既约分数},\ y \text{ 为无理数}, \\ \dfrac{1}{q}, & x \text{ 为无理数},\ y = \dfrac{s}{q} \text{ 为既约分数}. \end{cases}$$

证明: f 可积, 但它的累次积分不存在.

18. 设 f 为 $[a,b]$ 上的非负函数, 记

$$A_f = \big\{(x,y) \in \mathbb{R}^2 \mid a \leqslant x \leqslant b,\ 0 \leqslant y \leqslant f(x)\big\}.$$

证明: A_f 为 Jordan 可测集当且仅当 f 可积, 此时 A_f 的容积 (面积) 等于 f 在 $[a,b]$ 上的积分.

16.4 重积分的变量替换

与一元函数的积分类似, 多元函数的积分也有相应的变量替换公式. 我们先考虑仿射变换, 再利用微分学的基本手法将一般的变换线性化并估计误差.

16.4.1 仿射变换

设 $\varphi:\mathbb{R}^n\to\mathbb{R}^n$ 为线性变换, 记 $\varphi(\boldsymbol{x})=\boldsymbol{Q}\boldsymbol{x}$. 设 I 为 $\mathbb{R}^n$ 中的 n 维矩形, 我们先来研究 $\varphi(I)$ 的 Jordan 测度. 若 $\boldsymbol{Q}$ 退化, 则 $\varphi(\mathbb{R}^n)$ 是 $\mathbb{R}^n$ 中的零测集, 此时 $\varphi(I)$ 的 Jordan 测度为零. 下设 $\boldsymbol{Q}$ 非退化, 由 $\partial[\varphi(I)]=\varphi(\partial I)$ 为零测集可知 $\varphi(I)$ 为 Jordan 可测集.

根据线性代数, 非退化线性变换 $\varphi(\boldsymbol{x})=\boldsymbol{Q}\boldsymbol{x}$ 可以分解为有限个如下初等线性变换的复合:

(1) $(x_1,\cdots,x_i,\cdots,x_j,\cdots,x_n)\mapsto(x_1,\cdots,x_j,\cdots,x_i,\cdots,x_n)$, 其中 $i<j$.

(2) $(x_1,\cdots,x_i,\cdots,x_n)\mapsto(x_1,\cdots,\lambda x_i,\cdots,x_n)$, 其中 $1\leqslant i\leqslant n$, $\lambda\neq 0$.

(3) $(x_1,\cdots,x_i,\cdots,x_j,\cdots,x_n)\mapsto(x_1,\cdots,x_i,\cdots,x_j+x_i,\cdots,x_n)$, 其中 $i<j$.

我们来验证在这三种初等变换下, 均有 $\nu(\varphi(I))=|\det\boldsymbol{Q}|\nu(I)$. 情形 (1) 和 (2) 比较显然, 我们来看情形 (3), 以 $n=2$ 为例. 记 $I=[a,b]\times[c,d]$, $(u,v)=\varphi(x,y)=(x,y+x)$, 则 $\varphi(I)$ 可以表示为

$$\varphi(I)=\{(u,v)\in\mathbb{R}^2\mid a\leqslant u\leqslant b,\ c+u\leqslant v\leqslant d+u\},$$

这是一个平行四边形, 其 Jordan 测度可以用重积分化为累次积分计算:

$$\nu(\varphi(I))=\int_a^b\mathrm{d}u\int_{c+u}^{d+u}\mathrm{d}v=\int_a^b\mathrm{d}u\int_c^d\mathrm{d}v=\nu(I).$$

一般地, 设 f 是 $\mathbb{R}^n$ 中某个 Jordan 可测集上的可积函数. 为了方便起见, 在此 Jordan 可测集外规定 f 为零, 并可以将 f 的积分写成它在整个 $\mathbb{R}^n$ 上的积分. 我们有

引理 16.4.1 设 f 是 $\mathbb{R}^n$ 中某个 Jordan 可测集上的可积函数, $\boldsymbol{Q}$ 是非退化 n 阶方阵, 则

$$\int_{\mathbb{R}^n}f(\boldsymbol{Q}\boldsymbol{x})\,\mathrm{d}\boldsymbol{x}=|\det\boldsymbol{Q}|^{-1}\int_{\mathbb{R}^n}f(\boldsymbol{x})\,\mathrm{d}\boldsymbol{x}.\tag{16.4.1}$$

证明 如果 $\boldsymbol{Q}=\boldsymbol{A},\boldsymbol{B}$ 时, 公式 (16.4.1) 对可积函数均成立, 则由 $\det(\boldsymbol{B}\boldsymbol{A})=(\det\boldsymbol{B})(\det\boldsymbol{A})$ 可知公式 (16.4.1) 对 $\boldsymbol{Q}=\boldsymbol{B}\boldsymbol{A}$ 也成立. 因此, 只要对初等变换验证引理成立即可.

取矩形 I, 使得 f 在 I 之外为零. 设 $\mathrm{P}=\{I_k\}$ 为 I 的分割, f 在 I_k 中的下确界和上确界分别记为 m_k 和 M_k, 则

$$m_k\,\nu\left(\boldsymbol{Q}^{-1}I_k\right)\leqslant\int_{\boldsymbol{Q}^{-1}I_k}f(\boldsymbol{Q}\boldsymbol{x})\,\mathrm{d}\boldsymbol{x}\leqslant M_k\,\nu\left(\boldsymbol{Q}^{-1}I_k\right).$$

上式关于 k 求和, 利用之前的讨论可得

$$|\det\boldsymbol{Q}|^{-1}\sum_k m_k\,\nu(I_k)\leqslant\int_{\mathbb{R}^n}f(\boldsymbol{Q}\boldsymbol{x})\,\mathrm{d}\boldsymbol{x}\leqslant|\det\boldsymbol{Q}|^{-1}\sum_k M_k\,\nu(I_k),$$

令 P 的模趋于零即得欲证结论. □

推论 16.4.2 设 $\varphi(\boldsymbol{x})=\boldsymbol{Q}\boldsymbol{x}+\boldsymbol{b}$ 为仿射变换, S 为 $\mathbb{R}^n$ 中的 Jordan 可测集, 则 $\nu\big(\varphi(S)\big)=|\det\boldsymbol{Q}|\,\nu(S)$.

证明 不妨设 $b=0$ 且 $\det\boldsymbol{Q}\neq 0$, 此时 $\varphi(S)$ 为 Jordan 可测集. 在前一引理中, 将 f 取为 $\varphi(S)$ 的特征函数即得欲证结论. □

例 16.4.1 设 $\{\boldsymbol{v}_i\}_{i=1}^n$ 为 $\mathbb{R}^n$ 中的向量, 求如下平行多面体的容积:

$$P(\boldsymbol{v}_1,\boldsymbol{v}_2,\cdots,\boldsymbol{v}_n)=\left\{\sum_{i=1}^n x_i\boldsymbol{v}_i\in\mathbb{R}^n\,\middle|\,0\leqslant x_i\leqslant 1,\ i=1,2,\cdots,n\right\}.$$

解 记 $\mathbb{R}^n$ 的标准正交基为 $\{\boldsymbol{e}_i\}_{i=1}^n$, 考虑线性变换 $\varphi:\mathbb{R}^n\to\mathbb{R}^n$, $\varphi(\boldsymbol{e}_i)=\boldsymbol{v}_i$. 显然有

$$\begin{aligned}P(\boldsymbol{v}_1,\boldsymbol{v}_2,\cdots,\boldsymbol{v}_n)&=\left\{\sum_{i=1}^n x_i\boldsymbol{v}_i\in\mathbb{R}^n\,\middle|\,0\leqslant x_i\leqslant 1,\ i=1,2,\cdots,n.\right\}\\&=\left\{\varphi\left(\sum_{i=1}^n x_i\boldsymbol{e}_i\right)\in\mathbb{R}^n\,\middle|\,0\leqslant x_i\leqslant 1,\ i=1,2,\cdots,n.\right\}\\&=\varphi(P(\boldsymbol{e}_1,\boldsymbol{e}_2,\cdots,\boldsymbol{e}_n)).\end{aligned}$$

显然, $P(\boldsymbol{e}_1,\boldsymbol{e}_2,\cdots,\boldsymbol{e}_n)=[0,1]^n$, 因此, 由上述推论可得

$$\nu(P(\boldsymbol{v}_1,\boldsymbol{v}_2,\cdots,\boldsymbol{v}_n))=|\det\boldsymbol{Q}|\nu([0,1]^n)=|\det\boldsymbol{Q}|,$$

其中 $\boldsymbol{Q}$ 是以 $\boldsymbol{v}_1,\boldsymbol{v}_2,\cdots,\boldsymbol{v}_n$ 为列向量的方阵. 例如, 当 $n=2$, $\boldsymbol{v}_1=(a_1,b_1)$, $\boldsymbol{v}_2=(a_2,b_2)$ 时,

$$\nu(P(\boldsymbol{v}_1,\boldsymbol{v}_2))=|a_1b_2-a_2b_1|,$$

这是平行四边形的面积公式. □

例 16.4.2 设 $\{\boldsymbol{v}_i\}_{i=1}^n$ 为 $\mathbb{R}^n$ 中的向量, 求如下单形的容积:

$$\Delta(\boldsymbol{v}_1,\boldsymbol{v}_2,\cdots,\boldsymbol{v}_n)=\left\{\sum_{i=1}^n x_i\boldsymbol{v}_i\in\mathbb{R}^n\,\middle|\,x_i\geqslant 0\ (1\leqslant i\leqslant n),\ x_1+x_2+\cdots+x_n\leqslant 1\right\}.$$

解 考虑线性变换 $\boldsymbol{\varphi}:\mathbb{R}^n\to\mathbb{R}^n$, $\boldsymbol{\varphi}(\boldsymbol{e}_i)=\boldsymbol{v}_i$, 则

$$\Delta(\boldsymbol{v}_1,\boldsymbol{v}_2,\cdots,\boldsymbol{v}_n)=\boldsymbol{\varphi}\left(\Delta_n(1)\right),$$

由例 16.3.7 的结果可得

$$\nu\left(\Delta(\boldsymbol{v}_1,\boldsymbol{v}_2,\cdots,\boldsymbol{v}_n)\right)=|\det\boldsymbol{P}|\nu\left(\Delta_n(1)\right)=\frac{1}{n!}|\det\boldsymbol{P}|,$$

其中 $\boldsymbol{P}$ 是以 $\boldsymbol{v}_1,\boldsymbol{v}_2,\cdots,\boldsymbol{v}_n$ 为列向量的方阵. □

例 16.4.3 求中心为 $\boldsymbol{x}^0\in\mathbb{R}^n$, 半径为 r 的 n 维球体 $\overline{B_r(\boldsymbol{x}^0)}$ 的容积, 其中

$$\overline{B_r(\boldsymbol{x}^0)}=\{\boldsymbol{x}\in\mathbb{R}^n\mid(\boldsymbol{x}-\boldsymbol{x}^0)\cdot(\boldsymbol{x}-\boldsymbol{x}^0)\leqslant r^2\}.$$

解 根据容积的平移不变性, 不妨设 $\boldsymbol{x}_0$ 为原点. 半径为 r 的 n 维球体的容积记为 $\omega_n(r)$. 利用伸缩变换可知 $\omega_n(r)=\omega_n(1)r^n$, 为了方便起见, 记 $\omega_n=\omega_n(1)$. 利用投影法可得

$$\begin{aligned}\omega_{n+1}&=\int_{-1}^{1}\omega_n\left(\sqrt{1-x_1^2}\right)\mathrm{d}x_1=\omega_n\int_{-1}^{1}(1-x_1^2)^{\frac{n}{2}}\,\mathrm{d}x_1\\&=2\omega_n\int_0^{\frac{\pi}{2}}\sin^{n+1}t\,\mathrm{d}t=2\omega_nJ_{n+1}.\end{aligned}$$

其中, J_{n+1} 在例 9.4.6 中已经计算过:

$$J_{2k}=\frac{(2k-1)!!}{(2k)!!}\frac{\pi}{2},\quad J_{2k+1}=\frac{(2k)!!}{(2k+1)!!},\quad\forall\,k\geqslant0.$$

根据 $\omega_1=2$ 以及上述递推公式可得

$$\omega_1=2,\quad\omega_2=\pi,\quad\omega_{n+2}=\omega_n\frac{2\pi}{n+2},\quad\forall\,n\geqslant1.$$

由此进一步得到

$$\omega_{2k}=\frac{(2\pi)^k}{(2k)!!}=\frac{\pi^k}{k!},\quad\omega_{2k-1}=\frac{2^k\pi^{k-1}}{(2k-1)!!},\quad\forall\,k\geqslant1.\tag{16.4.2}$$

16.4.2 一般的变量替换

设 D 为 $\mathbb{R}^n$ 中的开集, $\boldsymbol{\varphi}:D\to\mathbb{R}^n$ 为 C^1 映射. 根据拟微分中值定理, 从局部上看 $\boldsymbol{\varphi}$ 为 Lipschitz 映射, 因此将零测集映为零测集. 假设 $J\boldsymbol{\varphi}$ 处处非退化, S 为 Jordan 可测集且 $\bar{S}\subseteq D$, 则由逆映射定理可知 $\boldsymbol{\varphi}$ 将 S 的内点映为 $\boldsymbol{\varphi}(S)$ 的内点. 由最值定理可知 $\boldsymbol{\varphi}(\bar{S})$ 为有界闭集. 注意

$$\partial[\boldsymbol{\varphi}(S)]=\overline{\boldsymbol{\varphi}(S)}\setminus\mathrm{int}[\boldsymbol{\varphi}(S)]\subseteq\boldsymbol{\varphi}(\bar{S})\setminus\boldsymbol{\varphi}(\mathrm{int}S)\subseteq\boldsymbol{\varphi}(\partial S),$$

这说明 $\varphi(S)$ 仍为 Jordan 可测集. 为了研究 $\varphi(S)$ 的 Jordan 测度, 我们将 φ 线性化并做误差估计.

当 $\boldsymbol{x}=(x_1,x_2,\cdots,x_n)\in\mathbb{R}^n$ 时, 记 $|\boldsymbol{x}|_\infty=\max\{|x_1|,|x_2|,\cdots,|x_n|\}$. 若 $\boldsymbol{u}\in\mathbb{R}^n$, $r>0$, 则以 $\boldsymbol{u}$ 为中心, $2r$ 为边长的方体可以表示为 $I_r(\boldsymbol{u})=\{\boldsymbol{x}\in\mathbb{R}^n \mid |\boldsymbol{x}-\boldsymbol{u}|_\infty<r\}$.

引理 16.4.3 设 $D\subseteq\mathbb{R}^n$ 为开集, $\varphi: D\to\mathbb{R}^m$ 为 C^1 映射. 如果 $C\subseteq D$ 为紧凸集, 则任给 $\varepsilon>0$, 存在 $\delta>0$, 使得只要 $\boldsymbol{v},\boldsymbol{u}\in C$ 且 $\|\boldsymbol{v}-\boldsymbol{u}\|<\delta$, 就有

$$\|\varphi(\boldsymbol{v})-\varphi(\boldsymbol{u})-J\varphi(\boldsymbol{u})(\boldsymbol{v}-\boldsymbol{u})\|\leqslant\varepsilon\|\boldsymbol{v}-\boldsymbol{u}\|.$$

证明 由题设可知 $J\varphi$ 在 C 上一致连续. 因此任给 $\varepsilon>0$, 存在 $\delta>0$, 使得只要 $\boldsymbol{u}',\boldsymbol{u}\in C$ 且 $\|\boldsymbol{u}'-\boldsymbol{u}\|<\delta$, 就有 $\|J\varphi(\boldsymbol{u}')-J\varphi(\boldsymbol{u})\|<\varepsilon$.

暂时固定 $\boldsymbol{u}\in C$. 当 $\boldsymbol{x}\in D$ 时, 记 $\boldsymbol{\psi}(\boldsymbol{x})=\varphi(\boldsymbol{x})-\varphi(\boldsymbol{u})-J\varphi(\boldsymbol{u})(\boldsymbol{x}-\boldsymbol{u})$, 则 $J\boldsymbol{\psi}(\boldsymbol{x})=J\varphi(\boldsymbol{x})-J\varphi(\boldsymbol{u})$. 当 $\boldsymbol{v}\in C$ 时, 由拟微分中值定理可知

$$\|\boldsymbol{\psi}(\boldsymbol{v})\|=\|\boldsymbol{\psi}(\boldsymbol{v})-\boldsymbol{\psi}(\boldsymbol{u})\|\leqslant\|J\boldsymbol{\psi}(\boldsymbol{\xi})\|\,\|\boldsymbol{v}-\boldsymbol{u}\|=\|J\varphi(\boldsymbol{\xi})-J\varphi(\boldsymbol{u})\|\,\|\boldsymbol{v}-\boldsymbol{u}\|,$$

其中 $\boldsymbol{\xi}=\theta\boldsymbol{v}+(1-\theta)\boldsymbol{u}\in C$, $\theta\in(0,1)$. 若 $\|\boldsymbol{v}-\boldsymbol{u}\|<\delta$, 则 $\|\boldsymbol{\xi}-\boldsymbol{u}\|=\theta\|\boldsymbol{v}-\boldsymbol{u}\|<\delta$, 因此

$$\|\varphi(\boldsymbol{v})-\varphi(\boldsymbol{u})-J\varphi(\boldsymbol{u})(\boldsymbol{v}-\boldsymbol{u})\|=\|\boldsymbol{\psi}(\boldsymbol{v})\|\leqslant\varepsilon\|\boldsymbol{v}-\boldsymbol{u}\|.$$ □

引理 16.4.4 沿用以上记号, 若 C 为 D 中的紧凸集, 则任给 $\varepsilon>0$, 存在 $\eta>0$, 使得只要 $0<r<\eta$, $I_r(\boldsymbol{u})\subseteq C$, 就有

$$\nu\left(\varphi(I_r(\boldsymbol{u}))\right)\leqslant\left[|\det J\varphi(\boldsymbol{u})|+O(\varepsilon)\right]\nu(I_r(\boldsymbol{u})).$$

证明 给定 ε 后, 设 δ 如引理 16.4.3. 取 $\eta=\dfrac{\delta}{\sqrt{n}}$, 则当 $0<r<\eta$, $I_r(\boldsymbol{u})\subseteq C$ 且 $\boldsymbol{v}\in I_r(\boldsymbol{u})$ 时, $\|\boldsymbol{v}-\boldsymbol{u}\|<\sqrt{n}r<\delta$. 因此由引理 16.4.3 可得

$$\|\varphi(\boldsymbol{v})-\varphi(\boldsymbol{u})-J\varphi(\boldsymbol{u})(\boldsymbol{v}-\boldsymbol{u})\|<\varepsilon\|\boldsymbol{v}-\boldsymbol{u}\|.$$

考虑仿射变换 $L(\boldsymbol{x})=\left[J\varphi(\boldsymbol{u})\right]^{-1}(\boldsymbol{x}-\varphi(\boldsymbol{u}))+\boldsymbol{u}$, 则

$$L\circ\varphi(\boldsymbol{v})=\boldsymbol{v}+\left[J\varphi(\boldsymbol{u})\right]^{-1}\boldsymbol{\psi}(\boldsymbol{v}),$$

其中 $\boldsymbol{\psi}(\boldsymbol{v})=\varphi(\boldsymbol{v})-\varphi(\boldsymbol{u})-J\varphi(\boldsymbol{u})(\boldsymbol{v}-\boldsymbol{u})$. 当 $v\in I_r(\boldsymbol{u})$ 时, 有

$$|L\circ\varphi(\boldsymbol{v})-\boldsymbol{u}|_\infty\leqslant|\boldsymbol{v}-\boldsymbol{u}|_\infty+\left\|\left[J\varphi(\boldsymbol{u})\right]^{-1}\boldsymbol{\psi}(\boldsymbol{v})\right\|<r+M\varepsilon\sqrt{n}r,$$

其中 $M=\max\limits_C\|[J\varphi]^{-1}\|$. 这说明

$$\nu\left(L\circ\varphi(I_r(\boldsymbol{u}))\right)\leqslant(1+M\varepsilon\sqrt{n})^n\nu(I_r(\boldsymbol{u})),$$

再由推论 16.4.2 即得欲证结论. □

定理 16.4.5 (重积分的变量替换) 设 D 为 $\mathbb{R}^n$ 中的开集, $\varphi: D \to \mathbb{R}^n$ 为 C^1 单射, 且 $J\varphi$ 处处非退化. 设 S 为 Jordan 可测集, $\bar{S} \subseteq D$, f 在 $\varphi(S)$ 上可积, 则

$$\int_{\varphi(S)} f(\boldsymbol{y})\,\mathrm{d}\boldsymbol{y} = \int_S f\circ\varphi(\boldsymbol{x})\,|\det J\varphi(\boldsymbol{x})|\,\mathrm{d}\boldsymbol{x}. \tag{16.4.3}$$

特别地,

$$\nu(\varphi(S)) = \int_S |\det J\varphi(\boldsymbol{x})|\,\mathrm{d}\boldsymbol{x}.$$

证明 不妨设 $f \geqslant 0$, 且在 $\varphi(S)$ 外规定 f 为零. 取 $\delta > 0$, 使得 $\{\boldsymbol{x} \mid d(\boldsymbol{x}, S) \leqslant \delta\} \subseteq D$. 用一个大的方体包含住 S, 将大方体等分为小方体, 使得每一个小方体的直径小于 δ. 此时, 与 S 有非空交的小方体都包含在 D 中, 我们只要在每一个小方体中验证 (16.4.3) 式成立就可以了. 因此, 不妨一开始就设 S 为方体. 任给 S 的等分分割 $\{I_k\}$, 我们有

$$\int_{\varphi(S)} f(\boldsymbol{y})\,\mathrm{d}\boldsymbol{y} = \sum_k \int_{\varphi(I_k)} f(\boldsymbol{y})\,\mathrm{d}\boldsymbol{y} \leqslant \sum_k \left[\sup_{\varphi(I_k)} f\right] \nu(\varphi(I_k)).$$

任给 $\varepsilon > 0$, 当分割的模充分小时, 由引理 16.4.4 可得

$$\int_{\varphi(S)} f(\boldsymbol{y})\,\mathrm{d}\boldsymbol{y} \leqslant \sum_k \left[\sup_{I_k} f\circ\varphi\right] |\det J\varphi(\boldsymbol{\xi}_k)|\nu(I_k) + O(\varepsilon).$$

容易看出 $f\circ\varphi\,|\det J\varphi(\boldsymbol{x})|$ 在 S 上可积, 由上式可得

$$\int_{\varphi(S)} f(\boldsymbol{y})\,\mathrm{d}\boldsymbol{y} \leqslant \int_S f\circ\varphi(\boldsymbol{x})\,|\det J\varphi(\boldsymbol{x})|\,\mathrm{d}\boldsymbol{x} + O(\varepsilon),$$

这里我们把求和与积分之间的误差也归并到 $O(\varepsilon)$ 项中了. 令 $\varepsilon \to 0^+$ 可得

$$\int_{\varphi(S)} f(\boldsymbol{y})\,\mathrm{d}\boldsymbol{y} \leqslant \int_S f\circ\varphi(\boldsymbol{x})\,|\det J\varphi(\boldsymbol{x})|\,\mathrm{d}\boldsymbol{x}.$$

根据逆映射定理, $\varphi: D \to \varphi(D)$ 可逆. 对 φ^{-1} 重复上述论证就可得到反过来的不等式, 于是欲证结论成立. □

例 16.4.4 设 A 是由 $x = 0$, $y = 0$ 以及 $x + y = 1$ 围成的区域 (图 16.9(a)), 计算积分

$$I = \iint_A \mathrm{e}^{\frac{x-y}{x+y}}\,\mathrm{d}x\,\mathrm{d}y.$$

解 被积区域是一个三角形, 被积函数在 $A \setminus \{(0,0)\}$ 上连续, 在 A 上有界. 我们用线性变换简化被积函数, 令 $x - y = u$, $x + y = v$, 解出

$$x = \frac{1}{2}(u+v), \quad y = \frac{1}{2}(v-u),$$

(x,y) 关于 (u,v) 的 Jacobi 行列式为

$$\frac{\partial(x,y)}{\partial(u,v)}=\begin{vmatrix}1/2 & 1/2\\ -1/2 & 1/2\end{vmatrix}=1/2.$$

在上述线性变换下, 被积区域变为如下三角形区域 (图 16.9(b))

$$D=\{(u,v)\in\mathbb{R}^2\,|\,u+v\geqslant 0,\ v-u\geqslant 0,\ v\leqslant 1\}.$$

因此

$$\begin{aligned}I&=\iint_D \mathrm{e}^{\frac{u}{v}}\left|\frac{1}{2}\right|\mathrm{d}u\,\mathrm{d}v=\frac{1}{2}\int_0^1\mathrm{d}v\int_{-v}^{v}\mathrm{e}^{\frac{u}{v}}\,\mathrm{d}u\\&=\frac{1}{2}\int_0^1 v\big(\mathrm{e}-\mathrm{e}^{-1}\big)\,\mathrm{d}v=\frac{1}{4}\big(\mathrm{e}-\mathrm{e}^{-1}\big).\end{aligned}$$

□

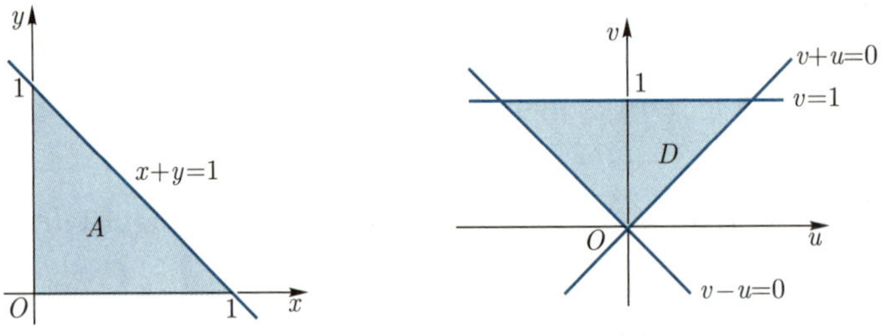

图 16.9　线性变换

例 16.4.5　设 $0<p<q$, $0<a<b$. 抛物线 $y^2=px$, $y^2=qx$ 以及双曲线 $xy=a$, $xy=b$ 围成的区域记为 A. 计算积分

$$I=\iint_A xy\,\mathrm{d}x\,\mathrm{d}y.$$

解　被积区域是一个曲边的四边形 (图 16.10), 为了简化, 我们令 $y^2/x=u$, $xy=v$, 则 (u,v) 关于 (x,y) 的 Jacobi 行列式为

$$\frac{\partial(u,v)}{\partial(x,y)}=\begin{vmatrix}-y^2/x^2 & 2y/x\\ y & x\end{vmatrix}=-3y^2/x=-3u,$$

因此 (x,y) 关于 (u,v) 的 Jacobi 行列式为 $-(3u)^{-1}$. 在上述变换下, 被积区域变为矩形 $[p,q]\times[a,b]$, 因此

$$I=\int_p^q\mathrm{d}u\int_a^b v\big|-(3u)^{-1}\big|\,\mathrm{d}v=\frac{1}{6}(b^2-a^2)\ln\frac{q}{p}.$$

□

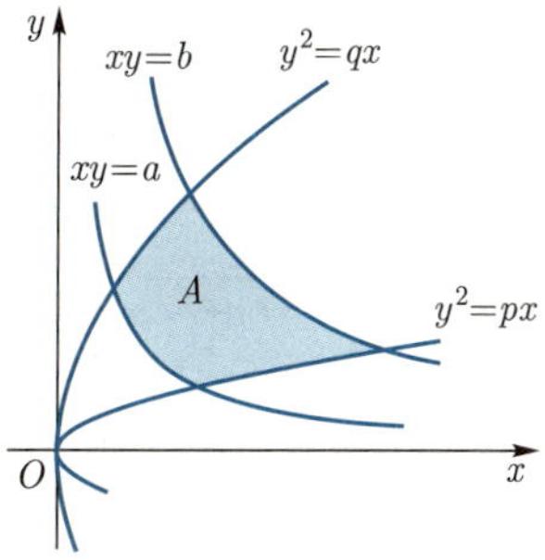

图 16.10 曲边四边形

16.4.3 极坐标变换

我们知道, 在平面 $\mathbb{R}^2$ 上有直角坐标 (x,y) 和极坐标 (r,θ), 其变换关系为

$$x=r\cos\theta,\quad y=r\sin\theta,\quad r\geqslant 0,\quad 0\leqslant\theta\leqslant 2\pi.$$

这个变换称为极坐标变换, 其 Jacobi 行列式为

$$\frac{\partial(x,y)}{\partial(r,\theta)}=\begin{vmatrix}\cos\theta & -r\sin\theta\\ \sin\theta & r\cos\theta\end{vmatrix}=r.$$

这个变换将 (r,θ) 平面上的矩形 $[0,R]\times[0,2\pi]$ 变为 (x,y) 平面上的圆 $x^2+y^2\leqslant R^2$. 不过, 这个变换不是一一的, 且在 $r=0$ 处退化. 尽管如此, 由于此变换在 $(0,+\infty)\times(0,2\pi)$ 上是一一的且非退化, 因此将定理 16.4.5 的证明略作改动即知, 积分的变量替换公式对这个变换仍然成立.

例 16.4.6 设 $a>0$, 球体 $x^2+y^2+z^2\leqslant a^2$ 被柱面 $x^2+y^2=ax$ 所截 (图 16.11), 求截出部分的体积.

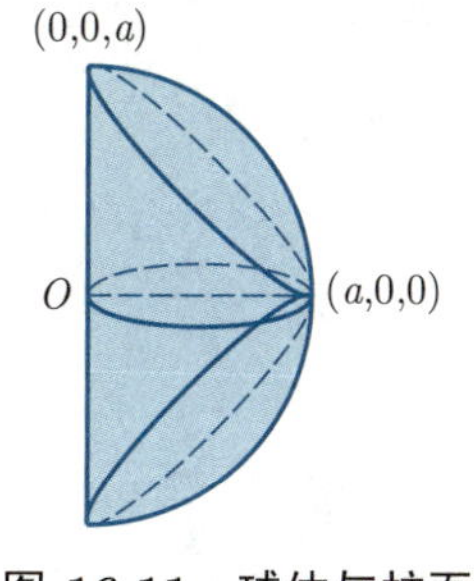

图 16.11 球体与柱面

解 根据截出图形的对称性, 只要考虑第一象限部分的体积即可, 这一部分的体积是函数 $z=\sqrt{a^2-x^2-y^2}$ 在半圆 $D=\{(x,y)\in\mathbb{R}^2\,|\,y\geqslant 0,\ x^2+y^2\leqslant ax\}$ 上的积分,

因此体积 V 可以用极坐标变换 $x=r\cos\theta, y=r\sin\theta$ 计算如下

$$\begin{aligned}V&=4\iint_D\sqrt{a^2-x^2-y^2}\,\mathrm{d}x\,\mathrm{d}y\\&=4\int_0^{\frac{\pi}{2}}\mathrm{d}\theta\int_0^{a\cos\theta}\sqrt{a^2-r^2}\,r\,\mathrm{d}r\\&=\frac{4}{3}a^3\int_0^{\frac{\pi}{2}}(1-\sin^3\theta)\,\mathrm{d}\theta=\frac{4}{3}\left(\frac{\pi}{2}-\frac{2}{3}\right)a^3.\end{aligned}$$

□

例 16.4.7 在圆 $D=\{(x,y)\in\mathbb{R}^2\,|\,x^2+y^2\leqslant R^2\}$ 中计算积分

$$I=\iint_D \mathrm{e}^{-(x^2+y^2)}\,\mathrm{d}x\,\mathrm{d}y.$$

解 这个积分用直角坐标是不好计算的. 我们用极坐标变换, 此时有

$$I=\int_0^R\mathrm{d}r\int_0^{2\pi}\mathrm{e}^{-r^2}r\,\mathrm{d}\theta=2\pi\int_0^R\mathrm{e}^{-r^2}r\,\mathrm{d}r=\pi\big(1-\mathrm{e}^{-R^2}\big).$$

□

有时, 伸缩变换和极坐标变换可以结合起来使用.

例 16.4.8 求椭圆 $\dfrac{x^2}{a^2}+\dfrac{y^2}{b^2}=1\ (a,b>0)$ 所包围的面积.

解 作所谓的广义极坐标变换

$$x=ar\cos\theta,\quad y=br\sin\theta,\quad r\in[0,1],\ \theta\in[0,2\pi],$$

其 Jacobi 行列式为

$$\frac{\partial(x,y)}{\partial(r,\theta)}=\begin{vmatrix}a\cos\theta & -ar\sin\theta\\ b\sin\theta & br\cos\theta\end{vmatrix}=abr,$$

因此所求面积为

$$\int_0^1\mathrm{d}r\int_0^{2\pi}abr\,\mathrm{d}\theta=\pi ab.$$

□

下面我们考虑 $\mathbb{R}^3$ 中的一些特殊的坐标变换. 首先有如下的柱面坐标变换:

$$x=r\cos\theta,\ y=r\sin\theta,\ z=z,$$

其 Jacobi 行列式也是 r.

例 16.4.9 设 D 是球面 $x^2+y^2+z^2=4$ 与抛物面 $x^2+y^2=3z$ 所围成的区域 (图 16.12), 计算积分 $I=\iiint_D z\,\mathrm{d}x\,\mathrm{d}y\,\mathrm{d}z$.

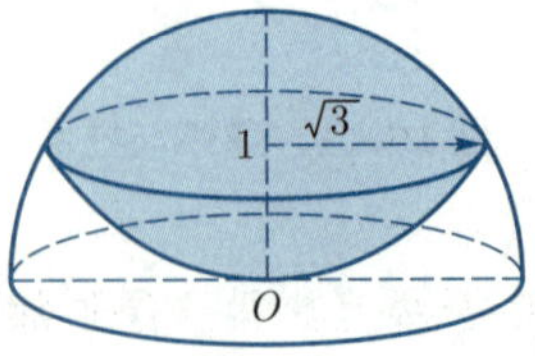

图 16.12 球面与抛物面所围区域

解 用柱面坐标变换, 区域 D 变为

$$A=\{(r,\ \theta,\ z)\,|\,r^2+z^2\leqslant 4,\ \ r^2\leqslant 3z\},$$

A 在 (r,θ) 平面上的投影为区域 $\{0\leqslant r\leqslant\sqrt{3},\ 0\leqslant\theta\leqslant 2\pi\}$. 固定 (r,θ), z 的变化范围为区间 $\left[r^2/3,\ \sqrt{4-r^2}\right]$, 因此所求积分为

$$I=\iiint_A rz\,\mathrm{d}r\,\mathrm{d}\theta\,\mathrm{d}z=\int_0^{2\pi}\mathrm{d}\theta\int_0^{\sqrt{3}}r\,\mathrm{d}r\int_{\frac{1}{3}r^2}^{\sqrt{4-r^2}}z\,\mathrm{d}z=\frac{13}{4}\pi.$$ □

与极坐标变换类似, $\mathbb{R}^3$ 中有所谓的球面坐标变换:

$$x=r\sin\theta\cos\varphi,\ y=r\sin\theta\sin\varphi,\ z=r\cos\theta,\ \ r\geqslant 0,\ \theta\in[0,\pi],\ \varphi\in[0,2\pi].$$

这个变换的 Jacobi 行列式为

$$\frac{\partial(x,y,z)}{\partial(r,\theta,\varphi)}=\begin{vmatrix}\sin\theta\cos\varphi & r\cos\theta\cos\varphi & -r\sin\theta\sin\varphi\\ \sin\theta\sin\varphi & r\cos\theta\sin\varphi & r\sin\theta\cos\varphi\\ \cos\theta & -r\sin\theta & 0\end{vmatrix}=r^2\sin\theta.$$

球面坐标变换和伸缩变换结合起来称为广义球面坐标变换.

例 16.4.10 设 D 是球面 $x^2+y^2+z^2=R^2$ 和锥面 $\sqrt{x^2+y^2}=z$ 围成的区域 (图 16.13), 计算积分

$$I=\iiint_D(x^2+y^2+z^2)\,\mathrm{d}x\,\mathrm{d}y\,\mathrm{d}z.$$

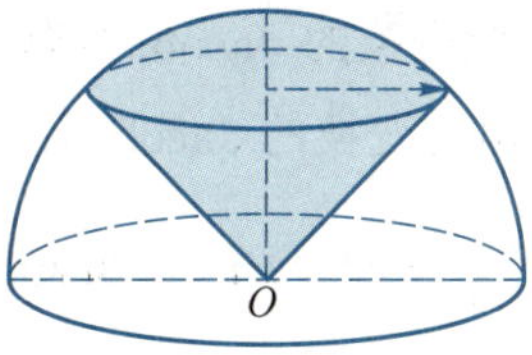

图 16.13 球面与锥面所围区域

解 用球面坐标变换, 区域 D 变为

$$A=\left\{(r,\ \theta,\ \varphi)\,\middle|\,0\leqslant r\leqslant R,\ \ 0\leqslant\varphi\leqslant 2\pi,\ \ 0\leqslant\theta\leqslant\pi/4\right\},$$

因此

$$I=\iiint_A r^2|r^2\sin\theta|\,\mathrm{d}r\,\mathrm{d}\theta\,\mathrm{d}\varphi=\int_0^R r^4\,\mathrm{d}r\int_0^{\frac{\pi}{4}}\sin\theta\,\mathrm{d}\theta\int_0^{2\pi}\mathrm{d}\varphi=\frac{\pi}{5}(2-\sqrt{2})R^5.$$ □

例 16.4.11 计算椭球 $\dfrac{x^2}{a^2}+\dfrac{y^2}{b^2}+\dfrac{z^2}{c^2}\leqslant 1\ (a,b,c>0)$ 的体积.

解 用广义球面坐标变换:

$$x = ar\sin\theta\cos\varphi,\ y = br\sin\theta\sin\varphi,\ z = cr\cos\theta,$$

此变换的 Jacobi 行列式为 $abcr^2\sin\theta$, 积分区域变为

$$\{(r,\ \theta,\ \varphi)\,|\,r\in[0,1],\ \theta\in[0,\pi],\ \varphi\in[0,2\pi]\},$$

因此椭球体积为

$$V = \int_0^1 \mathrm{d}r\int_0^{\pi} abcr^2\sin\theta\,\mathrm{d}\theta\int_0^{2\pi}\mathrm{d}\varphi = \frac{4}{3}\pi abc.$$ □

一般地, 在 $\mathbb{R}^n$ $(n\geqslant 3)$ 中也有球面坐标变换

$$\begin{cases} x_1 = r\cos\theta_1, \\ x_2 = r\sin\theta_1\cos\theta_2, \\ x_3 = r\sin\theta_1\sin\theta_2\cos\theta_3, \\ \quad\vdots \\ x_{n-1} = r\sin\theta_1\sin\theta_2\cdots\sin\theta_{n-2}\cos\theta_{n-1}, \\ x_n = r\sin\theta_1\sin\theta_2\cdots\sin\theta_{n-2}\sin\theta_{n-1}, \end{cases}$$

此变换将矩形

$$0\leqslant r\leqslant R,\ \ 0\leqslant\theta_1,\theta_2,\cdots,\theta_{n-2}\leqslant\pi,\ \ 0\leqslant\theta_{n-1}\leqslant 2\pi,$$

变为半径为 R 的 n 维 (闭) 球. 此变换的 Jacobi 矩阵有一个特点: 其列向量两两之间互相正交. 利用这一特点不难算出此变换的 Jacobi 行列式为

$$\frac{\partial(x_1,x_2,\cdots,x_n)}{\partial(r,\theta_1,\theta_2,\cdots,\theta_{n-1})} = r^{n-1}\sin^{n-2}\theta_1\sin^{n-3}\theta_2\cdots\sin\theta_{n-2}.$$

如果用球面坐标计算 n 维单位球的体积, 则有

$$\omega_n = \int_0^1 r^{n-1}\,\mathrm{d}r\iint\cdots\int_{A_n}\sin^{n-2}\theta_1\sin^{n-3}\theta_2\cdots\sin\theta_{n-2}\,\mathrm{d}\theta_1\,\mathrm{d}\theta_2\cdots\,\mathrm{d}\theta_{n-1},$$

其中

$$A_n = \{(\theta_1,\theta_2,\cdots,\theta_{n-1})\,|\,0\leqslant\theta_1,\theta_2,\cdots,\theta_{n-2}\leqslant\pi,\ \ 0\leqslant\theta_{n-1}\leqslant 2\pi\},$$

因此有

$$\iint\cdots\int_{A_n}\sin^{n-2}\theta_1\sin^{n-3}\theta_2\cdots\sin\theta_{n-2}\,\mathrm{d}\theta_1\,\mathrm{d}\theta_2\cdots\,\mathrm{d}\theta_{n-1} = n\omega_n, \tag{16.4.4}$$

此等式在用球面坐标算积分时有用. 以后我们将知道 $n\omega_n$ 是 $n-1$ 维球面的面积.

例 16.4.12 计算函数 x^2 在四维球体 B: $x^2+y^2+z^2+w^2 \leqslant 1$ 上的积分.

解 根据对称性, 有

$$\iiiint_B x^2 \,\mathrm{d}x\,\mathrm{d}y\,\mathrm{d}z\,\mathrm{d}w = \frac{1}{4}\iiiint_B (x^2+y^2+z^2+w^2)\,\mathrm{d}x\,\mathrm{d}y\,\mathrm{d}z\,\mathrm{d}w,$$

再利用四维的球面坐标以及 (16.4.4) 式, 得

$$\iiiint_B x^2 \,\mathrm{d}x\,\mathrm{d}y\,\mathrm{d}z\,\mathrm{d}w = \frac{1}{4}\int_0^1 r^5 4\omega_4 \,\mathrm{d}r = \frac{1}{6}\omega_4 = \frac{1}{12}\pi^2.$$ □

习题 16.4

1. 设 U 为 $\mathbb{R}^n$ 中的开集, $\varphi: U \to \mathbb{R}^n$ 为 C^1 映射. 若 $A \subset U$ 为零测集, 证明: $\varphi(A)$ 为零测集.

2. 设 $A \subset \mathbb{R}^n$ 且为 Jordan 可测集, $\lambda \in \mathbb{R}$. 记

$$\lambda A = \{\lambda \boldsymbol{x} \mid \boldsymbol{x} \in A\},$$

验证 λA 为 Jordan 可测集且 $\nu(\lambda A) = |\lambda|^n \nu(A)$.

3. 设 $a_1b_2 - a_2b_1 \neq 0$, 求曲线

$$(a_1x+b_1y+c_1)^2 + (a_2x+b_2y+c_2)^2 = 1$$

在平面上所围区域的面积.

4. 在 $\mathbb{R}^n$ 中求椭球 $\sum\limits_{i=1}^n \dfrac{x_i^2}{a_i^2} \leqslant 1$ 的容积, 其中 $a_i > 0$.

5. 在 $\mathbb{R}^n$ 中求由曲面 $\sum\limits_{i=1}^n \left(\sum\limits_{j=1}^n a_{ij}x_j\right)^2 = h^2$ 所围成的区域的容积, 其中 $\det\left(a_{ij}\right) \neq 0$, $h > 0$.

6. 在 $\mathbb{R}^n$ 中求由仿射超平面 $\sum\limits_{j=1}^n a_{ij}x_j = \pm h_i$，$i = 1, 2, \cdots, n$ 所围成的区域的容积，其中 $\det\left(a_{ij}\right) \neq 0$, $h_i > 0$.

7. 设 $0 < p < q$, $0 < a < b$, 求直线 $x+y=p$, $x+y=q$ 和 $y=ax$, $y=bx$ 所围区域的面积.

8. 计算积分 $\displaystyle\int\!\!\int\cdots\int_{\Delta_n(a)} x_1x_2\cdots x_n \,\mathrm{d}x_1\,\mathrm{d}x_2\cdots\mathrm{d}x_n$, 其中 $\Delta_n(a)$ 为 n 维单形.

9. 计算下列区域的容积 $(a > 0)$:

(1) $\{|x|+|y| \leqslant a\}$; (2) $\{|x|+|y|+|z| \leqslant a\}$; (3) $\{|x_1|+|x_2|+\cdots+|x_n| \leqslant a\}$.

10. 设 $0 < p < q$, $0 < a < b$, 求抛物线 $y^2 = px$, $y^2 = qx$ 和 $x^2 = ay$, $x^2 = by$ 所围区域的面积.

11. 计算下列积分:

(1) $\iint_A (x-y)\,\mathrm{d}x\,\mathrm{d}y$, A 由曲线 $y^2=2x$, $x+y=4$, $x+y=12$ 围成;

(2) $\iint_A (x^2+y^2)\,\mathrm{d}x\,\mathrm{d}y$, A 由曲线 $x^2-y^2=1$, $x^2-y^2=2$, $xy=1$, $xy=2$ 围成;

(3) $\iint_A (x-y^2)\,\mathrm{d}x\,\mathrm{d}y$, A 由曲线 $y=2$, $y^2-y-x=0$, $y^2+2y-x=0$ 围成.

12. 计算下列积分 $(a,b>0)$:

(1) $\iint_A (x^2+y^2)\,\mathrm{d}x\,\mathrm{d}y$, $A=\{(x-a)^2+y^2\leqslant a^2\}$;

(2) $\iiint_A (x^2+y^2)\,\mathrm{d}x\,\mathrm{d}y\,\mathrm{d}z$, A 由 $x^2+y^2=2z$ 与 $z=2$ 围成;

(3) $\iint_A \sqrt{x^2/a^2+y^2/b^2}\,\mathrm{d}x\,\mathrm{d}y$, $A=\left\{x^2/a^2+y^2/b^2\leqslant 1\right\}$;

(4) $\iint_A (x+y)\,\mathrm{d}x\,\mathrm{d}y$, $A=\{x^2+y^2\leqslant x+y\}$;

13. 求下列曲面所围区域的体积 $(a,b,c>0)$:

(1) $\left(x^2/a^2+y^2/b^2+z^2/c^2\right)^2=x^2/a^2+y^2/b^2$;

(2) $(x^2+y^2+z^2)^2=az$;

(3) $x^2/a^2+y^2/b^2+z/c=1,\ z=0$;

(4) $x^2+z^2=a^2,\ |x|+|y|=a$.

14. 计算下列积分 $(r,R,a,b,c>0)$:

(1) $\iiint_A \sqrt{x^2+y^2+z^2}\,\mathrm{d}x\,\mathrm{d}y\,\mathrm{d}z$, $A=\{x^2+y^2+z^2\leqslant R^2\}$;

(2) $\iiint_A (x^2+y^2)\,\mathrm{d}x\,\mathrm{d}y\,\mathrm{d}z$, $A=\{r^2\leqslant x^2+y^2+z^2\leqslant R^2,\ z\geqslant 0\}$;

(3) $\iiint_A \sqrt{1-(x^2/a^2+y^2/b^2+z^2/c^2)}\,\mathrm{d}x\,\mathrm{d}y\,\mathrm{d}z$, $A=\left\{x^2/a^2+y^2/b^2+z^2/c^2\leqslant 1\right\}$.

15. 设 f 为一元连续函数, 证明:

$$\iint\limits_{|x|+|y|\leqslant 1} f(x+y)\,\mathrm{d}x\,\mathrm{d}y=\int_{-1}^{1} f(u)\,\mathrm{d}u.$$

16. 设 f 为一元连续函数, a,b 为常数, 证明:

$$\iint\limits_{x^2+y^2\leqslant 1} f(ax+by)\,\mathrm{d}x\,\mathrm{d}y=2\int_{-1}^{1}\sqrt{1-u^2}f(ku)\,\mathrm{d}u,$$

其中 $k=\sqrt{a^2+b^2}$.

17. 设 f 为一元连续函数, a,b,c 为常数, 证明:

$$\iiint\limits_{x^2+y^2+z^2\leqslant 1} f(ax+by+cz)\,\mathrm{d}x\,\mathrm{d}y\,\mathrm{d}z=\pi\int_{-1}^{1}(1-u^2)f(ku)\,\mathrm{d}u,$$

其中 $k=\sqrt{a^2+b^2+c^2}$.

18. 设方阵 $\boldsymbol{A}$ 的 n 个列向量 $\{\boldsymbol{v}^i\}$ 两两之间互相正交, 则 $|\det \boldsymbol{A}|=\|\boldsymbol{v}^1\|\|\boldsymbol{v}^2\|\cdots\|\boldsymbol{v}^n\|$. 利用此等式计算 $\mathbb{R}^n$ 中球坐标变换的 Jacobi 行列式.

16.5 重积分的应用和推广

我们在前面几节所研究的 Riemann 积分 (重积分) 有两个局限: 一是被积区域必须是 Jordan 可测集, 而 Jordan 可测集是有界集合; 二是被积函数必须是有界函数. 为了克服这两个局限性, 需要对 Riemann 积分做适当的推广.

先考虑被积区域. 设 A 为 $\mathbb{R}^n$ 的子集 (未必有界), 我们要求它的边界 ∂A 为零测集. 这种集合称为容许集. 此时, 对每一个 $k\geqslant 1$, 交集 $A\cap[-k,k]^n$ 是 Jordan 可测集. 事实上, 只要说明其边界为零测集即可, 这可从下式看出:

$$\partial\big(A\cap[-k,k]^n\big)\subseteq\partial A\cup\partial[-k,k]^n.$$

定义 $\nu(A)=\lim\limits_{k\to\infty}\nu\big(A\cap[-k,k]^n\big)$, 如果 $\nu(A)<\infty$, 则称 A 是广义 Jordan 可测集, $\nu(A)$ 称为其 Jordan 测度或容积.

例 16.5.1 研究平面集合 $A=\big\{(x,y)\,\big|\,|y|(1+x^2)\leqslant 1\big\}$ 的容积.

解 显然, $A\cap[-k,k]^2$ 是 Jordan 可测集, 如图 16.14, 根据对称性, 其容积为

$$\nu(A\cap[-k,k]^2)=2\int_{-k}^{k}\frac{1}{1+x^2}\,\mathrm{d}x=4\arctan k.$$

这说明

$$\nu(A)=\lim_{k\to\infty}\nu(A\cap[-k,k]^2)=\lim_{k\to\infty}4\arctan k=2\pi,$$

即 A 的容积为 2π. □

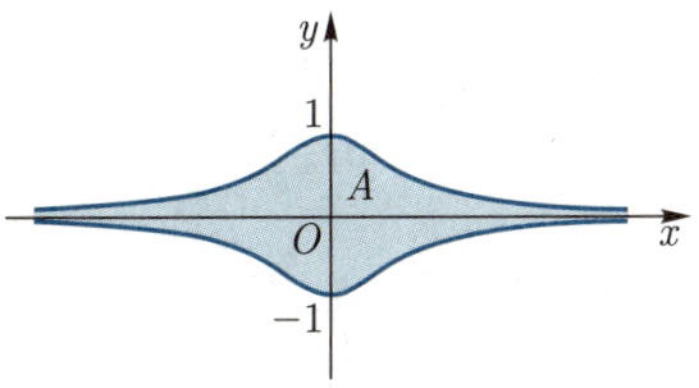

图 16.14 无界区域的容积

一般地, 当 A 为容许集时, $\nu(A\cap[-k,k]^n)$ 关于 k 单调递增, 因此有

命题 16.5.1 设 A 为容许集, 则 A 为广义 Jordan 可测集当且仅当 $\nu\big(A\cap[-k,k]^n\big)$ 关于 k 有上界.

我们再注意到, 如果将上述矩形 $[-k,k]^n$ 换成半径为 k 的球体 $B_k(0)$, 则结论不变. 事实上, $A\cap B_k(0)$ 也都是 Jordan 可测集, 由

$$A\cap\left[-k/\sqrt{n},\ k/\sqrt{n}\right]^n\subseteq A\cap B_k(0)\subseteq A\cap[-k,k]^n$$

以及数列极限的夹逼原理知

$$\lim_{k\to\infty}\nu(A\cap B_k(0))=\lim_{k\to\infty}\nu(A\cap[-k,k]^n).$$

我们可以将矩形或球体推广为更一般的 Jordan 可测集.

定义 16.5.1 (穷竭) 设 $\{D_i\}$ 为 $\mathbb{R}^n$ 中一列 Jordan 可测集, 满足条件

(1) $\bar{D}_i\subset \mathrm{int}D_{i+1},\ \ \forall\, i\geqslant 1$;

(2) $\bigcup\limits_{i\geqslant 1}D_i=\mathbb{R}^n$,

则称 $\{D_i\}$ 为 $\mathbb{R}^n$ 的一个 Jordan 穷竭.

矩形 $\{[-k,k]^n\}$ 和开球体 $\{B_k(0)\}$ 都是 $\mathbb{R}^n$ 的 Jordan 穷竭. 在具体的积分计算中, 往往可以适当地选取 Jordan 穷竭以简化计算. 现在下面的命题就比较明显了.

命题 16.5.2 设 $\{D_i\}$ 为 $\mathbb{R}^n$ 的 Jordan 穷竭, A 为容许集, 则 A 为广义 Jordan 可测集当且仅当 $\{\nu(A\cap D_i)\}$ 关于 i 有上界, 且 $\nu(A)=\lim\limits_{i\to\infty}\nu(A\cap D_i)$.

类似地, 我们可以把重积分的定义推广到容许集上. 设 $f:A\to\mathbb{R}$ 为定义在容许集 A 上的非负函数. 如果对每一个 $k\geqslant 1$, f 在 $A\cap[-k,k]^n$ 上均可积, 则定义

$$\int_A f=\lim_{k\to\infty}\int_{A\cap[-k,k]^n}f.$$

当上述极限有限时, 称 f 在 A 上广义可积 (或广义积分收敛), 极限称为 f 的广义积分. 如果极限为无穷, 则称 f 在 A 上的广义积分发散. 下面的命题也是可以立即得到的.

命题 16.5.3 设 A 为容许集, $f:A\to\mathbb{R}$ 为非负函数, 则

(1) f 在 A 上广义可积当且仅当积分 $\displaystyle\int_{A\cap[-k,k]^n}f$ 关于 k 有上界;

(2) 设 $\{D_i\}$ 为 $\mathbb{R}^n$ 的 Jordan 穷竭, 则 f 在 A 上广义可积当且仅当 f 在 $A\cap D_i$ 上的积分关于 i 有上界, 此时

$$\int_A f=\lim_{i\to\infty}\int_{A\cap D_i}f.$$

一般地, 给定容许集上的函数 $f:A\to\mathbb{R}$, 则 $f=f^+-f^-$, 其中

$$f^+=\max\{f,\ 0\},\quad f^-=\max\{-f,0\}.$$

f^+, f^- 都是非负函数, 当 f^+ 和 f^- 都在 A 上广义可积时, 我们称 f 在 A 上广义可积, 其广义积分定义为

$$\int_A f=\int_A f^+-\int_A f^-.$$

注意到 $|f| = f^+ + f^-$, 因此 f 在 A 上广义可积时, $|f|$ 在 A 上也广义可积, 这和一元函数的广义积分不同! 之所以出现这种差别是因为高维欧氏空间中的被积区域可能会非常复杂, 因此对被积函数的要求较高.

和普通的重积分一样, 广义重积分也具有线性性, 关于被积区域的可加性、保序性以及积分中值定理等, 我们不重复叙述.

以下我们计算几个广义重积分的例子.

例 16.5.2 计算函数 $\mathrm{e}^{-(x^2+y^2)}$ 在 $\mathbb{R}^2$ 上的广义积分.

解 在圆 $B_R = \{x^2 + y^2 \leqslant R^2\}$ 上, 由前一节极坐标变换的例子, 我们已算出

$$\iint_{B_R} \mathrm{e}^{-(x^2+y^2)}\,\mathrm{d}x\,\mathrm{d}y = \pi\left(1 - \mathrm{e}^{-R^2}\right),$$

因此

$$\iint_{\mathbb{R}^2} \mathrm{e}^{-(x^2+y^2)}\,\mathrm{d}x\,\mathrm{d}y = \lim_{R\to+\infty} \iint_{B_R} \mathrm{e}^{-(x^2+y^2)}\,\mathrm{d}x\,\mathrm{d}y = \lim_{R\to+\infty} \pi\left(1 - \mathrm{e}^{-R^2}\right) = \pi. \qquad \square$$

注 16.5.1 如果我们用矩形区域作穷竭, 则有

$$\begin{aligned}\pi = \iint_{\mathbb{R}^2} \mathrm{e}^{-(x^2+y^2)}\,\mathrm{d}x\,\mathrm{d}y &= \lim_{R\to+\infty} \iint_{[-R,R]^2} \mathrm{e}^{-(x^2+y^2)}\,\mathrm{d}x\,\mathrm{d}y \\ &= \lim_{R\to+\infty} \left[\int_{-R}^{R} \mathrm{e}^{-x^2}\,\mathrm{d}x\right]^2,\end{aligned}$$

这就重新得到了概率积分:

$$\int_{-\infty}^{+\infty} \mathrm{e}^{-x^2}\,\mathrm{d}x = \sqrt{\pi} \quad \text{或} \quad \int_0^{+\infty} \mathrm{e}^{-x^2}\,\mathrm{d}x = \frac{\sqrt{\pi}}{2}.$$

例 16.5.3 计算函数 $\mathrm{e}^{-(x_1^2+x_2^2+\cdots+x_n^2)}$ 在 $\mathbb{R}^n$ 上的广义积分.

解 利用矩形作穷竭以及重积分化为累次积分, 得

$$\begin{aligned}&\iint\cdots\int_{\mathbb{R}^n} \mathrm{e}^{-(x_1^2+x_2^2+\cdots+x_n^2)}\,\mathrm{d}x_1\,\mathrm{d}x_2\cdots\mathrm{d}x_n \\ &= \lim_{R\to+\infty} \iint\cdots\int_{[-R,R]^n} \mathrm{e}^{-(x_1^2+x_2^2+\cdots+x_n^2)}\,\mathrm{d}x_1\,\mathrm{d}x_2\cdots\mathrm{d}x_n \\ &= \lim_{R\to+\infty} \left[\int_{-R}^{R} \mathrm{e}^{-x^2}\,\mathrm{d}x\right]^n = \pi^{n/2}.\end{aligned} \qquad \square$$

注 16.5.2 如果我们用球 $B_R(0)$ 作穷竭, 利用球面坐标以及前节 (16.4.4) 式可得

$$\pi^{n/2} = \lim_{R\to+\infty} \int_0^R \mathrm{e}^{-r^2} r^{n-1} (n\omega_n)\,\mathrm{d}r.$$

在上式中作变量替换 $r = \sqrt{t}$, 并记

$$\Gamma(x) = \int_0^{+\infty} t^{x-1}\mathrm{e}^{-t}\,\mathrm{d}t \quad (x > 0),$$

则得到了 n 维单位球体积 ω_n 的另一种表示

$$\omega_n = \frac{2\pi^{n/2}}{n\Gamma(n/2)} = \frac{\pi^{n/2}}{\Gamma(n/2+1)}. \tag{16.5.1}$$

广义积分的变量替换公式在一定条件下也是成立的, 我们仅举例说明.

例 16.5.4　设 $\boldsymbol{P}$ 为 n 阶正定对称方阵, 计算函数 $\mathrm{e}^{-\boldsymbol{x}^{\mathrm{T}}\boldsymbol{P}\boldsymbol{x}}$ 在 $\mathbb{R}^n$ 上的广义积分.

解　因为 $\boldsymbol{P}$ 为正定对称方阵, 故存在正交方阵 $\boldsymbol{O}$, 使得

$$\boldsymbol{P} = \boldsymbol{O}^{\mathrm{T}}\operatorname{diag}(\lambda_1, \lambda_2, \cdots, \lambda_n)\,\boldsymbol{O},\quad \text{其中 } \lambda_i > 0,\ i = 1, 2, \cdots, n.$$

利用正交变换 $\boldsymbol{y} = \boldsymbol{O}\boldsymbol{x}$, 积分可以化为

$$\iint\cdots\int_{\mathbb{R}^n} \mathrm{e}^{-\boldsymbol{x}^{\mathrm{T}}\boldsymbol{P}\boldsymbol{x}}\,\mathrm{d}x_1\,\mathrm{d}x_2\cdots\mathrm{d}x_n = \iint\cdots\int_{\mathbb{R}^n} \mathrm{e}^{-(\lambda_1y_1^2+\lambda_2y_2^2+\cdots+\lambda_ny_n^2)}\,\mathrm{d}y_1\,\mathrm{d}y_2\cdots\mathrm{d}y_n.$$

再利用伸缩变换 $t_i = \sqrt{\lambda_i}y_i$ 以及上例, 积分为

$$\begin{aligned}&\iint\cdots\int_{\mathbb{R}^n} \mathrm{e}^{-\boldsymbol{x}^{\mathrm{T}}\boldsymbol{P}\boldsymbol{x}}\,\mathrm{d}x_1\,\mathrm{d}x_2\cdots\mathrm{d}x_n\\ =&\iint\cdots\int_{\mathbb{R}^n} \mathrm{e}^{-(t_1^2+t_2^2+\cdots+t_n^2)}(\lambda_1\lambda_2\cdots\lambda_n)^{-\frac{1}{2}}\,\mathrm{d}t_1\,\mathrm{d}t_2\cdots\mathrm{d}t_n = \frac{\pi^{n/2}}{\sqrt{\det\boldsymbol{P}}}.\end{aligned}$$

下面我们简单讨论如何判断广义积分是收敛还是发散的. 根据命题 16.5.3, 我们有如下比较判别法.

定理 16.5.4　设 g 为定义在容许集 A 上的非负广义可积函数, f 在每一个 $A\cap[-k,k]^n$ 上均可积, 且当 $\|\boldsymbol{x}\|$ 充分大时, $|f(\boldsymbol{x})| \leqslant g(\boldsymbol{x})$, 则 f 在 A 上广义可积.

显然, 定理中的矩形 $[-k,k]^n$ 可以换成球体 $B_k(0)$. 记 $r = \|\boldsymbol{x}\|$, 考虑函数 r^{-p} 在区域 $\{r_0 \leqslant r \leqslant R\}$ $(r_0 > 0)$ 上的积分, 利用球面坐标以及前节 (16.4.4) 式可得

$$\int_{r_0\leqslant r\leqslant R} r^{-p} = \int_{r_0}^{R} r^{n-1-p}(n\omega_n)\,\mathrm{d}r = \frac{n\omega_n}{n-p}\left(R^{n-p} - r_0^{n-p}\right),$$

因此当 $p > n$ 时, r^{-p} 在 $\{r \geqslant r_0\}$ 上广义可积. 根据比较判别法, 可得

推论 16.5.5　设 f 在每一个 $A\cap B_k(0)$ 上均可积. 如果常数 $p > n$, 且当 $\|\boldsymbol{x}\|$ 充分大时, 成立 $|f(\boldsymbol{x})| \leqslant \|\boldsymbol{x}\|^{-p}$, 则 f 在 A 上广义可积.

类似地可以得到判断广义积分发散的条件, 我们留给读者完成.

下面我们简单介绍无界函数的积分. 设 A 为 $\mathbb{R}^n$ 中的 Jordan 可测集, $p \in A$. 给定非负函数 $f: A\setminus\{p\} \to \mathbb{R}$, 如果 f 在 p 附近无界, 则称 p 为 f 的瑕点. 如果任给 $\varepsilon > 0$, f 在 $A\setminus B_\varepsilon(p)$ 中均可积, 则定义极限

$$\int_A f = \lim_{\varepsilon\to0^+}\int_{A\setminus B_\varepsilon(p)} f,$$

如果极限有限, 则称 f 在 A 上的瑕积分收敛, 否则就称瑕积分发散.

如果 f 是一般的函数, 则考虑 f^+ 和 f^-, 当 f^+ 和 f^- 在 A 上的瑕积分都收敛时, 称 f 在 A 上的瑕积分收敛, 此时定义

$$\int_A f = \int_A f^+ - \int_A f^-.$$

如同广义积分的讨论那样, 瑕积分定义中的球体 $B_\varepsilon(p)$ 可以换成以 p 为内点的且收缩到 p 的一列 Jordan 可测集. 下面的结果当然也成立.

命题 16.5.6 设 $f: A\setminus\{p\} \to \mathbb{R}$ 为非负函数, 如果 f 在 $A\setminus B_\varepsilon(p)$ 上均可积, 且积分 $\displaystyle\int_{A\setminus B_\varepsilon(p)} f$ 关于 ε 有界, 则 f 在 A 上的瑕积分收敛; 反之亦然.

例 16.5.5 研究函数 $\dfrac{1}{\sqrt{x^2+y^2}}$ 在单位圆 $B_1(0)$ 上的瑕积分.

解 原点是函数的唯一瑕点, 当 $0<\varepsilon<1$ 时, 利用极坐标变换, 有

$$\iint_{B_1(0)\setminus B_\varepsilon(0)} \frac{\mathrm{d}x\,\mathrm{d}y}{\sqrt{x^2+y^2}} = \int_\varepsilon^1 \frac{r}{\sqrt{r^2}}\,\mathrm{d}r \int_0^{2\pi} \mathrm{d}\theta = 2\pi(1-\varepsilon),$$

因此瑕积分存在且等于 2π. □

类似地, 研究函数 $\|\boldsymbol{x}\|^p$ 在 n 维球体 $B_1(0)$ 上的积分时, 利用球面坐标不难看到, 当 $p>-n$ 时, 瑕积分收敛, 当 $p\leqslant -n$ 时瑕积分发散. 由此可以得到瑕积分的比较判别法, 我们不详述了.

在瑕积分的定义中, 我们也可以考虑不止一个瑕点的情形, 甚至某个子集上的点都可能是 f 的瑕点.

例如, 设 A 为 Jordan 可测集, $S\subseteq A$, f 是定义在 $A\setminus S$ 上的非负函数. 取一列包含 S 的 Jordan 可测集 Δ_i, 使得 $\nu(\Delta_i)\to 0$, 定义

$$\int_A f = \lim_{i\to+\infty} \int_{A\setminus\Delta_i} f.$$

如果极限有限, 则称 f 在 A 上的瑕积分收敛. 此定义不依赖于 Δ_i 的选取.

下面的例子中, 被积函数的瑕点不是孤立点, 但积分仍然有意义.

例 16.5.6 研究函数 $\dfrac{y}{\sqrt{x}}$ 在 $[0,1]\times[0,1]$ 上的瑕积分.

解 $\{0\}\times[0,1]$ 是函数 $\dfrac{y}{\sqrt{x}}$ 的瑕点集, 记 $D_\varepsilon=[\varepsilon,1]\times[0,1]$, 则

$$\iint_{D_\varepsilon} \frac{y}{\sqrt{x}}\,\mathrm{d}x\,\mathrm{d}y = \int_\varepsilon^1 \frac{\mathrm{d}x}{\sqrt{x}} \int_0^1 y\,\mathrm{d}y = 1-\sqrt{\varepsilon},$$

因此 $\dfrac{y}{\sqrt{x}}$ 在 $[0,1]\times[0,1]$ 上的瑕积分收敛于 1. □

对于最一般的区域和最一般的函数, 我们可能会碰到被积区域无界, 且函数有很多瑕点的情形, 这时就要灵活运用以上知识了. 不过, Riemann 积分能够处理的情形仍然相当有限, 在“实变函数”课程中将由 Lebesgue 积分来部分地弥补这一不足.

最后我们举几个重积分在物理中应用的例子.

(1) 物体的质量. 设 A 为空间物体, 其密度函数为 $\rho(x,y,z)$, 则它的质量 m 为

$$m=\iiint_A \rho(x,y,z)\,\mathrm{d}x\,\mathrm{d}y\,\mathrm{d}z.$$

类似地, 对于密度函数为 $\rho(x,y)$ 的平面薄板, 其质量可以用二重积分来计算.

(2) 物体的质心. 仍设 A 为空间物体, 其密度函数为 $\rho(x,y,z)$, 则它的质心 $(\bar{x},\bar{y},\bar{z})$ 的坐标为

$$\bar{x}=\frac{1}{m}\iiint_A x\rho(x,y,z)\,\mathrm{d}x\,\mathrm{d}y\,\mathrm{d}z,\quad \bar{y}=\frac{1}{m}\iiint_A y\rho(x,y,z)\,\mathrm{d}x\,\mathrm{d}y\,\mathrm{d}z,$$
$$\bar{z}=\frac{1}{m}\iiint_A z\rho(x,y,z)\,\mathrm{d}x\,\mathrm{d}y\,\mathrm{d}z.$$

(3) 转动惯量. 物体 A 关于 x 轴, y 轴, z 轴的转动惯量分别为

$$I_x=\iiint_A (y^2+z^2)\rho(x,y,z)\,\mathrm{d}x\,\mathrm{d}y\,\mathrm{d}z,\quad I_y=\iiint_A (x^2+z^2)\rho(x,y,z)\,\mathrm{d}x\,\mathrm{d}y\,\mathrm{d}z,$$
$$I_z=\iiint_A (x^2+y^2)\rho(x,y,z)\,\mathrm{d}x\,\mathrm{d}y\,\mathrm{d}z.$$

一般地, 如果 ℓ 为空间直线, (x,y,z) 到 ℓ 的距离记为 $r(x,y,z)$, 则物体关于 ℓ 的转动惯量为

$$I_\ell=\iiint_A r^2(x,y,z)\rho(x,y,z)\,\mathrm{d}x\,\mathrm{d}y\,\mathrm{d}z.$$

(4) 万有引力. 设 A 为如上空间物体, B 为位于 (x_0,y_0,z_0) 处质量为 m_0 的质点, 则由 Newton 万有引力定律, A 对 B 所产生的引力为 $\boldsymbol{F}=(F_x,F_y,F_z)$, 其中

$$F_x=Gm_0\iiint_A \frac{\rho(x,y,z)}{r^3}(x-x_0)\,\mathrm{d}x\,\mathrm{d}y\,\mathrm{d}z,\quad F_y=Gm_0\iiint_A \frac{\rho(x,y,z)}{r^3}(y-y_0)\,\mathrm{d}x\,\mathrm{d}y\,\mathrm{d}z,$$
$$F_z=Gm_0\iiint_A \frac{\rho(x,y,z)}{r^3}(z-z_0)\,\mathrm{d}x\,\mathrm{d}y\,\mathrm{d}z,$$

其中, G 为万有引力常量,

$$r=\sqrt{(z-z_0)^2+(y-y_0)^2+(z-z_0)^2}.$$

例 16.5.7 有一半径为 R 的球体, 设其密度 ρ 为常数, 求其引力场.

解 所谓引力场就是在每一点 p 处单位质量的质点所受的引力. 设 p 点与球心距离为 l. 不妨设球心在原点, p 点在 z 轴上, 其坐标为 $(0,0,l)$. 于是 p 处单位质量的质点

所受引力为 $F(p)$, 利用对称性容易看出, $F(p)$ 的 x, y 分量为零. 它的 z 分量 $F(p)_z$ 用球面坐标计算如下:

$$F(p)_z = G\rho\int_0^R \mathrm{d}r\int_0^\pi \frac{r^2(r\cos\theta - l)\sin\theta}{(r^2+l^2-2rl\cos\theta)^{3/2}}\,\mathrm{d}\theta\int_0^{2\pi}\mathrm{d}\varphi = 2\pi G\rho\int_0^R r^2\varphi(r)\,\mathrm{d}r,$$

其中

$$\varphi(r) = \int_0^\pi \frac{(r\cos\theta - l)\sin\theta}{(r^2+l^2-2rl\cos\theta)^{3/2}}\,\mathrm{d}\theta.$$

对上述积分作换元 $t = (r^2+l^2-2rl\cos\theta)^{1/2}$, 得

$$\varphi(r) = \frac{1}{2l^2r}\int_{|r-l|}^{r+l}\left(\frac{r^2-l^2}{t^2} - 1\right)\mathrm{d}t = \frac{1}{l^2}\left[\frac{r-l}{|r-l|} - 1\right].$$

当 $r > l$ 时, $\varphi(r) = 0$; 当 $r \leqslant l$ 时, $\varphi(r) = -2l^{-2}$. 因此, 当 $l \geqslant R$ 时,

$$F(p)_z = 2\pi G\rho\int_0^R r^2(-2l^{-2})\,\mathrm{d}r = -\frac{4}{3}\pi G\rho R^3 l^{-2};$$

当 $l \leqslant R$ 时,

$$F(p)_z = 2\pi G\rho\int_0^l r^2(-2l^{-2})\,\mathrm{d}r = -\frac{4}{3}\pi G\rho l.$$

注意到半径为 r 的球质量为 $\frac{4}{3}\pi\rho r^3$. 上述计算结果表明, 当质点位于球外时, 它所受的引力就如同球体的质量完全集中在球心时所受的引力那样; 当质点位于球内时, 位于质点以外的外层球壳对质点的引力抵消了. □

习题 16.5

1. 设 $A \subseteq \mathbb{R}^n$, 如果对每一个 $k \geqslant 1$, $A \cap [-k, k]^n$ 均为 Jordan 可测集, 则其边界 ∂A 为零测集.

2. 设 A 是 Jordan 可测集, $f : A \to \mathbb{R}$ 为有界函数. 如果任给 $\varepsilon > 0$, f 均在 $A \setminus B_\varepsilon(\boldsymbol{p})$ 上可积, 则 f 在 A 上可积, 且

$$\int_A f = \lim_{\varepsilon\to 0^+}\int_{A\setminus B_\varepsilon(\boldsymbol{p})} f.$$

3. 设平面集合 A 含有 (极坐标下的) 区域 $\{\alpha \leqslant \theta \leqslant \beta,\ r \geqslant r_0\}$, 如果函数 f 在 A 上满足不等式 $f(x, y) \geqslant cr^p$, 其中 c 为正常数, $p \geqslant -2$, 则 f 在 A 上的广义积分发散.

4. 如果 $\mathbb{R}^n$ 上的函数 f 在 $\{\|\boldsymbol{x}\| \geqslant r_0\}$ 上满足不等式 $f(\boldsymbol{x}) \geqslant \|\boldsymbol{x}\|^p$, 则当 $p \geqslant -n$ 时 f 在 $\mathbb{R}^n$ 上的广义积分发散.

5. 如果 $\mathbb{R}^n$ 上的函数 f 在 $\{\|\boldsymbol{x}\| \leqslant r_0\}$ 上满足不等式 $f(\boldsymbol{x}) \geqslant \|\boldsymbol{x}\|^p$, 则当 $p \leqslant -n$ 时 f 在 $\mathbb{R}^n$ 上的瑕积分发散.

6. 讨论下列积分的敛散性:

(1) $\displaystyle\iint_{\mathbb{R}^2} \frac{\mathrm{d}x\,\mathrm{d}y}{(1+|x|^p)(1+|y|^q)}$;

(2) $\displaystyle\iint_A \frac{\mathrm{d}x\,\mathrm{d}y}{|x|^p+|y|^q}$, $A=\{|x|+|y|\geqslant 1\}$;

(3) $\displaystyle\iiint_A \frac{\ln(x^2+y^2+z^2)}{(x^2+y^2+z^2)^p}\,\mathrm{d}x\,\mathrm{d}y\,\mathrm{d}z$, $A=\{x^2+y^2+z^2\leqslant 1\}$;

(4) $\displaystyle\iint_A \frac{\mathrm{d}x\,\mathrm{d}y}{\sqrt{1-x^2-y^2}}$, $A=\{x^2+y^2\leqslant 1\}$;

(5) $\displaystyle\iint_A \frac{\mathrm{d}x\,\mathrm{d}y}{x^p y^q}$, $A=\{xy\geqslant 1,\ x\geqslant 1\}$.

7. 计算下列积分:

(1) $\displaystyle\iint\limits_{x^2+y^2\leqslant 1} \ln(x^2+y^2)\,\mathrm{d}x\,\mathrm{d}y$;　　(2) $\displaystyle\iint\limits_{x\geqslant 0,\ y\geqslant 0} \frac{\mathrm{d}x\,\mathrm{d}y}{(1+x+y)^3}$;

(3) $\displaystyle\iint\limits_{x\geqslant y\geqslant 0} \mathrm{e}^{-(x+y)}\,\mathrm{d}x\,\mathrm{d}y$.

8. 设 $\boldsymbol{A}$ 为 n 阶正定对称方阵, $\boldsymbol{b}\in\mathbb{R}^n$, 计算积分 $\displaystyle\iint\cdots\int_{\mathbb{R}^n} \mathrm{e}^{-\boldsymbol{x}^{\mathrm{T}}\boldsymbol{A}\boldsymbol{x}+\boldsymbol{b}\cdot\boldsymbol{x}}\,\mathrm{d}x_1\,\mathrm{d}x_2\cdots\mathrm{d}x_n$.

9. 求半球壳 $\{a^2\leqslant x^2+y^2+z^2\leqslant b^2,\ z\geqslant 0\}$ 的质心坐标.

10. 设有半径为 R 的球体, 球心位置为 $(0,0,R)$, 密度函数为 $\rho(\boldsymbol{x})=k\|\boldsymbol{x}\|^{-2}$, 求其质心坐标.

11. 设一质量均匀的物体由抛物面 $z=x^2+y^2$ 和平面 $z=1$ 围成, 求其质心坐标.

12. 求质量为 m 的均匀长方体 $[0,a]\times[0,b]\times[0,c]$ 关于 z 轴的转动惯量.

13. 求质量均匀的球体 $\{x^2+y^2+z^2\leqslant 1\}$ 关于三个坐标轴的转动惯量.

14. 一圆锥与半球相接围成质量均匀的球锥, 设球的半径为 R, 锥的顶角为 2α, 计算球锥对其顶点的引力.

第十七章

曲线积分与曲面积分

本章讨论欧氏空间 $\mathbb{R}^n$ 中曲线以及曲面上的积分理论, 包括曲线的长度、曲面的面积, 以及曲线曲面上函数和向量值函数的积分, 这些积分往往有着明显的几何或物理背景.

17.1 第一型曲线积分

我们从曲线的长度开始. 在第九章中, 对于 C^1 的平面曲线 $\sigma:[\alpha,\beta]\to\mathbb{R}^2$, 利用折线逼近曲线的办法, 我们定义了其长度为

$$L(\sigma)=\int_\alpha^\beta\sqrt{[x'(t)]^2+[y'(t)]^2}\,\mathrm{d}t.$$

现在考虑一般的情形. 考虑映射 $\sigma:[\alpha,\beta]\to\mathbb{R}^n$, 它称为 $\mathbb{R}^n$ 中的参数曲线. 我们仍然用折线逼近曲线的办法定义 σ 的长度 (图 17.1). 为此, 任取 $[\alpha,\beta]$ 的分割

$$\mathrm{P}:\ \alpha=t_0<t_1<t_2<\cdots<t_m=\beta,$$

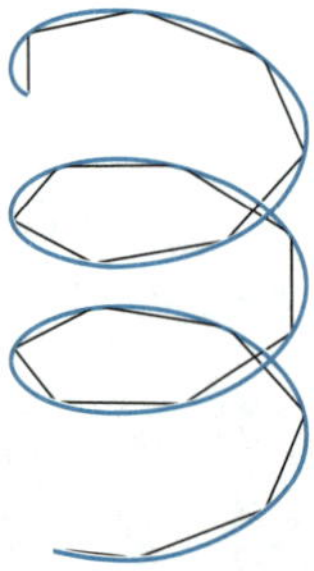

图 17.1 折线逼近

相继用直线段连接曲线上的分点 $\sigma(t_{i-1})$ 与 $\sigma(t_i)$ $(1\leqslant t\leqslant m)$, 得到的折线的长度为

$$L(\sigma;\mathrm{P})=\sum_{i=1}^m\|\sigma(t_i)-\sigma(t_{i-1})\|.$$

如果这些折线的长度有上界, 即

$$\sup_{\mathrm{P}}\sum_{i=1}^m\|\sigma(t_i)-\sigma(t_{i-1})\|<+\infty,$$

则称 σ 是**可求长曲线**, 其长度定义为

$$L(\sigma)=\sup_{\mathrm{P}}\sum_{i=1}^m\|\sigma(t_i)-\sigma(t_{i-1})\|.$$

从定义可以得到可求长曲线的下列性质:

- 如果 σ 为可求长曲线, 则当 $[\gamma,\delta]\subseteq[\alpha,\beta]$ 时, $\sigma\big|_{[\gamma,\delta]}$ 也是可求长曲线;
- 如果 σ 为可求长曲线, 则任给 $\gamma\in[\alpha,\beta]$, 均有

$$L(\sigma)=L(\sigma|_{[\alpha,\gamma]})+L(\sigma|_{[\gamma,\beta]}).$$

这是曲线长度的可加性, 利用三角不等式不难加以证明.

如果 $\sigma(t)$ 的每一个分量均为 C^1 函数, 则由 §9.7 节的推导方法可知 σ 是可求长曲线, 且其长度可以表示为积分:

$$L(\sigma)=\int_\alpha^\beta \|\sigma'(t)\|\,\mathrm{d}t.$$

为了导出一般曲线可求长的充要条件, 我们引入有界变差函数的概念.

定义 17.1.1 (有界变差函数) 设 f 为定义在 $[\alpha,\beta]$ 上的函数. 任给分割

$$\mathrm{P}:\ \alpha=t_0<t_1<t_2<\cdots<t_m=\beta,$$

记

$$V(f;\mathrm{P})=\sum_{i=1}^m|f(t_i)-f(t_{i-1})|,$$

如果 $V(f;\mathrm{P})$ 有不依赖于 P 的上界, 则称 f 为 $[\alpha,\beta]$ 上的有界变差函数, 它在 $[\alpha,\beta]$ 中的全变差记为

$$\bigvee_\alpha^\beta(f)=\sup_{\mathrm{P}}V(f;\mathrm{P}).$$

有界变差函数的例子有:

- 单调函数. 如果 f 为 $[\alpha,\beta]$ 上的单调函数, 例如单调递增, 则任给分割 P, 有

$$V(f;\mathrm{P})=\sum_{i=1}^m|f(t_i)-f(t_{i-1})|=\sum_{i=1}^m[f(t_i)-f(t_{i-1})]=f(\beta)-f(\alpha),$$

这说明

$$\bigvee_\alpha^\beta(f)=|f(\beta)-f(\alpha)|.$$

- Lipschitz 函数. 设 $|f(x)-f(y)|\leqslant L|x-y|$, 则

$$V(f;\mathrm{P})=\sum_{i=1}^m|f(t_i)-f(t_{i-1})|\leqslant\sum_{i=1}^m L(t_i-t_{i-1})=L(\beta-\alpha),$$

因而 f 是有界变差函数.

• C^1 函数. 根据微分中值定理可以知道, 闭区间上的 C^1 函数都是 Lipschitz 函数, 因而是有界变差函数. 当 $g \in R[\alpha, \beta]$ 时, 记

$$f(x) = \int_\alpha^x g(t)\,\mathrm{d}t, \quad x \in [\alpha, \beta],$$

则 f 是 Lipschitz 函数, 因此也是有界变差函数.

下面的结果刻画了可求长曲线.

定理 17.1.1 (Jordan 定理) 参数曲线 σ 为可求长曲线当且仅当其分量均为有界变差函数.

证明 记 $\sigma(t) = (x_1(t), x_2(t), \cdots, x_n(t))$, $t \in [\alpha, \beta]$. 若 σ 为可求长曲线, 则任给 $[\alpha, \beta]$ 的分割 P, 有

$$V(x_i; \mathrm{P}) = \sum_{j=1}^m |x_i(t_j) - x_i(t_{j-1})| \leqslant \sum_{j=1}^m \|\sigma(t_j) - \sigma(t_{j-1})\| \leqslant L(\sigma),$$

这说明 x_i 为有界变差函数.

反之, 如果每一个 x_i 都是有界变差函数, 则

$$\begin{aligned} L(\sigma; \mathrm{P}) &= \sum_{j=1}^m \|\sigma(t_j) - \sigma(t_{j-1})\| \\ &\leqslant \sum_{j=1}^m \big(|x_1(t_j) - x_1(t_{j-1})| + |x_2(t_j) - x_2(t_{j-1})| + \cdots + |x_n(t_j) - x_n(t_{j-1})|\big) \\ &= \sum_{i=1}^n V(x_i; \mathrm{P}) \leqslant \sum_{i=1}^n \bigvee_\alpha^\beta (x_i). \end{aligned}$$

这说明 σ 是可求长曲线. □

为了刻画有界变差函数, 我们先来说明

引理 17.1.2 设 $\gamma \in (\alpha, \beta)$. 则 f 为 $[\alpha, \beta]$ 上的有界变差函数当且仅当 f 在 $[\alpha, \gamma]$ 和 $[\gamma, \beta]$ 上均为有界变差函数, 此时

$$\bigvee_\alpha^\beta (f) = \bigvee_\alpha^\gamma (f) + \bigvee_\gamma^\beta (f). \tag{17.1.1}$$

证明 设 f 为 $[\alpha, \beta]$ 上的有界变差函数, 任取 $[\alpha, \gamma]$ 的分割 P_1 和 $[\gamma, \beta]$ 的分割 P_2, 有

$$V\big(f\big|_{[a,c]};\ \mathrm{P}_1\big) + V\big(f\big|_{[c,b]};\ \mathrm{P}_2\big) = V(f;\ \mathrm{P}_1 \cup \mathrm{P}_2) \leqslant \bigvee_\alpha^\beta (f),$$

这说明 f 在 $[\alpha,\gamma]$ 和 $[\gamma,\beta]$ 上均为有界变差函数, 且

$$\bigvee_{\alpha}^{\gamma}(f)+\bigvee_{\gamma}^{\beta}(f)\leqslant\bigvee_{\alpha}^{\beta}(f). \tag{17.1.2}$$

反之, 如果 f 在 $[\alpha,\gamma]$ 和 $[\gamma,\beta]$ 上均为有界变差函数, 则任取 $[\alpha,\beta]$ 的分割 P, 如果 γ 不是 P 的分点, 则添加 γ 为分点, 此时

$$V(f;\mathrm{P})\leqslant\bigvee_{\alpha}^{\gamma}(f)+\bigvee_{\gamma}^{\beta}(f),$$

这说明 f 在 $[\alpha,\beta]$ 上也是有界变差函数, 且

$$\bigvee_{\alpha}^{\beta}(f)\leqslant\bigvee_{\alpha}^{\gamma}(f)+\bigvee_{\gamma}^{\beta}(f). \tag{17.1.3}$$

(17.1.2) 式和 (17.1.3) 式结合起来就得到了 (17.1.1) 式. □

下面的结果刻画了有界变差函数.

定理 17.1.3 *f 为有界变差函数当且仅当它是两个单调递增函数之差.*

证明 只要证明必要性就可以了. 设 f 为 $[\alpha,\beta]$ 上的有界变差函数, 记

$$g(x)=\bigvee_{\alpha}^{x}(f),\quad h(x)=g(x)-f(x),\quad x\in[\alpha,\beta],$$

则 $f=g-h$. 由上述引理可知 g 为单调递增函数, 我们来说明 h 也是单调递增的. 为此, 任取 $x,y\in[\alpha,\beta]$, 当 $x<y$ 时, 有

$$\begin{aligned}h(y)-h(x)&=[g(y)-g(x)]-[f(y)-f(x)]\\&=\bigvee_{x}^{y}(f)-[f(y)-f(x)]\geqslant|f(y)-f(x)|-[f(y)-f(x)]\geqslant 0,\end{aligned}$$

这说明 h 的确是单调递增函数. □

需要注意的是, 可求长参数曲线未必连续. 例如, 定义 $\sigma:[0,1]\to\mathbb{R}^2$ 如下:

$$\sigma(t)=(0,0),\quad 0\leqslant t<\frac{1}{2};\quad \sigma(t)=(1,0),\quad \frac{1}{2}\leqslant t\leqslant 1,$$

容易验证 σ 是可求长参数曲线, 且 $L(\sigma)=1$. 不过, σ 在平面上的像由两个点构成, 这不符合人们对曲线的直观印象. 为了简单起见, 我们通常考虑连续的可求长参数曲线.

引理 17.1.4 *设 $\sigma:[\alpha,\beta]\to\mathbb{R}^n$ 为连续的可求长参数曲线, 记*

$$s(t)=L(\sigma|_{[\alpha,t]}),\quad t\in[\alpha,\beta],$$

则 s 是关于 t 的连续函数.

证明 以右连续为例, 设 $\alpha \leqslant t < \beta$, 我们要说明 s 在 t 处右连续. 任给 $\varepsilon > 0$, 由一致连续性可知, 存在 $\eta > 0$, 使得当 $t', t'' \in [\alpha, \beta]$ 且 $|t' - t''| \leqslant \eta$ 时, $\|\sigma(t') - \sigma(t'')\| < \varepsilon$.

由参数曲线长度的定义可知, 存在 $[\alpha, \beta]$ 的分割

$$\mathrm{P}: \ \alpha = t_0 < t_1 < t_2 < \cdots < t_m = \beta,$$

使得

$$\sum_{i=1}^{m} \|\sigma(t_i) - \sigma(t_{i-1})\| > L(\sigma) - \varepsilon.$$

由三角不等式可知, 添加分点时所得折线的长度不会变小, 因此不妨设 $\|\mathrm{P}\| \leqslant \eta$ 且 $t = t_{k-1}$. 此时, 由

$$L(\sigma) = \sum_{i=1}^{m} L\big(\sigma|_{[t_{i-1}, t_i]}\big) \geqslant \sum_{j \neq k} \|\sigma(t_j) - \sigma(t_{j-1})\| + L\big(\sigma|_{[t_{k-1}, t_k]}\big)$$

可知

$$\|\sigma(t_k) - \sigma(t_{k-1})\| > L\big(\sigma\big|_{[t_{k-1}, t_k]}\big) - \varepsilon.$$

记 $\delta = t_k - t_{k-1}$. 则当 $0 < t' - t_{k-1} \leqslant \delta$ 时, 有

$$L\big(\sigma|_{[t_{k-1}, t']}\big) \leqslant L\big(\sigma|_{[t_{k-1}, t_k]}\big) < \|\sigma(t_k) - \sigma(t_{k-1})\| + \varepsilon < 2\varepsilon,$$

即 $0 \leqslant s(t') - s(t) < 2\varepsilon$, 这说明 s 在 t 处的确右连续. □

我们称 $s(t)$ 为 σ 的弧长函数. 如果 σ 不在任何子区间上取常值, 则 $s(t)$ 为严格单调递增函数. 当 σ 为连续的可求长参数曲线且 σ 不在任何子区间上取常值时, $s: [\alpha, \beta] \to [0, L(\sigma)]$ 是连续的严格单调递增函数, 从而可逆, 其反函数记为 $t = t(s)$. 这时, $\tilde{\sigma}(s) = \sigma(t(s))$ 可以看成以 s 为参数的参数曲线, $\tilde{\sigma}$ 和 σ 在 $\mathbb{R}^n$ 中具有相同的像, 在不引起混淆时往往不区分它们. 注意

$$L(\tilde{\sigma}|_{[s_1, s_2]}) = s_2 - s_1, \quad \forall\, 0 \leqslant s_1 < s_2 \leqslant L(\sigma).$$

s 常称为 σ 的弧长参数.

当 σ 为 C^1 参数曲线且 $\|\sigma'(t)\|$ 在任何子区间上均不恒为零 (例如, 处处非零) 时, 上一段的讨论对 σ 完全适用, 此时

$$s'(t) = \|\sigma'(t)\| \ \text{或} \ \mathrm{d}s = \|\sigma'(t)\|\,\mathrm{d}t.$$

下面我们考虑一个物理问题: 已知某线状物质的密度函数为 ρ, 求该物质的质量. 利用 “微元法” 可以将它转化为积分问题. 为此, 用可求长参数曲线 $\sigma: [\alpha, \beta] \to \mathbb{R}^3$ 表示该线状物体. 当 $t \in [\alpha, \beta]$, δt 充分小时, σ 在 $[t, t + \delta t]$ 这一小段上的质量记为 δm, 则 $\delta m \approx \rho(\sigma(t))\delta s$, 其中 $\delta s = L(\sigma|_{[t, t+\delta t]})$. 如果 σ 为 C^1 曲线, 则 $\delta s \approx \|\sigma'(t)\|\,\delta t$, 因此

$$\delta m \approx \rho(\sigma(t))\delta s \approx \rho(\sigma(t))\|\sigma'(t)\|\,\delta t.$$

求和并取极限, 总质量 m 就可以表示为积分

$$m = \int_\alpha^\beta \rho(\sigma(t))\|\sigma'(t)\|\,\mathrm{d}t.$$

类似地, 该物质的质心 $(\bar{x}, \bar{y}, \bar{z})$ 可由如下公式确定:

$$\bar{x} = \frac{1}{m}\int_\alpha^\beta x(t)\rho(\sigma(t))\|\sigma'(t)\|\,\mathrm{d}t, \quad \bar{y} = \frac{1}{m}\int_\alpha^\beta y(t)\rho(\sigma(t))\|\sigma'(t)\|\,\mathrm{d}t,$$
$$\bar{z} = \frac{1}{m}\int_\alpha^\beta z(t)\rho(\sigma(t))\|\sigma'(t)\|\,\mathrm{d}t,$$

其中 $\sigma(t) = (x(t), y(t), z(t))$.

一般地, 我们考虑可求长参数曲线上有界函数的积分. 设 $\sigma : [\alpha, \beta] \to \mathbb{R}^n$ 为参数曲线, f 是定义在 σ 上的有界函数, 任给 $[\alpha, \beta]$ 的分割 P, 取 $\xi_i \in [t_{i-1}, t_i]$ $(1 \leqslant i \leqslant m)$, 考虑和 $\sum\limits_{i=1}^m f(\sigma(\xi_i))\Delta s_i$, 其中 $\Delta s_i = s(t_i) - s(t_{i-1})$. 如果极限 $\lim\limits_{\|P\|\to 0}\sum\limits_{i=1}^m f(\sigma(\xi_i))\Delta s_i$ 存在且与 $\{\xi_i\}$ 的选取无关, 则称此极限为 f 在 σ 上的**第一型曲线积分**, 记为

$$\int_\sigma f\,\mathrm{d}s = \lim_{\|P\|\to 0}\sum_{i=1}^m f(\sigma(\xi_i))\Delta s_i.$$

当 $f = 1$ 时, 第一型曲线积分也就是曲线的长度.

当曲线 σ 的弧长参数存在时, 第一型曲线积分可以转化为 Riemann 积分:

$$\int_\sigma f\,\mathrm{d}s = \int_0^{L(\sigma)} f(\sigma(s))\,\mathrm{d}s;$$

如果 $\sigma(t)$ 为分段 C^1 曲线, 则 f 在 σ 上的第一型曲线积分可以写为

$$\int_\sigma f\,\mathrm{d}s = \int_\alpha^\beta f(\sigma(t))\|\sigma'(t)\|\,\mathrm{d}t.$$

例 17.1.1 设曲线 σ 是椭圆 $\dfrac{x^2}{a^2} + \dfrac{y^2}{b^2} = 1$ 在第一象限内的部分 (图 17.2), 计算积分 $I = \displaystyle\int_\sigma xy\,\mathrm{d}s$.

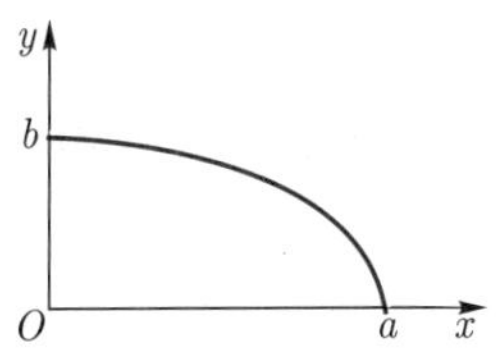

图 17.2 椭圆

解　σ 可以表示为参数曲线:

$$\sigma(t)=(a\cos t, b\sin t),\quad t\in\left[0,\pi/2\right].$$

此时 $\|\sigma'(t)\|=\sqrt{a^2\sin^2 t+b^2\cos^2 t}$, 所求积分为

$$\begin{aligned}
I&=\int_0^{\frac{\pi}{2}} a\cos t\cdot b\sin t\cdot\sqrt{a^2\sin^2 t+b^2\cos^2 t}\,\mathrm{d}t\\
&=\frac{ab}{2}\int_0^{\frac{\pi}{2}}\sin 2t\sqrt{\frac{a^2+b^2}{2}+\frac{b^2-a^2}{2}\cos 2t}\,\mathrm{d}t\\
&=\frac{ab}{4}\int_{-1}^{1}\sqrt{\frac{a^2+b^2}{2}+\frac{b^2-a^2}{2}u}\,\mathrm{d}u\\
&=\frac{ab}{3}\frac{a^2+ab+b^2}{a+b}.
\end{aligned}$$

□

例 17.1.2　设 σ 是球面 $x^2+y^2+z^2=a^2$ 被平面 $x+z=a$ 所截出的圆 (图 17.3), 计算积分 $\displaystyle\int_\sigma xz\,\mathrm{d}s$.

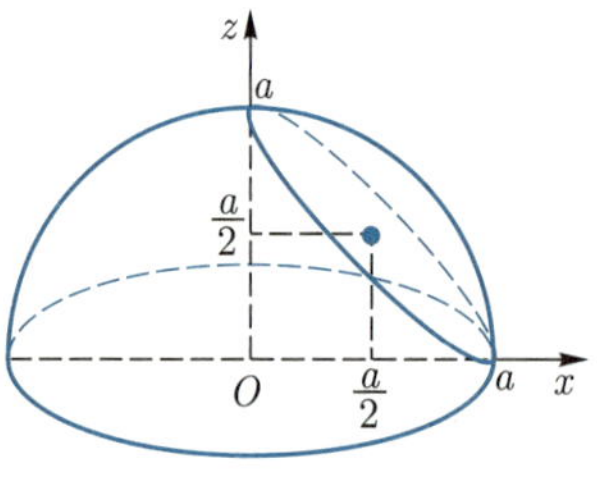

图 17.3　截面圆

解　先求 σ 的方程: 以 $z=a-x$ 代入球面方程得

$$x^2+y^2+(a-x)^2=a^2,$$

整理后成为

$$\left(x-a/2\right)^2+y^2/2=(a/2)^2,$$

用参数表示为

$$x(t)=\frac{a}{2}+\frac{a}{2}\cos t,\quad y(t)=\frac{a}{\sqrt{2}}\sin t,\quad z(t)=\frac{a}{2}-\frac{a}{2}\cos t,\quad t\in[0,2\pi].$$

此时

$$\|\sigma'(t)\|=\sqrt{\left(-a\sin t/2\right)^2+\left(a\cos t/\sqrt{2}\right)^2+\left(a\sin t/2\right)^2}=\frac{a}{\sqrt{2}},$$

从而有

$$\int_\sigma xz\,\mathrm{d}s=\int_0^{2\pi}\left(a/2\right)^2\sin^2 t\cdot\left(a/\sqrt{2}\right)\mathrm{d}t=\frac{\pi a^3}{4\sqrt{2}}.$$

□

习题 17.1

1. 设 $\sigma:[\alpha,\beta]\to\mathbb{R}^n$ 为可求长参数曲线, $\phi:[a,b]\to[\alpha,\beta]$ 为连续的可逆映射. 证明: $\sigma\circ\phi$ 和 σ 具有相同的长度.

2. 设 σ 为连续的可求长参数曲线, 证明: $L(\sigma)=\lim\limits_{\|\mathrm{P}\|\to 0}L(\sigma;\mathrm{P})$.

3. 计算下列空间曲线的长度:

(1) $x(t)=t$, $y(t)=t^2$, $z(t)=\dfrac{2}{3}t^3$, $t\in[0,1]$;

(2) $x(t)=t$, $y(t)=\ln\sec t$, $z(t)=\ln(\sec t+\tan t)$, $0\leqslant t\leqslant\dfrac{\pi}{4}$;

(3) $x(t)=a\cos\omega t$, $y(t)=a\sin\omega t$, $z(t)=b\omega t$, $\omega>0$, $0\leqslant t\leqslant\dfrac{2\pi}{\omega}$;

(4) $x+y+z=a$ ($|a|<\sqrt{3}$), $x^2+y^2+z^2=1$.

4. 计算下列曲线积分 $(a,b>0)$:

(1) $\displaystyle\int_\sigma y^2\,\mathrm{d}s$, 其中 σ 是摆线的一拱: $x(t)=a(t-\sin t)$, $y(t)=a(1-\cos t)$, $0\leqslant t\leqslant 2\pi$;

(2) $\displaystyle\int_\sigma y\,\mathrm{d}s$, 其中 σ 是抛物线 $y^2=2ax$ 从 $(0,0)$ 到 $(2a,2a)$ 的部分;

(3) $\displaystyle\int_\sigma \sqrt{x^2+y^2}\,\mathrm{d}s$, 其中 σ 是圆周 $x^2+y^2=ax$;

(4) $\displaystyle\int_\sigma y\,\mathrm{d}s$, 其中 σ 是椭圆 $\dfrac{x^2}{a^2}+\dfrac{y^2}{b^2}=1$ 在 x 轴上方的部分;

(5) $\displaystyle\int_\sigma x^2\,\mathrm{d}s$, 其中 σ 是圆周 $x^2+y^2+z^2=a^2$, $x+y+z=0$;

(6) $\displaystyle\int_\sigma (x+y)\,\mathrm{d}s$, 其中 σ 是顶点为 $(0,0)$, $(1,0)$, $(0,1)$ 的三角形.

5. 形状为椭圆 $\dfrac{x^2}{a^2}+\dfrac{y^2}{b^2}=1$ 的物质在 (x,y) 处的密度为 $\rho(x,y)=|y|$, 求其质量.

6. 设某种物质均匀分布在摆线 $\sigma(t)=(a(t-\sin t),a(1-\cos t))$ $(0\leqslant t\leqslant\pi)$ 上, 求该物质的质心.

7. 定义平面参数曲线 $\sigma(x)=\big(x,y(x)\big)$ 为

$$y(x)=\begin{cases}x\cos\dfrac{1}{x}, & 0<x\leqslant\pi/2,\\ 0, & x=0.\end{cases}$$

验证 σ 连续但不是可求长参数曲线.

8. 设 $\sigma:[\alpha,\beta]\to\mathbb{R}^n$ 为连续单射. 如果 σ 为可求长参数曲线, 证明:

$$\lim_{m\to\infty}\sup\left\{|t''-t'|\;\middle|\;L(\sigma|_{[t',t'']})\leqslant\frac{1}{m}\right\}=0.$$

9. 设 $f\in C^1[\alpha,\beta]$, 证明:

$$\bigvee_\alpha^\beta(f)=\int_\alpha^\beta|f'(t)|\,\mathrm{d}t.$$

10. 设 $\sigma:[\alpha,\beta]\to\mathbb{R}^n$ 为连续的可求长参数曲线, $n\geqslant 2$. 证明: $\sigma([\alpha,\beta])$ 为 $\mathbb{R}^n$ 中的零测集, 由此说明 Peano 曲线不是可求长参数曲线.

17.2 第二型曲线积分

我们考虑一个新的物理问题: 设质点在力场 $\boldsymbol{F}$ 中沿一条曲线 σ 运动, 求力场 $\boldsymbol{F}$ 对该质点所做的功. 我们还是可以用“微元法”将这个问题转化为曲线上的一个积分问题. 力场 $\boldsymbol{F}$ 沿 $\sigma|_{[t,t+\delta t]}$ 这一小段所做的功记为 δW, 则

$$\delta W\approx \boldsymbol{F}(\sigma(t))\cdot[\sigma(t+\delta t)-\sigma(t)].$$

当 σ 为 C^1 曲线时,

$$\delta W\approx \boldsymbol{F}(\sigma(t))\cdot\sigma'(t)\,\delta t,$$

于是总的功 W 可以表示为

$$W=\int_\alpha^\beta \boldsymbol{F}(\sigma(t))\cdot\sigma'(t)\,\mathrm{d}t.$$

一般地, 设 $\sigma:[\alpha,\beta]\to\mathbb{R}^n$ 为参数曲线, $\boldsymbol{F}$ 是定义在 σ 上取值在 $\mathbb{R}^n$ 中的向量值函数. 任取 $[\alpha,\beta]$ 的一个分割

$$\mathrm{P}:\ \alpha=t_0<t_1<t_2<\cdots<t_m=\beta,$$

如果极限 $\lim\limits_{\|P\|\to 0}\sum\limits_{j=1}^m \boldsymbol{F}(\sigma(\xi_j))\cdot\big[\sigma(t_j)-\sigma(t_{j-1})\big]$ 存在且与 $\{\xi_j\in[t_{j-1},t_j]\}$ 的选取无关, 则称此极限为 $\boldsymbol{F}$ 沿曲线 σ 的**第二型曲线积分**, 记为

$$\int_\sigma f_1\,\mathrm{d}x_1+f_2\,\mathrm{d}x_2+\cdots+f_n\,\mathrm{d}x_n=\int_\sigma \boldsymbol{F}\cdot\mathrm{d}\vec{s},$$

其中 $\boldsymbol{F}=(f_1,f_2,\cdots,f_n)$, $\mathrm{d}\vec{s}=(\mathrm{d}x_1,\mathrm{d}x_2,\cdots,\mathrm{d}x_n)$. 对于分段 C^1 曲线, 第二型曲线积分可以转化为 Riemann 积分:

$$\int_\sigma f_1\,\mathrm{d}x_1+f_2\,\mathrm{d}x_2+\cdots+f_n\,\mathrm{d}x_n=\int_\alpha^\beta \boldsymbol{F}(\sigma)\cdot\boldsymbol{\sigma}'(t)\,\mathrm{d}t,\tag{17.2.1}$$

其中 $\boldsymbol{\sigma}'(t)=(x_1'(t),x_2'(t),\cdots,x_n'(t))$ 为曲线 σ 的切向量.

初看起来第二型曲线积分似乎和第一型曲线积分并无本质不同. 但这两类积分有一个重要的区别, 这个区别和曲线的方向有关. 为了说明这一点, 我们考虑曲线的重新参

数化. 设 $\phi:[\gamma,\delta]\to[\alpha,\beta]$ 为严格单调的可逆连续映射, 则复合映射 $\sigma\circ\phi:[\gamma,\delta]\to\mathbb{R}^n$ 也是一条参数曲线, 它和 σ 的像完全相同, 这两条参数曲线只是选取了不同的参数而已. 如果 ϕ 是严格单调递增的, 则称这两个参数是同向的; 如果 ϕ 是严格单调递减的, 则称这两个参数是反向的 (不同向).

从定义不难看出, 对于同向的两个参数, 第二曲线积分的值不变; 而对于反向的两个参数, 第二型曲线积分的值正好相差一个符号! 这和第一型曲线积分不同, 比如曲线的长度就不依赖于参数的选取. 因此, 为了使第二型曲线积分有意义, 我们总是要给曲线指定一个方向, 这个方向是由某个参数决定的. 给定了方向的曲线称为有向曲线.

设 $f\in R[a,b]$, 则 f 在 $[a,b]$ 上的 Riemann 积分可视为 f 沿区间 $[a,b]$ 的第二型曲线积分, 其中区间 $[a,b]$ 作为一条曲线, 其方向是参数 x 给出的, 即 x 轴的正向. 我们之所以规定

$$\int_b^a f(x)\,\mathrm{d}x=-\int_a^b f(x)\,\mathrm{d}x,$$

就是因为 f 沿 $[a,b]$ 的相反方向的第二型曲线积分要变一个符号.

如果 σ 为一条闭曲线 (环路), 即 $\sigma(\alpha)=\sigma(\beta)$, 则选定了方向以后, 不论从曲线上哪一点出发, 沿此闭曲线的第二型曲线积分的值不变, 这样的积分常记为

$$\oint_\sigma f_1\,\mathrm{d}x_1+f_2\,\mathrm{d}x_2+\cdots+f_n\,\mathrm{d}x_n.$$

平面上的单位圆周 S^1 就是一条闭曲线, 如果用参数方程

$$\sigma(t)=(\cos t,\ \sin t),\quad t\in[0,2\pi]$$

表示, 则 S^1 的方向就是所谓逆时针方向.

例 17.2.1 计算第二型曲线积分

$$I=\oint_\sigma \frac{y}{x^2+y^2}\,\mathrm{d}x-\frac{x}{x^2+y^2}\,\mathrm{d}y,$$

其中 σ 为圆周 $x^2+y^2=a^2$, 方向为逆时针方向 (图 17.4).

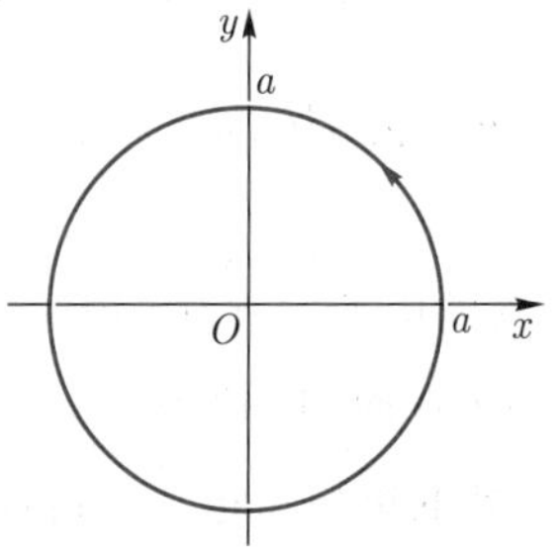

图 17.4 圆周 (逆时针方向)

解 按照给定的方向取 σ 的参数方程为

$$x(t)=a\cos t,\ y(t)=a\sin t,\quad t\in[0,2\pi].$$

此时有

$$I=\int_0^{2\pi}\frac{1}{a^2}\left[a\sin t(a\cos t)'-a\cos t(a\sin t)'\right]\mathrm{d}t=-2\pi.$$ □

例 17.2.2 计算第二型曲线积分

$$I=\oint_\sigma (y-z)\,\mathrm{d}x+(z-x)\,\mathrm{d}y+(x-y)\,\mathrm{d}z,$$

其中 σ 是圆周 $x^2+y^2+z^2=a^2$, $y=x\tan\alpha$ $(0<\alpha<\pi/2)$, 从 x 的正向看去, σ 的方向是逆时针的 (图 17.5).

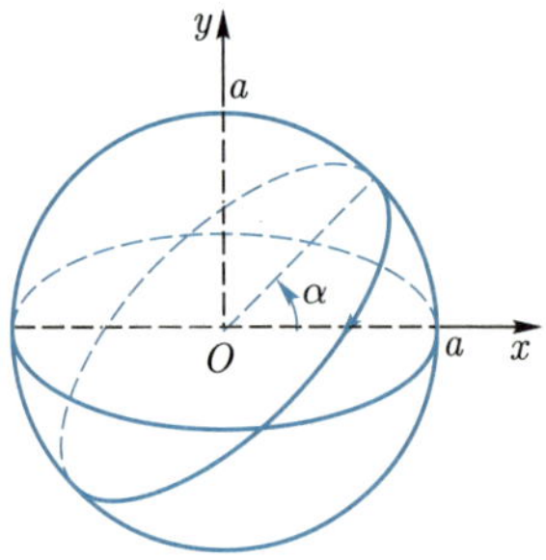

图 17.5 球面圆

解 根据方向取 σ 的参数方程为

$$x(\theta)=a\cos\theta\cos\alpha,\ y(\theta)=a\cos\theta\sin\alpha,\ z(\theta)=a\sin\theta,$$

其中 $\theta\in[0,2\pi]$. 于是所求积分为

$$\begin{aligned}I=&\int_0^{2\pi}(a\cos\theta\sin\alpha-a\sin\theta)(-a\sin\theta\cos\alpha)\,\mathrm{d}\theta+(a\sin\theta-a\cos\theta\cos\alpha)\times\\&(-a\sin\theta\sin\alpha)\,\mathrm{d}\theta+(a\cos\theta\cos\alpha-a\cos\theta\sin\alpha)a\cos\theta\,\mathrm{d}\theta\\=&\int_0^{2\pi}a^2(\cos\alpha-\sin\alpha)\,\mathrm{d}\theta=2\pi a^2(\cos\alpha-\sin\alpha).\end{aligned}$$ □

例 17.2.3 考虑位于原点处的电荷 q 产生的静电场, 计算单位正电荷沿 C^1 曲线 σ 从点 $A=\sigma(\alpha)$ 运动到点 $B=\sigma(\beta)$ 时电场所做的功 W (图 17.6).

解 根据库仑定律, (x,y,z) 处的单位正电荷在静电场中所受的力为

$$\boldsymbol{F}=\frac{\kappa q}{r^3}(x,y,z)=\nabla\phi,$$

其中 κ 为常数, $\phi=-\kappa q/r$, $r=\sqrt{x^2+y^2+z^2}$. 因此 $\boldsymbol{F}$ 沿 σ 所做的功为

$$\begin{aligned}W&=\int_\alpha^\beta \boldsymbol{F}(\sigma)\cdot\sigma'(t)\,\mathrm{d}t\\&=\int_\alpha^\beta (\phi\circ\sigma)'\,\mathrm{d}t\\&=\frac{\kappa q}{r(\alpha)}-\frac{\kappa q}{r(\beta)}.\end{aligned}$$

这说明, 静电场所做的功只与电荷的起始位置和终点位置有关, 与具体运动路径无关. □

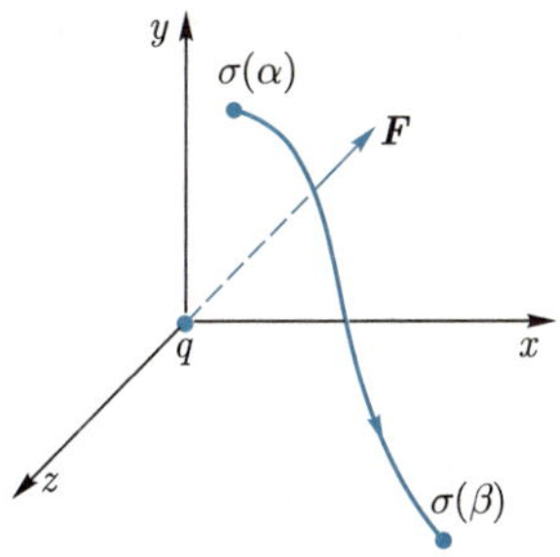

图 17.6 电场做功

习题 17.2

1. 计算下列第二型曲线积分:

(1) $\displaystyle\int_\sigma x\,\mathrm{d}x+y\,\mathrm{d}y+z\,\mathrm{d}z$, 其中 σ 是从 $(1,1,1)$ 到 $(2,3,4)$ 的直线段;

(2) $\displaystyle\int_\sigma (x^2+y^2)\,\mathrm{d}x+(x^2-y^2)\,\mathrm{d}y$, 其中 σ 是以 $(1,0)$, $(2,0)$, $(2,1)$, $(1,1)$ 为顶点的正方形, 逆时针方向;

(3) $\displaystyle\oint_\sigma \frac{(x+y)\,\mathrm{d}x-(x-y)\,\mathrm{d}y}{x^2+y^2}$, 其中 σ 是圆 $x^2+y^2=a^2$, 逆时针方向;

(4) $\displaystyle\int_\sigma (x^2-2xy)\,\mathrm{d}x+(y^2-2xy)\,\mathrm{d}y$, 其中 σ 是抛物线 $y=x^2$ 从 $(-1,1)$ 到 $(1,1)$ 的一段;

(5) $\displaystyle\oint_\sigma (x+y)\,\mathrm{d}x+(x-y)\,\mathrm{d}y$, 其中 σ 是椭圆 $\dfrac{x^2}{a^2}+\dfrac{y^2}{b^2}=1$, 逆时针方向.

2. 计算第二型曲线积分

$$\int_\sigma (y-z)\,\mathrm{d}x+(z-x)\,\mathrm{d}y+(x-y)\,\mathrm{d}z,$$

其中 σ 是椭圆 $x^2+y^2=1$, $x+z=1$, 从 x 的正向看去, σ 为顺时针方向.

3. 计算第二型曲线积分

$$\int_\sigma (y^2-z^2)\,\mathrm{d}x+(z^2-x^2)\,\mathrm{d}y+(x^2-y^2)\,\mathrm{d}z,$$

其中 σ 是球面三角形 $x^2+y^2+z^2=1,\ x\geqslant 0,\ y\geqslant 0,\ z\geqslant 0$ 的边界, 从球外看去, σ 为逆时针方向.

4. 计算第二型曲线积分 $\displaystyle\oint_\sigma \frac{y\,\mathrm{d}x-x\,\mathrm{d}y}{x^2+y^2}$, 其中 σ 是椭圆 $\dfrac{x^2}{a^2}+\dfrac{y^2}{b^2}=1$, 顺时针方向.

5. 求力场 $\boldsymbol{F}$ 对运动的单位质点所做的功, 此质点沿曲线 σ 从 A 点运动到 B 点:

(1) $\boldsymbol{F}=(x-2xy^2, y-2x^2y)$, 其中 σ 是平面曲线 $y=x^2$, $A=(0,0)$, $B=(1,1)$;

(2) $\boldsymbol{F}=(x-y, y-z, z-x)$, 其中 $\sigma(t)=(t,t^2,t^3)$, $A=(0,0,0)$, $B=(1,1,1)$.

6. 计算质量为 m 的质点在重力场的作用下沿曲线 σ 从点 $A=\sigma(\alpha)$ 运动到点 $B=\sigma(\beta)$ 时所做的功 W.

7. 设 $P(x,y)$, $Q(x,y)$ 在可求长曲线 σ 上连续, 证明:

$$\left|\int_\sigma P(x,y)\,\mathrm{d}x+Q(x,y)\,\mathrm{d}y\right|\leqslant L(\sigma)M,$$

其中 $M=\sup\limits_{\sigma}\sqrt{P^2+Q^2}$.

8. 设 σ 为圆周 $x^2+y^2=R^2$, 方向为逆时针. 利用上一题证明 $\lim\limits_{R\to+\infty} I_R=0$, 其中

$$I_R=\oint_\sigma \frac{y\,\mathrm{d}x-x\,\mathrm{d}y}{(x^2+xy+y^2)^2}.$$

17.3 第一型曲面积分

我们从参数曲面的面积开始. 设 $m\leqslant n$, $\varOmega$ 为 $\mathbb{R}^m$ 中的开集. 映射 $\boldsymbol{\varphi}:\varOmega\to\mathbb{R}^n$ 称为 $\mathbb{R}^n$ 中的参数曲面, 我们想要定义参数曲面的面积.

先从线性映射开始. 设 $\boldsymbol{\varphi}:\mathbb{R}^m\to\mathbb{R}^n$ 为线性映射, $I\subset\mathbb{R}^m$ 为矩形 (图 17.7). 如果 $\boldsymbol{\varphi}$ 是退化的 (秩小于 m), 则 $\boldsymbol{\varphi}(\mathbb{R}^m)$ 包含在一个维数小于 m 的子向量空间中, 我们自然定义 $\boldsymbol{\varphi}(I)$ 的 m 维容积为零; 如果 $\boldsymbol{\varphi}$ 非退化, 则 $\boldsymbol{\varphi}(\mathbb{R}^m)$ 维数为 m, $\boldsymbol{\varphi}(I)$ 为 m 维欧氏空间中的 Jordan 可测集, 我们来计算它的 m 维容积. 以下为了区分不同维数的容积, 我们将 m 维容积称为面积, 并用记号 σ 来表示它.

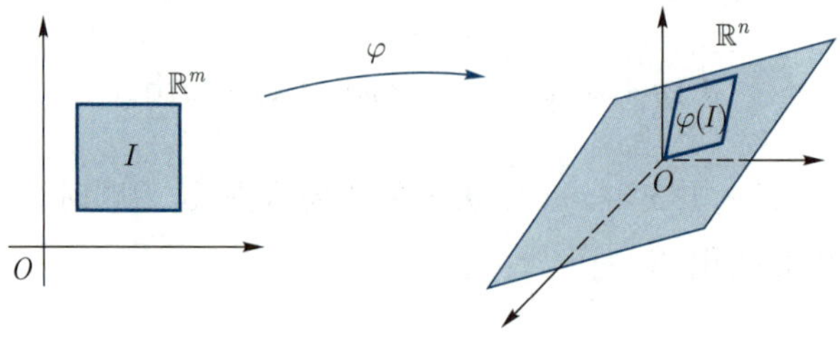

图 17.7 矩形在线性映射下的像

不妨设 $I=[0,1]^m$. 记 $\boldsymbol{v}_j=\boldsymbol{\varphi}(\boldsymbol{e}_j)$, 其中 $\{\boldsymbol{e}_j\}_{j=1}^m$ 为 $\mathbb{R}^m$ 的一组标准基. 则

$$\boldsymbol{\varphi}(I)=\left\{\sum_{j=1}^m x_j\boldsymbol{v}_j \,\middle|\, 0\leqslant x_j\leqslant 1,\ j=1,2,\cdots,m\right\}.$$

我们要计算 $\boldsymbol{\varphi}(I)$ 的面积. 先看 $m=2$ 的情形. 此时, $\boldsymbol{\varphi}(I)$ 是由 $\boldsymbol{v}_1,\boldsymbol{v}_2$ 所张成的平行四边形 (图 17.8).

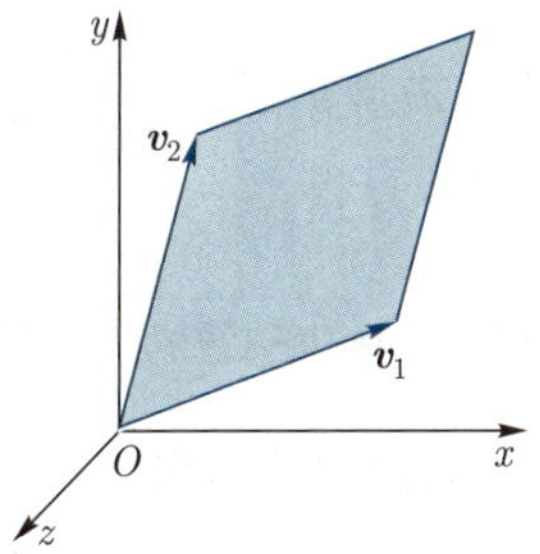

图 17.8 平行四边形

设 $\boldsymbol{v}_1,\boldsymbol{v}_2$ 的夹角为 θ, 从几何的角度我们就有

$$\sigma(\boldsymbol{\varphi}(I))=\|\boldsymbol{v}_1\|\cdot\|\boldsymbol{v}_2\|\cdot\sin\theta.$$

利用 $\boldsymbol{v}_1\cdot\boldsymbol{v}_2=\|\boldsymbol{v}_1\|\cdot\|\boldsymbol{v}_2\|\cdot\cos\theta$ 可得

$$\begin{aligned}|\sigma(\boldsymbol{\varphi}(I))|^2&=\|\boldsymbol{v}_1\|^2\cdot\|\boldsymbol{v}_2\|^2-(\boldsymbol{v}_1\cdot\boldsymbol{v}_2)^2\\&=\det\left(\boldsymbol{v}_i\cdot\boldsymbol{v}_j\right)_{2\times 2}.\end{aligned}$$

当 $n=3$ 时, 利用外积上式还可表示为 $\sigma(\boldsymbol{\varphi}(I))=\|\boldsymbol{v}_1\times\boldsymbol{v}_2\|$.

一般地, 我们断言 $\sigma(\boldsymbol{\varphi}(I))=\sqrt{\det\left(\boldsymbol{v}_i\cdot\boldsymbol{v}_j\right)_{m\times m}}$. 当 $m=n-1$ 时, 利用 $\mathbb{R}^n$ 中外积运算的性质还可得到

$$\sigma(\boldsymbol{\varphi}(I))=\|\boldsymbol{v}_1\times\boldsymbol{v}_2\times\cdots\times\boldsymbol{v}_{n-1}\|.$$

事实上, 以 $\{\boldsymbol{v}_i\}_{i=1}^m$ 为列向量的矩阵记为 $\boldsymbol{A}$. 当 $m=n$ 时, 由例 16.4.1 可知

$$\sigma(\boldsymbol{\varphi}(I))=|\det\boldsymbol{A}|=\sqrt{\det\left(\boldsymbol{A}^{\mathrm{T}}\boldsymbol{A}\right)}=\sqrt{\det\left(\boldsymbol{v}_i\cdot\boldsymbol{v}_j\right)_{m\times m}}.$$

当 $n>m$ 时, 选取正交变换 $\boldsymbol{O}:\mathbb{R}^n\to\mathbb{R}^n$, 使得

$$\{\boldsymbol{O}(\boldsymbol{v}_i)\}_{i=1}^m\subset\mathbb{R}^m\times\{0\}\subset\mathbb{R}^n.$$

假定面积在正交变换下具有不变性, 则有

$$\sigma(\boldsymbol{\varphi}(I))=\sqrt{\det\left(\boldsymbol{O}(\boldsymbol{v}_i)\cdot\boldsymbol{O}(\boldsymbol{v}_j)\right)_{m\times m}}=\sqrt{\det\left(\boldsymbol{v}_i\cdot\boldsymbol{v}_j\right)_{m\times m}}$$

一般地, 如果 Ω 为 $\mathbb{R}^m$ 中的 Jordan 可测集, 则 $\boldsymbol{\varphi}(\Omega)$ 为 $\mathbb{R}^n$ 中一个 m 维子空间中的 Jordan 可测集, 且

$$\sigma(\boldsymbol{\varphi}(\Omega))=\sqrt{\det(\boldsymbol{A}^{\mathrm{T}}\boldsymbol{A})}\,\sigma(\Omega). \tag{17.3.1}$$

考虑一般的参数曲面 $\boldsymbol{\varphi}:\Omega\to\mathbb{R}^n$, 我们假设 $\boldsymbol{\varphi}$ 是 C^1 映射. 取 $\boldsymbol{x}^0=(x_1^0,x_2^0,\cdots,x_m^0)\in\Omega$, 设 $J\boldsymbol{\varphi}(\boldsymbol{x}^0)$ 非退化 (秩为 m), 定义 $\boldsymbol{L}:\mathbb{R}^m\to\mathbb{R}^n$ 为

$$\boldsymbol{L}(\boldsymbol{x})=\boldsymbol{\varphi}(\boldsymbol{x}^0)+J\boldsymbol{\varphi}(\boldsymbol{x}^0)(\boldsymbol{x}-\boldsymbol{x}^0),\quad \boldsymbol{x}\in\mathbb{R}^m.$$

在 $\boldsymbol{x}^0$ 附近取小矩形 $\delta I=[x_1^0,x_1^0+\delta u_1]\times[x_2^0,x_2^0+\delta u_2]\times\cdots\times[x_m^0,x_m^0+\delta u_m]$, 在 $\boldsymbol{x}^0$ 附近, 由 $\boldsymbol{\varphi}(\boldsymbol{x})=\boldsymbol{L}(\boldsymbol{x})+o(\|\boldsymbol{x}-\boldsymbol{x}^0\|)$ 可得

$$\delta\sigma=\sigma\big(\boldsymbol{\varphi}(\delta I)\big)\approx\sigma\big(\boldsymbol{L}(\delta I)\big)=\sqrt{\det[(J\boldsymbol{\varphi})^{\mathrm{T}}(\boldsymbol{x}^0)J\boldsymbol{\varphi}(\boldsymbol{x}^0)]}\,\delta u_1\delta u_2\cdots\delta u_m.$$

于是我们自然用积分来表示 C^1 参数曲面的面积.

定义 17.3.1 (面积公式) 设 $\boldsymbol{\varphi}:\Omega\to\mathbb{R}^n$ 为非退化的 C^1 映射, Ω 为 $\mathbb{R}^m$ 中的 Jordan 可测集, 则 $\boldsymbol{\varphi}(\Omega)$ 的面积定义为

$$\sigma(\boldsymbol{\varphi}(\Omega))=\int_{\boldsymbol{\varphi}(\Omega)}\mathrm{d}\sigma=\int\!\!\int\cdots\int_{\Omega}\sqrt{\det[(J\boldsymbol{\varphi})^{\mathrm{T}}J\boldsymbol{\varphi}]}\,\mathrm{d}u_1\,\mathrm{d}u_2\cdots\mathrm{d}u_m. \tag{17.3.2}$$

注 17.3.1 (1) 如果 $m=1$, 则 (17.3.2) 就是 C^1 曲线的弧长公式.

(2) 与曲线一样, 曲面可以选取不同的参数化. 如果 $\boldsymbol{\phi}:\Omega'\to\Omega$ 是 C^1 的可逆映射, 则 $\boldsymbol{\varphi}\circ\boldsymbol{\phi}:\Omega'\to\mathbb{R}^m$ 也是参数曲面, 它们的面积用 (17.3.2) 式定义出来是一致的.

设 $\mathbb{R}^3$ 中 C^1 参数曲面由 $\boldsymbol{r}(u,v)=(x(u,v),\ y(u,v),\ z(u,v))$ $((u,v)\in D)$ 给出, 则其面积为

$$\sigma=\iint_D\|\boldsymbol{r}_u\times\boldsymbol{r}_v\|\,\mathrm{d}u\,\mathrm{d}v=\iint_D\sqrt{EG-F^2}\,\mathrm{d}u\,\mathrm{d}v, \tag{17.3.3}$$

其中

$$E=\boldsymbol{r}_u\cdot\boldsymbol{r}_u=x_u^2+y_u^2+z_u^2,\quad G=\boldsymbol{r}_v\cdot\boldsymbol{r}_v=x_v^2+y_v^2+z_v^2,$$

$$F=\boldsymbol{r}_u\cdot\boldsymbol{r}_v=x_ux_v+y_uy_v+z_uz_v.$$

特别地, 当曲面由方程 $z=f(x,y)$, $((x,y)\in D)$ 给出时, $\boldsymbol{r}_x=(1,0,f_x)$, $\boldsymbol{r}_y=(0,1,f_y)$, 此时

$$EG-F^2=(1+f_x^2)(1+f_y^2)-(f_xf_y)^2=1+f_x^2+f_y^2,$$

曲面的面积公式成为

$$\sigma=\iint_D\sqrt{1+f_x^2+f_y^2}\,\mathrm{d}x\,\mathrm{d}y. \tag{17.3.4}$$

例 17.3.1 设 $a>0$, 求球面 $x^2+y^2+z^2=a^2$ 的面积.

解 球面的参数表示为

$$x=a\sin\varphi\cos\theta,\ y=a\sin\varphi\sin\theta,\ z=a\cos\varphi,\quad \varphi\in[0,\pi],\ \theta\in[0,2\pi].$$

此时

$$\boldsymbol{r}_\varphi=(a\cos\varphi\cos\theta,a\cos\varphi\sin\theta,-a\sin\varphi),\quad \boldsymbol{r}_\theta=(-a\sin\varphi\sin\theta,a\sin\varphi\cos\theta,0).$$

由此可以算出 $EG-F^2=a^4\sin^2\varphi$, 从而球面的面积为

$$\sigma=\int_0^{2\pi}\mathrm{d}\theta\int_0^{\pi}a^2\sin\varphi\,\mathrm{d}\varphi=4\pi a^2.$$ □

一般地, 设 $\boldsymbol{\varphi}:\Omega\to\mathbb{R}^n$ 为超曲面, 其中

$$\boldsymbol{\varphi}(\boldsymbol{u})=\boldsymbol{\varphi}(u_1,u_2,\cdots,u_{n-1}),\quad \boldsymbol{u}=(u_1,u_2,\cdots,u_{n-1})\in\Omega.$$

超曲面的切向量为 $\boldsymbol{\varphi}_{u_1},\boldsymbol{\varphi}_{u_2},\cdots,\boldsymbol{\varphi}_{u_{n-1}}$. 根据前面的讨论, 超曲面的面积为

$$\sigma=\iint\cdots\int_\Omega\|\boldsymbol{\varphi}_{u_1}\times\boldsymbol{\varphi}_{u_2}\times\cdots\times\boldsymbol{\varphi}_{u_{n-1}}\|\,\mathrm{d}u_1\,\mathrm{d}u_2\cdots\mathrm{d}u_{n-1}. \tag{17.3.5}$$

特别地, 设 $f:D\to\mathbb{R}$ 为 C^1 函数, 其中 $D\subseteq\mathbb{R}^{n-1}$. 则 graph$(f)$ 为 $\mathbb{R}^n$ 中的超曲面, 其面积公式为

$$\sigma=\iint\cdots\int_D\sqrt{1+\|\nabla f\|^2}\,\mathrm{d}x_1\,\mathrm{d}x_2\cdots\mathrm{d}x_{n-1}, \tag{17.3.6}$$

其中 $\nabla f=(f_{x_1},f_{x_2},\cdots,f_{x_{n-1}})$ 是 f 的梯度. 事实上, graph(f) 的参数表示为

$$\boldsymbol{\varphi}(\boldsymbol{x})=(x_1,x_2,\cdots,x_{n-1},f(x_1,x_2,\cdots,x_{n-1})),\quad \boldsymbol{x}=(x_1,x_2,\cdots,x_{n-1})\in D.$$

此时

$$\boldsymbol{\varphi}_{x_1}\times\boldsymbol{\varphi}_{x_2}\times\cdots\times\boldsymbol{\varphi}_{x_{n-1}}=(-1)^n(f_{x_1},f_{x_2},\cdots,f_{x_{n-1}},-1).$$

于是 (17.3.6) 式可从 (17.3.5) 式导出.

例 17.3.2 设 $a>0$, 求 $\{x_1+x_2+\cdots+x_n=a,\ x_i\geqslant0,\ i=1,2,\cdots,n\}$ 的面积.

解 记

$$\Delta_{n-1}(a)=\big\{x\in\mathbb{R}^{n-1}\,|\,x_1+x_2+\cdots+x_{n-1}\leqslant a,\ x_i\geqslant0,\ 1\leqslant i\leqslant n-1\big\},$$

则所考虑的曲面有如下参数表示:

$$\boldsymbol{\varphi}:\Delta_{n-1}(a)\to\mathbb{R}^n,\quad \boldsymbol{\varphi}(\boldsymbol{x})=(\boldsymbol{x},f(\boldsymbol{x})),$$

其中 $f(\boldsymbol{x}) = a - x_1 - \cdots - x_{n-1}$. 由 (17.3.6) 式可得

$$\sigma = \int_{\Delta_{n-1}(a)} \sqrt{1 + \|\nabla f\|^2} \mathrm{d}\boldsymbol{x} = \int_{\Delta_{n-1}(a)} \sqrt{n} \mathrm{d}\boldsymbol{x},$$

由例 16.3.7 可得

$$\sigma = \sqrt{n}\, \sigma(\Delta_{n-1}(a)) = \frac{\sqrt{n}}{(n-1)!} a^{n-1}. \qquad \square$$

例 17.3.3　设 $a > 0$, 求球面 $x^2 + y^2 + z^2 + w^2 = a^2$ 的面积.

解　根据对称性, 只要计算上半球面的面积即可. 上半球面的方程为

$$w = \sqrt{a^2 - x^2 - y^2 - z^2}, \quad x^2 + y^2 + z^2 \leqslant a^2,$$

此时有

$$1 + \|\nabla w\|^2 = 1 + (-x/w)^2 + (-y/w)^2 + (-z/w)^2 = (a/w)^2.$$

根据 (17.3.6) 式可得

$$\sigma = 2 \iiint_{x^2+y^2+z^2 \leqslant a^2} \frac{a}{\sqrt{a^2 - x^2 - y^2 - z^2}} \mathrm{d}x \, \mathrm{d}y \, \mathrm{d}z.$$

利用 $\mathbb{R}^3$ 中的球面坐标可得

$$\sigma = 2 \int_0^a \frac{ar^2}{\sqrt{a^2 - r^2}} \mathrm{d}r \int_0^{\pi} \sin\theta \, \mathrm{d}\theta \int_0^{2\pi} \mathrm{d}\varphi = 8\pi \int_0^a \frac{ar^2}{\sqrt{a^2 - r^2}} \mathrm{d}r,$$

在上式中利用变量代换 $r = a \sin t$, 最后可得

$$\sigma = 8\pi \int_0^{\frac{\pi}{2}} a^3 \sin^2 t \, \mathrm{d}t = 2\pi^2 a^3. \qquad \square$$

值得指出的是, 我们定义参数曲面面积的方法与定义参数曲线长度的方法似乎有些不同. 参数曲线的长度可以用折线段的长度去逼近. 那么, 能否像参数曲线那样, 通过在参数曲面上取分点, 然后用以分点为顶点的多边形 (比如三角形) 的面积和去逼近参数曲面的面积呢? Schwarz 曾经举过一个例子 (圆柱面) 说明这样的定义方式是行不通的. 对于一般的曲面, 定义面积需要引入 Hausdorff 测度的概念, 进一步的讨论超出了本课程的范围, 有兴趣的读者可以参看几何测度论的著作.

有了参数曲面面积的定义, 我们可以讨论参数曲面上有界函数的积分, 为了简单起见, 只考虑连续函数的情形.

定义 17.3.2 (第一型曲面积分)　设 $\boldsymbol{\varphi} : \Omega \to \mathbb{R}^n$ 为 C^1 的参数曲面, f 是定义在 $\Sigma = \boldsymbol{\varphi}(\Omega)$ 上的连续函数, 则 f 在 Σ 上的曲面积分定义为

$$\int_{\Sigma} f \, \mathrm{d}\sigma = \iint \cdots \int_{\Omega} f \circ \boldsymbol{\varphi} \sqrt{\det\left[(J\boldsymbol{\varphi})^{\mathrm{T}} J\boldsymbol{\varphi}\right]} \, \mathrm{d}u_1 \, \mathrm{d}u_2 \cdots \mathrm{d}u_m.$$

第一型曲面积分的物理解释: 分布在曲面上的某种物质, 如果其密度函数为 ρ, 则 ρ 在曲面上的积分就是物质的总质量.

例 17.3.4 计算曲面积分 $\displaystyle\int_\Sigma \frac{1}{z}\,\mathrm{d}\sigma$, 其中 Σ 为球面 $x^2+y^2+z^2=a^2$ 被平面 $z=h\ (0<h<a)$ 所截下的顶部 (图 17.9).

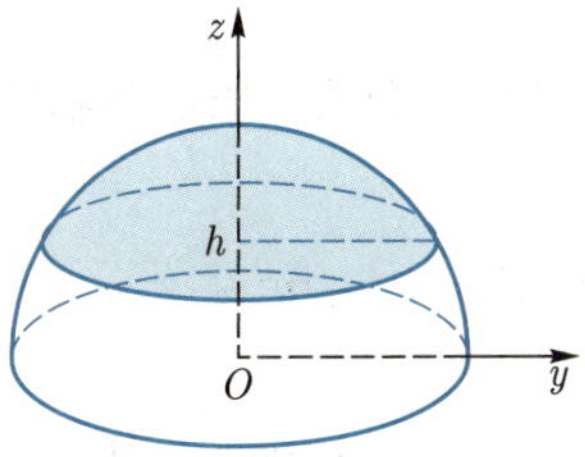

图 17.9 球帽

解 Σ 的方程为

$$z=\sqrt{a^2-x^2-y^2},\quad x^2+y^2\leqslant a^2-h^2.$$

因此

$$\begin{aligned}\int_\Sigma \frac{1}{z}\,\mathrm{d}\sigma &= \iint_{x^2+y^2\leqslant a^2-h^2} \frac{1}{z}\sqrt{1+z_x^2+z_y^2}\,\mathrm{d}x\,\mathrm{d}y\\ &= \iint_{x^2+y^2\leqslant a^2-h^2} \frac{a}{a^2-x^2-y^2}\,\mathrm{d}x\,\mathrm{d}y\\ &= \int_0^{\sqrt{a^2-h^2}} \frac{ar}{a^2-r^2}\,\mathrm{d}r\int_0^{2\pi}\mathrm{d}\theta\\ &= 2\pi a\ln(a/h).\end{aligned}$$

□

例 17.3.5 设抛物面 $z=2-(x^2+y^2)$, $z\geqslant 0$ 上分布着密度为 $\rho(x,y)=x^2+y^2$ 的物质 (图 17.10), 求该物质的质量.

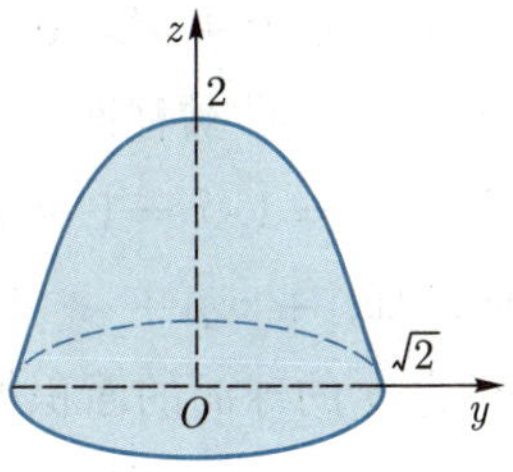

图 17.10 抛物面

解 该物质的质量 m 为 $\rho(x,y)=x^2+y^2$ 在曲面上的积分, 即

$$m=\iint_{x^2+y^2\leqslant 2}(x^2+y^2)\sqrt{1+z_x^2+z_y^2}\,\mathrm{d}x\,\mathrm{d}y$$

$$
\begin{aligned}
&= \iint_{x^2+y^2\leqslant 2} (x^2+y^2)\sqrt{1+4(x^2+y^2)}\,\mathrm{d}x\,\mathrm{d}y \\
&= \int_0^{\sqrt{2}} r^2\sqrt{1+4r^2}\,r\,\mathrm{d}r \int_0^{2\pi} \mathrm{d}\theta \\
&= \frac{149}{30}\pi.
\end{aligned}
$$

□

与重积分类似,利用第一型曲面积分可以求面状物质的质心、转动惯量、引力等,我们仅举一例加以说明.

例 17.3.6 设 $a>0$, 曲面 Σ: $x^2+y^2+z^2=a^2$, $x,y,z\geqslant 0$ 上均匀分布着某种物质,求该物质的质心.

解 不妨设物质的密度为 1. 曲面的参数表示为

$$
x=a\sin\varphi\cos\theta,\ y=a\sin\varphi\sin\theta,\ z=a\cos\varphi,\quad \varphi\in[0,\pi/2],\ \theta\in[0,\pi/2].
$$

记质心坐标为 $(\bar{x},\bar{y},\bar{z})$, 则

$$
\bar{x}=\frac{1}{m}\int_\Sigma x\,\mathrm{d}\sigma,\ \ \bar{y}=\frac{1}{m}\int_\Sigma y\,\mathrm{d}\sigma,\ \ \bar{z}=\frac{1}{m}\int_\Sigma z\,\mathrm{d}\sigma,
$$

其中 $m=\sigma(\Sigma)=\dfrac{1}{2}\pi a^2$. 于是

$$
\bar{x}=\frac{2}{\pi a^2}\int_0^{\frac{\pi}{2}}\mathrm{d}\theta\int_0^{\frac{\pi}{2}} a\sin\varphi\cos\theta\cdot a^2\sin\varphi\mathrm{d}\varphi=\frac{1}{2}a.
$$

利用对称性可得 $\bar{y}=\bar{z}=\dfrac{1}{2}a$. □

习题 17.3

1. 用重积分的变量替换公式证明: C^1 参数曲面的面积与参数的选取无关.

2. 设 $a>0$, 求 $z=axy$ 包含在圆柱 $x^2+y^2=a^2$ 内那部分的面积.

3. 设 $a>0$, 计算球面 $x^2+y^2+z^2=a^2$ 被柱面 $x^2+y^2=ax$ 所截下那部分的面积.

4. 求曲面 $z=\sqrt{2xy}$ 被平面 $x+y=1$, $x=1$ 及 $y=1$ 所截下那部分的面积.

5. 设 $a>0$, 计算 $\mathbb{R}^n$ 中的曲面 $|x_1|+|x_2|+\cdots+|x_n|=a$ 的面积.

6. 设 $a>0$, 证明: $\mathbb{R}^n$ 中半径为 a 的球面的面积等于 $n\omega_n a^{n-1}$, 其中 ω_n 是 $\mathbb{R}^n$ 中半径为 1 的球体的容积.

7. 计算下列曲面积分 $(a,b,c>0)$:

(1) $\displaystyle\int_\Sigma (x+y+z)\,\mathrm{d}\sigma$, Σ 为 $x^2+y^2+z^2=a^2$, $z\geqslant 0$;

(2) $\displaystyle\int_\Sigma \frac{\mathrm{d}\sigma}{(1+x+y)^2}$, Σ 为 $x+y+z=1$, $x,y,z\geqslant 0$;

(3) $\int_\Sigma \sqrt{x^2/a^4+y^2/b^4+z^2/c^4}\,\mathrm{d}\sigma$, Σ 为 $\dfrac{x^2}{a^2}+\dfrac{y^2}{b^2}+\dfrac{z^2}{c^2}=1$;

(4) $\int_\Sigma xyz\,\mathrm{d}\sigma$, Σ 为 $z=x^2+y^2$, $z\leqslant 1$;

(5) $\int_\Sigma (x^2+y^2)\,\mathrm{d}\sigma$, Σ 为 $x^2+y^2+z^2=a^2$.

8. 设 $a>0$, 某种物质均匀分布在曲面 $z=\sqrt{x^2+y^2}$ 被柱面 $x^2+y^2=ax$ 所割下的部分上, 求该物质的质心.

9. 设球面 $x^2+y^2+z^2=a^2$ 上分布着密度为 ρ 的均匀物质, 求该物质的引力场.

10. 用 S^2 表示球面 $x^2+y^2+z^2=1$. 当 f 为连续函数, $\alpha,\beta,\gamma\in\mathbb{R}$ 时, 证明如下 Poisson 公式:

$$\int_{S^2} f(\alpha x+\beta y+\gamma z)\,\mathrm{d}\sigma = 2\pi\int_{-1}^{1} f\big(u\sqrt{\alpha^2+\beta^2+\gamma^2}\big)\,\mathrm{d}u.$$

17.4 第二型曲面积分

我们来考虑一个物理问题: 设空间中有流速为 $\boldsymbol{V}=(P,Q,R)$ 的流体, 求单位时间内该流体通过曲面 Σ 的流量. 要计算流量, 必须给曲面指定方向. 我们规定, 曲面在某点的方向是指该点处的一个单位法向量. 指定方向以后, 可用所谓的 "微元法" 计算流量如下: 任取 Σ 的一小片, 其面积记为 $\delta\sigma$, 经过这一小片的流体速度为 $\boldsymbol{V}$, 曲面的单位法向量为 $\boldsymbol{n}$, 则单位时间内通过这一小片曲面的流体的流量 $\delta\Phi$ 为 $\boldsymbol{V}\cdot\boldsymbol{n}\delta\sigma$. 于是单位时间内经过 Σ 的流量 Φ 可以表示为积分

$$\Phi=\int_\Sigma \boldsymbol{V}\cdot\boldsymbol{n}\,\mathrm{d}\sigma=\int_\Sigma \boldsymbol{V}\cdot\mathrm{d}\vec{\sigma}, \tag{17.4.1}$$

其中 $\mathrm{d}\vec{\sigma}=\boldsymbol{n}\,\mathrm{d}\sigma$ 称为有向面积元.

从 (17.4.1) 式可以看出, 流量与曲面方向的选取有关. 方向的变化可导致流量的数值相差一个正负号. 如果在曲面上存在连续的单位法向量场, 则称该曲面**可定向**, 否则就称该曲面**不可定向**. 本节所涉及的曲面都假定是可定向的. 对于可定向曲面, 其**定向** (方向) 是指一个连续的单位法向量场 $\boldsymbol{n}$.

为了计算 (17.4.1) 式中的积分, 我们通常要给曲面选取适当的参数表示. 设 $\boldsymbol{\varphi}: D\to\mathbb{R}^3$ 为 Σ 的参数表示, 其中

$$\boldsymbol{\varphi}(u,v)=\big(x(u,v),\ y(u,v),\ z(u,v)\big),\quad (u,v)\in D.$$

记 $\boldsymbol{N}=\boldsymbol{\varphi}_u\times\boldsymbol{\varphi}_v=(y_uz_v-z_uy_v, z_ux_v-x_uz_v, x_uy_v-y_ux_v)$, 则 $\boldsymbol{N}$ 为曲面的法向量. 如果 $\boldsymbol{N}/\|\boldsymbol{N}\|=\boldsymbol{n}$, 则称 $\boldsymbol{\varphi}$ 是与给定定向相容的参数表示. 根据前节中的讨论, 曲面的面

积元可写为 $\mathrm{d}\sigma=\|\boldsymbol{N}\|\,\mathrm{d}u\,\mathrm{d}v$. 此时 (17.4.1) 式可写为

$$\varPhi=\iint_D \boldsymbol{V}\cdot\boldsymbol{N}\,\mathrm{d}u\,\mathrm{d}v=\iint_D\left[P\frac{\partial(y,z)}{\partial(u,v)}+Q\frac{\partial(z,x)}{\partial(u,v)}+R\frac{\partial(x,y)}{\partial(u,v)}\right]\mathrm{d}u\,\mathrm{d}v. \tag{17.4.2}$$

另一方面, 记

$$\mathrm{d}\vec{\sigma}=(\mathrm{d}y\wedge\mathrm{d}z,\ \mathrm{d}z\wedge\mathrm{d}x,\ \mathrm{d}x\wedge\mathrm{d}y),$$

其中 $\mathrm{d}y\wedge\mathrm{d}z$ 表示有向面积元 $\mathrm{d}\vec{\sigma}$ 在 yOz 平面上的投影, $\mathrm{d}z\wedge\mathrm{d}x$ 表示 $\mathrm{d}\vec{\sigma}$ 在 zOx 平面上的投影, $\mathrm{d}x\wedge\mathrm{d}y$ 表示 $\mathrm{d}\vec{\sigma}$ 在 xOy 平面上的投影. 此时 (17.4.1) 式也可写为

$$\varPhi=\int_\varSigma \boldsymbol{V}\cdot\mathrm{d}\vec{\sigma}=\int_\varSigma P\,\mathrm{d}y\wedge\mathrm{d}z+Q\,\mathrm{d}z\wedge\mathrm{d}x+R\,\mathrm{d}x\wedge\mathrm{d}y. \tag{17.4.3}$$

由 $\mathrm{d}\vec{\sigma}=\boldsymbol{N}\,\mathrm{d}u\,\mathrm{d}v$ 可见

$$\mathrm{d}y\wedge\mathrm{d}z=\frac{\partial(y,z)}{\partial(u,v)}\mathrm{d}u\,\mathrm{d}v,\ \ \mathrm{d}z\wedge\mathrm{d}x=\frac{\partial(z,x)}{\partial(u,v)}\mathrm{d}u\,\mathrm{d}v,\ \ \mathrm{d}x\wedge\mathrm{d}y=\frac{\partial(x,y)}{\partial(u,v)}\mathrm{d}u\,\mathrm{d}v.$$

由此也可以看出 (17.4.2) 式和 (17.4.3) 式是一回事. 我们规定以下关系式成立:

$$\mathrm{d}z\wedge\mathrm{d}y=-\mathrm{d}y\wedge\mathrm{d}z,\quad \mathrm{d}x\wedge\mathrm{d}z=-\mathrm{d}z\wedge\mathrm{d}x,\quad \mathrm{d}y\wedge\mathrm{d}x=-\mathrm{d}x\wedge\mathrm{d}y.$$

根据以上讨论, 我们可以提出如下定义:

定义 17.4.1 (第二型曲面积分) 设 $\varSigma$ 为 $\mathbb{R}^3$ 中的可定向曲面, 其连续的单位法向量场为 $\boldsymbol{n}$. 对于定义在 $\varSigma$ 上的连续向量值函数 $\boldsymbol{X}=(P,Q,R)$, 定义它在 $\varSigma$ 上的第二型曲面积分为

$$\varPhi=\int_\varSigma \boldsymbol{X}\cdot\mathrm{d}\vec{\sigma}=\int_\varSigma \boldsymbol{X}\cdot\boldsymbol{n}\,\mathrm{d}\sigma,$$

也记为

$$\varPhi=\int_\varSigma P\,\mathrm{d}y\wedge\mathrm{d}z+Q\,\mathrm{d}z\wedge\mathrm{d}x+R\,\mathrm{d}x\wedge\mathrm{d}y.$$

设 $\boldsymbol{\varphi}$ 是该曲面的与给定定向相容的参数表示:

$$\boldsymbol{\varphi}(u,v)=\big(x(u,v),\ y(u,v),\ z(u,v)\big),\quad (u,v)\in D.$$

则第二型曲面积分可以化为重积分:

$$\varPhi=\iint_D\left[P\frac{\partial(y,z)}{\partial(u,v)}+Q\frac{\partial(z,x)}{\partial(u,v)}+R\frac{\partial(x,y)}{\partial(u,v)}\right]\mathrm{d}u\,\mathrm{d}v.$$

如果参数表示 $\boldsymbol{\varphi}$ 与曲面上给定的定向不相容, 则用上式计算第二型曲面积分时要添加一个负号.

记 $\boldsymbol{n}=(\cos\alpha,\ \cos\beta,\ \cos\gamma)$, 其中 $\alpha,\ \beta,\ \gamma$ 分别是 $\boldsymbol{n}$ 与三个坐标轴的夹角. 当 $\cos\gamma\geqslant 0$, 即 $\boldsymbol{n}$ 和 z 轴的夹角不超过 $\pi/2$ 时, $\boldsymbol{n}$ 所决定的方向称为参数曲面的上侧方

向; 反之, $\boldsymbol{n}$ 所决定的方向称为参数曲面的下侧方向. 对于封闭的曲面, 指向曲面所围区域外部的单位法向量所决定的方向称为参数曲面的外侧方向, 指向曲面所围区域内部的单位法向量所决定的方向称为参数曲面的内侧方向 (图 17.11).

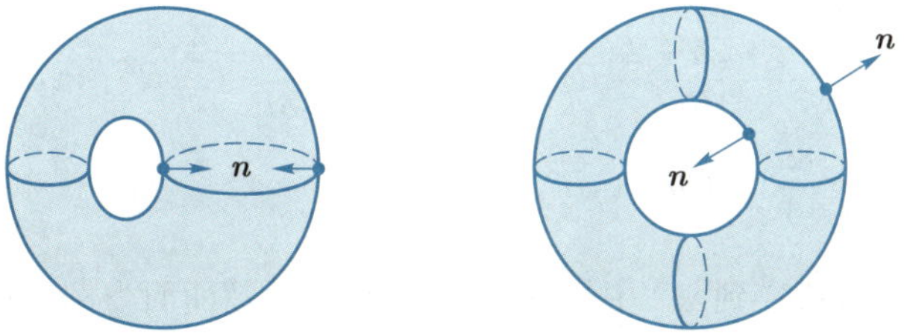

图 17.11 内法向和外法向

例 17.4.1 计算积分 $\int_{\Sigma} xyz\,\mathrm{d}x\wedge\mathrm{d}y$, 其中 $\Sigma=\{x^2+y^2+z^2=1,\ x\geqslant 0,\ y\geqslant 0\}$, 方向为外侧.

解 将曲面分成两部分:

$$\Sigma_1:\ z=\sqrt{1-x^2-y^2},\quad (x,y)\in D=\{x^2+y^2\leqslant 1,\quad x\geqslant 0,\ y\geqslant 0\},$$

$$\Sigma_2:\ z=-\sqrt{1-x^2-y^2},\quad (x,y)\in D=\{x^2+y^2\leqslant 1,\quad x\geqslant 0,\ y\geqslant 0\}.$$

参数 (x,y) 决定的法向量为 $(1,0,z_x)\times(0,1,z_y)=(-z_x,-z_y,1)$, 因此, 这个参数在 Σ_1 上决定的方向就是外侧方向, 在 Σ_2 上决定的方向是内侧方向. 于是

$$\begin{aligned}\int_{\Sigma} xyz\,\mathrm{d}x\wedge\mathrm{d}y&=\int_{\Sigma_1} xyz\,\mathrm{d}x\wedge\mathrm{d}y+\int_{\Sigma_2} xyz\,\mathrm{d}x\wedge\mathrm{d}y\\&=\iint_D xy\sqrt{1-x^2-y^2}\,\mathrm{d}x\,\mathrm{d}y-\iint_D xy\big(-\sqrt{1-x^2-y^2}\big)\,\mathrm{d}x\,\mathrm{d}y\\&=2\int_0^{\frac{\pi}{2}}\mathrm{d}\theta\int_0^1 r^3\sin\theta\cos\theta\sqrt{1-r^2}\,\mathrm{d}r=\frac{2}{15}.\end{aligned}$$ □

例 17.4.2 计算积分 $\varPhi=\int_{\Sigma} x^2\,\mathrm{d}y\wedge\mathrm{d}z+y^2\,\mathrm{d}z\wedge\mathrm{d}x+z^2\,\mathrm{d}x\wedge\mathrm{d}y$, 其中 Σ 为球面 $(x-a)^2+(y-b)^2+(z-c)^2=R^2$, 方向为外侧.

解 球面的单位外法向量为 $R^{-1}(x-a,y-b,z-c)$, 于是

$$\varPhi=\int_{\Sigma}(x^2,y^2,z^2)\cdot R^{-1}(x-a,y-b,z-c)\,\mathrm{d}\sigma.$$

记 $u=x-a,\ v=y-b,\ w=z-c,\ \Sigma'=\big\{u^2+v^2+w^2=R^2\big\}$, 则

$$\varPhi=\frac{1}{R}\int_{\Sigma'}\big(2au^2+2bv^2+2cw^2+\cdots\big)\,\mathrm{d}\sigma,$$

其中省略掉的项是关于 u, v, w 的一次幂项和三次幂项, 由球面的对称性可知这些项的积分为零. 同理, u^2, v^2, w^2 项的积分都相等, 于是

$$\begin{aligned}\varPhi &= \frac{2a+2b+2c}{3R}\int_{\varSigma'}\left(u^2+v^2+w^2\right)\mathrm{d}\sigma \\ &= \frac{2a+2b+2c}{3R}R^2\cdot\sigma(\varSigma') = \frac{2a+2b+2c}{3R}R^2\cdot 4\pi R^2 \\ &= \frac{8\pi}{3}(a+b+c)R^3.\end{aligned}$$

□

第二型积分可以推广到 $\mathbb{R}^n$ 中的可定向曲面上. 以超曲面为例, 设 $\varSigma$ 为 $\mathbb{R}^n$ 中的超曲面, 如果 $\varSigma$ 上存在连续的单位法向量场, 则称 $\varSigma$ 可定向. 我们用一个连续的单位法向量场 $\boldsymbol{n}$ 来表示它的定向. 当 $\boldsymbol{X}$ 为 $\varSigma$ 上的连续向量场时, 它在 $\varSigma$ 上的第二型曲面积分定义为

$$\varPhi = \int_{\varSigma}\boldsymbol{X}\cdot\boldsymbol{n}\,\mathrm{d}\sigma.$$

记 $\boldsymbol{X}=(f_1, f_2, \cdots, f_n)$. 设 $\boldsymbol{\varphi}: D\to\mathbb{R}^n$ 为 $\varSigma$ 的参数表示, 其中 $D\subset\mathbb{R}^{n-1}$,

$$\begin{aligned}\boldsymbol{\varphi}(u_1, u_2, \cdots, u_{n-1}) = (&x_1(u_1, u_2, \cdots, u_{n-1}), x_2(u_1, u_2, \cdots, u_{n-1}), \cdots, \\ &x_n(u_1, u_2, \cdots, u_{n-1})), \quad (u_1, u_2, \cdots, u_{n-1})\in D.\end{aligned}$$

如果法向量 $\boldsymbol{\varphi}_{u_1}\times\boldsymbol{\varphi}_{u_2}\times\cdots\times\boldsymbol{\varphi}_{u_{n-1}}$ 与 $\boldsymbol{n}$ 同向, 则

$$\begin{aligned}\varPhi &= \int_D \boldsymbol{X}\cdot\boldsymbol{\varphi}_{u_1}\times\boldsymbol{\varphi}_{u_2}\times\cdots\times\boldsymbol{\varphi}_{u_{n-1}}\,\mathrm{d}u_1\,\mathrm{d}u_2\cdots\mathrm{d}u_{n-1} \\ &= \int_D\sum_{i=1}^{n}(-1)^{i-1}f_i\circ\boldsymbol{\varphi}\frac{\partial(x_1, x_2, \cdots, \hat{x_i}, \cdots, x_n)}{\partial(u_1, u_2, \cdots, u_{n-1})}\,\mathrm{d}u_1\,\mathrm{d}u_2\cdots\mathrm{d}u_{n-1},\end{aligned}$$

其中 $\hat{x_i}$ 表示不含 x_i 这一项.

习题 17.4

1. 计算积分

$$\varPhi = \int_{\varSigma} x\,\mathrm{d}y\wedge\mathrm{d}z + y\,\mathrm{d}z\wedge\mathrm{d}x + z\,\mathrm{d}x\wedge\mathrm{d}y,$$

其中 $\varSigma$ 为三角形 $x+y+z=1$, $x, y, z\geqslant 0$, 单位法向量与 $(1,1,1)$ 同向.

2. 设某流体的流速为 $\boldsymbol{V}=(yz, zx, xy)$, 求该流体流出圆柱体 $x^2+y^2\leqslant a^2$, $0\leqslant z\leqslant h$ 的流量.

3. 设某流体的流速为 $\boldsymbol{V}=(f(x), g(y), h(z))$, 求该流体流出矩形 $[0,a]\times[0,b]\times[0,c]$ 的流量.

4. 计算积分

$$\Phi=\int_{\Sigma}x\,\mathrm{d}y\wedge\mathrm{d}z+y\,\mathrm{d}z\wedge\mathrm{d}x+z\,\mathrm{d}x\wedge\mathrm{d}y,$$

其中 Σ 为球面 $(x-a)^2+(y-b)^2+(z-c)^2=R^2$, 方向为外侧.

5. 计算积分

$$\Phi=\int_{\Sigma}x^3\,\mathrm{d}y\wedge\mathrm{d}z,$$

其中 Σ 为上半椭球面 $\dfrac{x^2}{a^2}+\dfrac{y^2}{b^2}+\dfrac{z^2}{c^2}=1\ (z\geqslant 0)$, 方向为上侧.

6. 计算积分

$$\Phi=\int_{\Sigma}yz\,\mathrm{d}y\wedge\mathrm{d}z+zx\,\mathrm{d}z\wedge\mathrm{d}x+xy\,\mathrm{d}x\wedge\mathrm{d}y,$$

其中 Σ 为四面体 $x+y+z\leqslant a$, $x\geqslant 0$, $y\geqslant 0$, $z\geqslant 0$ 的外侧面.

7. 计算积分

$$\Phi=\int_{\Sigma}x^3\,\mathrm{d}y\wedge\mathrm{d}z+y^3\,\mathrm{d}z\wedge\mathrm{d}x+z^3\,\mathrm{d}x\wedge\mathrm{d}y,$$

其中 Σ 为球面 $x^2+y^2+z^2=a^2$, 方向为内侧.

8. 计算积分

$$\Phi=\int_{\Sigma}x\,\mathrm{d}y\wedge\mathrm{d}z\wedge\mathrm{d}w,$$

其中 Σ 为球面 $x^2+y^2+z^2+w^2=a^2$, 方向为外侧.

第十八章

微分形式简介

本章主要讨论曲线积分和曲面积分之间的联系, 得到重要的 Green[①] 公式、Gauss[②] 公式以及 Stokes[③] 公式. 为了统一描述这些公式, 我们将引入微分形式这一新的研究对象, 它们是函数以及向量值函数的推广.

18.1 各类积分之间的联系

我们知道, 一元微积分中的 Newton-Leibniz 公式将微分和积分统一在一起, 从计算的角度来看, 它将被积区间上的函数导数的积分化成了区间边界上函数值的差 (代数和). 在多元微积分中也有类似的现象.

18.1.1 Gauss-Green 公式

设 Ω 是 $\mathbb{R}^n$ 中的有界开集, $\boldsymbol{X}$ 是向量场 (向量值函数). 若 $\boldsymbol{X}$ 在 $\bar{\Omega}$ 的某个开邻域上是 C^1 的, 则记 $\boldsymbol{X}\in C^1(\bar{\Omega})$. 类比于 Newton-Leibniz 公式, $\boldsymbol{X}$ 沿 $\partial\Omega$ 的第二型积分应该可以化为 $\boldsymbol{X}$ 的某种导数在 Ω 上的积分. 为此我们引进散度的概念.

任取 $\boldsymbol{p}\in\Omega$, 当 $r>0$ 且充分小时, $\overline{B_r(\boldsymbol{p})}\subset\Omega$. 在球面 $\partial B_r(\boldsymbol{p})$ 上取单位外法向量场 $\boldsymbol{n}=\dfrac{1}{r}(\boldsymbol{x}-\boldsymbol{p})$. 向量场 $\boldsymbol{X}$ 沿该球面的第二型积分可以解释为流速为 $\boldsymbol{X}$ 的流体流出球面的流量. 记

$$\varPhi(r)=\frac{1}{|B_r(\boldsymbol{p})|}\int_{\partial B_r(\boldsymbol{p})}\boldsymbol{X}\cdot\boldsymbol{n}\,\mathrm{d}\sigma,$$

其中 $|B_r(\boldsymbol{p})|=\omega_n r^n$ 是 $B_r(\boldsymbol{p})$ 的容积. $\varPhi(r)$ 称为平均流量 (通量) 密度. 记 $\operatorname{div}(\boldsymbol{X})=\lim\limits_{r\to0^+}\varPhi(r)$, 称为 $\boldsymbol{X}$ 在 $\boldsymbol{p}$ 处的流量 (通量) 密度或散度. 我们有

引理 18.1.1 设 $\boldsymbol{X}=(f_1,f_2,\cdots,f_n)$ 为 C^1 向量场, 则

$$\operatorname{div}(\boldsymbol{X})(\boldsymbol{p})=\operatorname{tr}J\boldsymbol{X}(\boldsymbol{p})=\sum_{i=1}^n\frac{\partial f_i}{\partial x_i}(\boldsymbol{p}),$$

其中 $J\boldsymbol{X}$ 是向量值函数 $\boldsymbol{X}$ 的 Jacobi 矩阵.

证明 不妨设 $\boldsymbol{p}=\boldsymbol{0}$. 由题设可知

$$\boldsymbol{X}(\boldsymbol{x})=\boldsymbol{X}(\boldsymbol{0})+J\boldsymbol{X}(\boldsymbol{0})\boldsymbol{x}+o(\|\boldsymbol{x}\|)\quad(\boldsymbol{x}\to\boldsymbol{0}).$$

---

① Green, George, 1793 年 6 月—1841 年 5 月 31 日, 英国数学家.

② Gauss, Carolus Fridericus, 1777 年 4 月 30 日—1855 年 2 月 23 日, 德国数学家、物理学家、天文学家.

③ Stokes, George Gabriel, 1819 年 8 月 13 日—1903 年 2 月 1 日, 英国数学家、力学家.

当 $r \to 0^+$ 时, 就有

$$\begin{aligned}\int_{\partial B_r(\boldsymbol{p})} \boldsymbol{X}\cdot\boldsymbol{n}\,\mathrm{d}\sigma &= \frac{1}{r}\int_{\partial B_r(\boldsymbol{0})} \boldsymbol{X}(\boldsymbol{0})\cdot\boldsymbol{x}\,\mathrm{d}\sigma + \frac{1}{r}\int_{\partial B_r(\boldsymbol{0})} \boldsymbol{x}\cdot J\boldsymbol{X}(\boldsymbol{0})\boldsymbol{x}\,\mathrm{d}\sigma + o(r^n)\\ &= \sum_{i=1}^{n}\frac{f_i(\boldsymbol{0})}{r}\int_{\partial B_r(\boldsymbol{0})} x_i\,\mathrm{d}\sigma + \sum_{i,j=1}^{n}\frac{\partial_j f_i(\boldsymbol{0})}{r}\int_{\partial B_r(\boldsymbol{0})} x_i x_j\,\mathrm{d}\sigma + o(r^n).\end{aligned}$$

由球的对称性可知

$$\int_{\partial B_r(\boldsymbol{0})} x_i\,\mathrm{d}\sigma = 0, \quad \int_{\partial B_r(\boldsymbol{0})} x_i x_j\,\mathrm{d}\sigma = 0\ (j \neq i).$$

同理有

$$\int_{\partial B_r(\boldsymbol{0})} x_i^2\,\mathrm{d}\sigma = \frac{1}{n}\int_{\partial B_r(\boldsymbol{0})} \|\boldsymbol{x}\|^2\,\mathrm{d}\sigma = \omega_n r^{n+1}.$$

这说明

$$\int_{\partial B_r(\boldsymbol{p})} \boldsymbol{X}\cdot\boldsymbol{n}\,\mathrm{d}\sigma = \omega_n r^n \sum_{i=1}^{n}\frac{\partial f_i}{\partial x_i}(\boldsymbol{0}) + o(r^n) \quad (r \to 0^+).$$

由此即得欲证结论. □

将上述引理中以 $\boldsymbol{p}$ 为中心的球换成以 $\boldsymbol{p}$ 为中心的方体时类似的结论也成立. 我们还可以猜测当 D 是以 $\boldsymbol{p}$ 为内点的小区域时, 也应有

$$\int_{\partial D} \boldsymbol{X}\cdot\boldsymbol{n}\,\mathrm{d}\sigma \approx \nu(D)\mathrm{div}(\boldsymbol{X})(\boldsymbol{p}).$$

一般地, 若能将 Ω 分割为若干充分小的区域 $\{\Omega_i\}$, 取 $\boldsymbol{p}_i \in \Omega_i$, 则

$$\int_{\Omega} \mathrm{div}(\boldsymbol{X})\,\mathrm{d}\boldsymbol{x} \approx \sum_i \nu(\Omega_i)\mathrm{div}(\boldsymbol{X})(\boldsymbol{p}_i) \approx \sum_i \int_{\partial\Omega_i} \boldsymbol{X}\cdot\boldsymbol{n}_i\,\mathrm{d}\sigma,$$

其中 $\boldsymbol{n}_i$ 均为单位外法向量场. 在相邻区域的公共边界上, 由于单位外法向量方向相反, 相应的两个第二型积分会互相抵消, 最终只剩下 $\partial\Omega$ 上的第二型曲面积分. 也就是说, 我们期望得到如下公式:

$$\int_{\Omega} \mathrm{div}(\boldsymbol{X})\,\mathrm{d}\boldsymbol{x} = \int_{\partial\Omega} \boldsymbol{X}\cdot\boldsymbol{n}\,\mathrm{d}\sigma. \tag{18.1.1}$$

为了验证上式成立, 我们需要对 Ω 施加适当的限制条件.

定义 18.1.1 (C^k 边界) 设 $n \geqslant 2$, Ω 为 $\mathbb{R}^n$ 中的开集. 如果任给 $\boldsymbol{x}_0 \in \partial\Omega$, 均存在 $\boldsymbol{x}_0$ 的开邻域 U, 正数 r, h, C^k 函数 $\phi\colon [-r,r]^{n-1} \to (-h,h)$, 以及仿射变换 $\boldsymbol{\varphi}(\boldsymbol{x}) = \boldsymbol{A}(\boldsymbol{x}-\boldsymbol{x}_0)$, 其中 $\boldsymbol{A}$ 是行列式为 1 的正交矩阵, 使得

(1) $\phi(\boldsymbol{0}) = 0$, $\boldsymbol{\varphi}(U) = (-r,r)^{n-1} \times (-h,h)$;

(2) $\boldsymbol{\varphi}(U \cap \Omega) = D = \{(\boldsymbol{x}', x_n) \mid \boldsymbol{x}' \in (-r,r)^{n-1},\ \phi(\boldsymbol{x}') < x_n < h\}$;

(3) $\boldsymbol{\varphi}(U \cap \partial\Omega) = \mathrm{graph}(\phi) = \{(\boldsymbol{x}', \phi(\boldsymbol{x}')) \mid \boldsymbol{x}' \in (-r,r)^{n-1}\}$,

则称 Ω 具有 C^k 边界.

设 Ω 为具有 C^k $(k \geqslant 1)$ 边界的开集, 我们先在边界 $\partial\Omega$ 上定义单位外法向量场 $\boldsymbol{n}$. 设 $\boldsymbol{x}_0 \in \partial\Omega$, 记 $\boldsymbol{n}(\boldsymbol{x}_0) = \boldsymbol{A}^{-1}\boldsymbol{\nu}$, 其中

$$\boldsymbol{\nu} = \frac{1}{\sqrt{1+|\nabla\phi(\mathbf{0})|^2}}\big(\nabla\phi(\mathbf{0}),\ -1\big).$$

断言: 存在 $\delta > 0$, 使得当 $0 < t \leqslant \delta$ 时, $t\boldsymbol{\nu} \notin \bar{D}$; 当 $-\delta \leqslant t < 0$ 时 $t\boldsymbol{\nu} \in D$. 事实上, 记 $t\boldsymbol{\nu} = (\boldsymbol{x}', x_n)$, 由 $\phi(\mathbf{0}) = 0$ 可得

$$\begin{aligned} x_n - \phi(\boldsymbol{x}') &= x_n - \nabla\phi(\mathbf{0}) \cdot \boldsymbol{x}' + o(t) = (\boldsymbol{x}', x_n) \cdot (-\nabla\phi(\mathbf{0}),\ 1) + o(t) \\ &= -t\sqrt{1+|\nabla\phi(\mathbf{0})|^2} + o(t) \quad (t \to 0), \end{aligned}$$

由此可见上述断言成立. 这说明当 $0 < t \leqslant \delta$ 时, $\boldsymbol{x}_0 + t\boldsymbol{n} \notin \bar{\Omega}$; 当 $-\delta \leqslant t < 0$ 时, $\boldsymbol{x}_0 + t\boldsymbol{n} \in \Omega$. 正是因为如此我们才称法向量 $\boldsymbol{n}$ 指向 Ω 的外侧方向. 由此还可以看出 $\boldsymbol{n}$ 不依赖于 $\boldsymbol{\varphi}$ 的选取.

设 Ω 是具有 C^1 边界的有界开集, $f \in C^1(\bar{\Omega})$, 为了验证 (18.1.1) 式成立, 我们再来说明 (18.1.1) 式在 $\mathbb{R}^n$ 的平移和旋转变换下具有形式不变性. 以旋转变换 $\boldsymbol{\psi}(\boldsymbol{x}) = \boldsymbol{A}\boldsymbol{x}$ 为例, 设 $\boldsymbol{\psi}(\Omega') = \Omega$, 由变量替换公式可得

$$\int_{\partial\Omega} \boldsymbol{X} \cdot \boldsymbol{n} \,\mathrm{d}\sigma = \int_{\partial\Omega'} \boldsymbol{X}(\boldsymbol{\psi}) \cdot \boldsymbol{n}(\boldsymbol{\psi}) \,\mathrm{d}\sigma' = \int_{\partial\Omega'} \boldsymbol{X}(\boldsymbol{\psi}) \cdot \boldsymbol{\psi}(\boldsymbol{n}') \,\mathrm{d}\sigma',$$

其中 $\boldsymbol{n}' = \boldsymbol{\psi}^{-1}(\boldsymbol{n}(\boldsymbol{\psi}))$ 是 Ω' 在边界上的单位外法向量场. 由于旋转变换保持内积, 我们就有

$$\int_{\partial\Omega} \boldsymbol{X} \cdot \boldsymbol{n} \,\mathrm{d}\sigma = \int_{\partial\Omega'} \boldsymbol{X}' \cdot \boldsymbol{n}' \,\mathrm{d}\sigma',$$

其中 $\boldsymbol{X}' = \boldsymbol{\psi}^{-1} \circ \boldsymbol{X} \circ \boldsymbol{\psi}$. 由链式法则可知

$$\operatorname{div}(\boldsymbol{X}') = \operatorname{tr}J\boldsymbol{X}' = \operatorname{tr}\big[\boldsymbol{\psi}^{-1} \circ (J\boldsymbol{X})(\boldsymbol{\psi}) \circ \boldsymbol{\psi}\big] = \operatorname{tr}(J\boldsymbol{X})(\boldsymbol{\psi}) = \operatorname{div}(\boldsymbol{X})(\boldsymbol{\psi}).$$

由变量替换公式可得

$$\int_{\Omega} \operatorname{div}(\boldsymbol{X}) \,\mathrm{d}\boldsymbol{x} = \int_{\Omega'} \operatorname{div}(\boldsymbol{X}') \,\mathrm{d}\boldsymbol{x}'.$$

这说明 (18.1.1) 式对 Ω 成立当且仅当它对 Ω' 成立.

由定义 18.1.1 可知 $\partial\Omega$ 在局部上为参数超曲面. 为了将局部上的积分整合成 Ω 上的积分, 我们需要用到一个方便的工具, 叫做单位分解.

所谓单位分解, 就是将 1 分解为若干个具有紧支集的函数之和. 其中, 函数 f 的支集 $\operatorname{supp} f$ 定义为

$$\operatorname{supp} f = \overline{\{x \mid f(x) \neq 0\}}.$$

我们在 $\mathbb{R}$ 上定义偶函数 $\phi(t)$ 如下:

$$\phi(t)=1,\quad t\in[0,0.5];\quad \phi(t)=\frac{(1-t)^3}{(t-0.5)^3+(1-t)^3},\quad 0.5<t\leqslant 1;\quad \phi(t)=0,\quad t\geqslant 1. \tag{18.1.2}$$

当 $t<0$ 时令 $\phi(t)=\phi(-t)$. 容易验证 ϕ 是 C^2 函数, 称为 $\mathbb{R}$ 上的鼓包函数.

引理 18.1.2 (单位分解) 设 K 为 $\mathbb{R}^n$ 中的有界闭集, $\{V_\alpha\}$ 为 K 的有限开覆盖, 则存在 $\mathbb{R}^n$ 上的非负 C^2 函数 $\{\phi_\alpha\}$, 使得

$$0\leqslant\sum_\alpha\phi_\alpha(\boldsymbol{x})\leqslant 1,\quad \forall\,\boldsymbol{x}\in\mathbb{R}^n;\quad \sum_\alpha\phi_\alpha(\boldsymbol{x})=1,\quad \forall\,\boldsymbol{x}\in K;\quad \operatorname{supp}\phi_\alpha\subset V_\alpha.$$

$\{\phi_\alpha\}$ 称为从属于开覆盖 $\{V_\alpha\}$ 的一个单位分解.

证明 由题设可知, 任给 $\boldsymbol{x}\in K$, 存在 α, 使得 $\boldsymbol{x}\in V_\alpha$. 取 $\varepsilon_{\boldsymbol{x}}>0$, 使得 $B_{2\varepsilon_{\boldsymbol{x}}}(\boldsymbol{x})\subset V_\alpha$. 根据有限覆盖定理, 存在有限个小球, 记为 $\{B_{\varepsilon_i/2}(\boldsymbol{x}^i)\}_{i=1}^k$, 使得它们覆盖了 K, 其中 $\boldsymbol{x}^i\in K$, $\varepsilon_i=\varepsilon_{\boldsymbol{x}^i}$. 记

$$\phi_i(\boldsymbol{x})=\phi\big(\varepsilon_i^{-1}\|\boldsymbol{x}-\boldsymbol{x}^i\|\big),\quad i=1,2,\cdots,k,$$

其中 ϕ 为上面的一元鼓包函数. 令

$$\psi_1=\phi_1,\quad \psi_i=(1-\phi_1)(1-\phi_2)\cdots(1-\phi_{i-1})\phi_i,\quad i=2,3,\cdots,k.$$

显然有

$$\operatorname{supp}\psi_i\subset B_{2\varepsilon_i}(\boldsymbol{x}^i),\quad i=1,2,\cdots,k.$$

注意到

$$\psi_1+\psi_2+\cdots+\psi_k=1-(1-\phi_1)(1-\phi_2)\cdots(1-\phi_k).$$

由 $\{B_{\varepsilon_i/2}(\boldsymbol{x}^i)\}_{i=1}^k$ 为 K 的覆盖可知, 当 $\boldsymbol{x}\in K$ 时, 至少有一个 ϕ_i 满足 $\phi_i(\boldsymbol{x})=1$. 于是

$$\psi_1(\boldsymbol{x})+\psi_2(\boldsymbol{x})+\cdots+\psi_k(\boldsymbol{x})=1,\quad \forall\,\boldsymbol{x}\in K.$$

将支集含于 V_α 的那些 ψ_i 的和记为 ϕ_α (不重复求和), 则 $\{\phi_\alpha\}$ 为满足定理要求的单位分解. □

定理 18.1.3 (散度定理) 设 Ω 是 $\mathbb{R}^n$ 中具有 C^1 边界的有界开集, $\boldsymbol{X}$ 是 $\bar{\Omega}$ 上的 C^1 向量场, $\boldsymbol{n}$ 是 Ω 在边界上的单位外法向量场, 则 (18.1.1) 式成立.

证明 由题设可知 $\partial\Omega$ 是有界闭集, 于是存在有限个满足定义 18.1.1 中要求的开集 $\{U_k\}_{k=1}^m$, 使得 $\{\Omega,U_k\mid 1\leqslant k\leqslant m\}$ 为 $\bar{\Omega}$ 的开覆盖. 对此开覆盖应用单位分解引理可以将欲证结论约化为如下两种情形:

(1) $\operatorname{supp}\boldsymbol{X} \subset \Omega$, 其中 $\operatorname{supp}\boldsymbol{X} = \overline{\{\boldsymbol{x} \mid \boldsymbol{X}(\boldsymbol{x}) \neq \mathbf{0}\}}$, 称为 $\boldsymbol{X}$ 的支集. 在这种情形下, 取 $R > 0$, 使得 $\bar{\Omega} \subset [-R,R]^n$, 我们规定 $\boldsymbol{X}$ 在 $[-R,R]^n \setminus \bar{\Omega}$ 上为零. 此时 $\boldsymbol{X} \in C^1\big([-R,R]^n\big)$. 记 $\boldsymbol{X} = (f_1, f_2, \cdots, f_n)$, 由重积分化累次积分可得

$$\int_\Omega \frac{\partial f_i}{\partial x_i}\,\mathrm{d}\boldsymbol{x} = \int_{[-R,R]^n} \frac{\partial f_i}{\partial x_i}\,\mathrm{d}\boldsymbol{x} = \int_{[-R,R]^{n-1}} f_i\Big|_{x_i=-R}^{x_i=R}\,\mathrm{d}x_1 \cdots \widehat{\mathrm{d}x_i} \cdots \mathrm{d}x_n = 0.$$

由此可见 (18.1.1) 式左右两边都等于零.

(2) $\operatorname{supp}\boldsymbol{X}$ 包含于某个 U_k. 根据 (18.1.1) 式在 $\mathbb{R}^n$ 的平移和旋转变换下的形式不变性, 不妨设 $U_k = D$, 其中 D 如定义 18.1.1 所述. 当 $x_n \geqslant h$ 时我们规定 $\boldsymbol{X}(\boldsymbol{x}) = \mathbf{0}$, 其中 $\boldsymbol{x} = (\boldsymbol{x}', x_n)$, $\boldsymbol{x}' = (x_1, x_2, \cdots, x_{n-1})$.

当 $1 \leqslant i \leqslant n-1$ 时, 由重积分化累次积分可得

$$\begin{aligned}
\int_\Omega \frac{\partial f_i}{\partial x_i}\,\mathrm{d}\boldsymbol{x} &= \int_D \frac{\partial f_i}{\partial x_i}\,\mathrm{d}\boldsymbol{x} = \int_{[-R,R]^{n-1}} \int_{\phi(\boldsymbol{x}')}^{h} \frac{\partial f_i}{\partial x_i}\,\mathrm{d}\boldsymbol{x} \\
&= \int_{[-R,R]^{n-1}} \int_0^{h-\phi(\boldsymbol{x}')} \frac{\partial f_i}{\partial x_i}(\boldsymbol{x}', y + \phi(\boldsymbol{x}'))\,\mathrm{d}\boldsymbol{x}'\mathrm{d}y \\
&= \int_{[-R,R]^{n-1}} \int_0^{2h} \frac{\partial f_i}{\partial x_i}(\boldsymbol{x}', y + \phi(\boldsymbol{x}'))\,\mathrm{d}\boldsymbol{x}'\mathrm{d}y \\
&= \int_{[-R,R]^{n-1}} \int_0^{2h} [f_i(\boldsymbol{x}', y + \phi(\boldsymbol{x}'))]_{x_i}\,\mathrm{d}\boldsymbol{x}'\mathrm{d}y - \\
&\quad \int_{[-R,R]^{n-1}} \int_0^{2h} [f_i(\boldsymbol{x}', y + \phi(\boldsymbol{x}'))]_y \phi_{x_i}\,\mathrm{d}\boldsymbol{x}'\mathrm{d}y \\
&= \int_{[-R,R]^{n-2}} \int_0^{2h} [f_i(\boldsymbol{x}', y + \phi(\boldsymbol{x}'))]\Big|_{x_i=-R}^{x_i=R}\,\mathrm{d}x_1 \cdots \widehat{\mathrm{d}x_i} \cdots \mathrm{d}x_{n-1}\mathrm{d}y - \\
&\quad \int_{[-R,R]^{n-1}} [f_i(\boldsymbol{x}', y + \phi(\boldsymbol{x}'))]\Big|_{y=0}^{y=2h} \phi_{x_i}\,\mathrm{d}\boldsymbol{x}' \\
&= \int_{[-R,R]^{n-1}} f_i(\boldsymbol{x}', \phi(\boldsymbol{x}'))\phi_{x_i}\,\mathrm{d}\boldsymbol{x}'.
\end{aligned}$$

同理可得

$$\int_\Omega \frac{\partial f_n}{\partial x_n}\,\mathrm{d}x = -\int_{[-R,R]^{n-1}} f_n(\boldsymbol{x}', \phi(\boldsymbol{x}'))\,\mathrm{d}\boldsymbol{x}'.$$

由上述计算可得

$$\begin{aligned}
\int_\Omega \operatorname{div}(\boldsymbol{X})\,\mathrm{d}\boldsymbol{x} &= \int_{[-R,R]^{n-1}} \boldsymbol{X}(\boldsymbol{x}', \phi(\boldsymbol{x}')) \cdot (\nabla\phi(\boldsymbol{x}'), -1)\,\mathrm{d}\boldsymbol{x}' \\
&= \int_{[-R,R]^{n-1}} \boldsymbol{X}(\boldsymbol{x}', \phi(\boldsymbol{x}')) \cdot \boldsymbol{n}\sqrt{1 + |\nabla\phi(\boldsymbol{x}')|^2}\,\mathrm{d}\boldsymbol{x}' \\
&= \int_{\mathrm{graph}(\phi)} \boldsymbol{X} \cdot \boldsymbol{n}\,\mathrm{d}\sigma = \int_{\partial\Omega} \boldsymbol{X} \cdot \boldsymbol{n}\,\mathrm{d}\sigma,
\end{aligned}$$

定理证毕. □

散度定理在平面上可以改写为所谓的 Green 公式. 考虑平面 $\mathbb{R}^2$ 上具有 C^1 边界的有界开集 Ω. $\mathbb{R}^2$ 上的标准定向限制在 Ω 上就得到 Ω 的定向. Ω 的边界 $\partial\Omega$ 有所谓的**诱导定向**. 这个诱导定向定义如下: 设 $(x(t), y(t))$ 为 $\partial\Omega$ 的一段参数曲线, 则 $(x'(t), y'(t))$ 为切向量, $(y'(t), -x'(t))$ 为法向量. 如果 $(y'(t), -x'(t))$ 为相对于区域 Ω 的外法向量, 则参数 t 决定的边界方向称为诱导定向, 也称为正向. 直观上看, 从外法向到切向的旋转方向是逆时针的, 这种确定边界定向的方法又称为"右手法则"(图 18.1(a)).

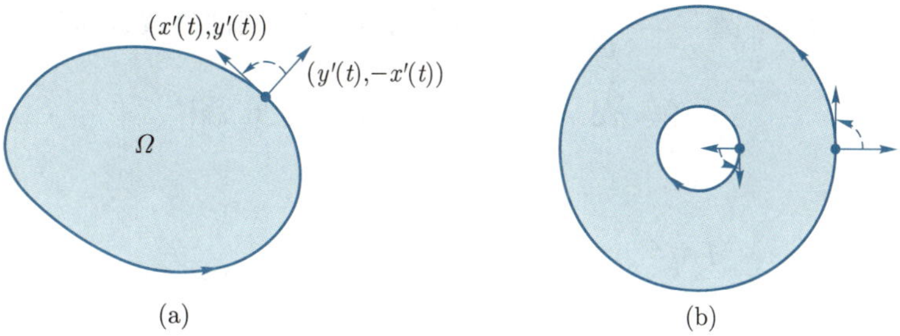

图 18.1 诱导定向

例 18.1.1 环形区域边界上正向.

如图 18.1(b) 所示, 设 $b > a > 0$, 平面区域 $\{a^2 \leqslant x^2 + y^2 \leqslant b^2\}$ 是半径为 b 的大圆盘中挖去一个半径为 a 的小圆盘形成的环形区域. 它的边界由圆周 $\{x^2 + y^2 = b^2\}$ 和 $\{x^2 + y^2 = a^2\}$ 组成. 按照诱导定向的定义, 在大圆 $\{x^2 + y^2 = b^2\}$ 上, 方向是逆时针的; 而在小圆 $\{x^2 + y^2 = a^2\}$ 上, 方向应是顺时针的. □

下面的结果将二重积分和第二型曲线积分联系起来了, 它常称为 Green 公式.

定理 18.1.4 (Green 公式) 设 Ω 为平面上具有 C^1 边界的有界开集, 边界的定向为诱导定向. 如果 P, Q 为 $\bar{\Omega}$ 上的 C^1 函数, 则

$$\int_{\Omega}\left(\frac{\partial Q}{\partial x} - \frac{\partial P}{\partial y}\right) \mathrm{d}x\,\mathrm{d}y = \int_{\partial\Omega} P\,\mathrm{d}x + Q\,\mathrm{d}y.$$

证明 取 $\boldsymbol{X} = (Q, -P)$, 则 $\operatorname{div}(\boldsymbol{X}) = \dfrac{\partial Q}{\partial x} - \dfrac{\partial P}{\partial y}$. 若在边界曲线上取弧长参数 s, 则单位外法向量可以表示 $\boldsymbol{n} = (y'(s), -x'(s))$, 此时

$$P\,\mathrm{d}x + Q\,\mathrm{d}y = [Px'(s) + Qy'(s)]\,\mathrm{d}s = \boldsymbol{X} \cdot \boldsymbol{n}\,\mathrm{d}s,$$

这样散度定理就可以改写成 Green 公式. □

注 18.1.1 Green 公式对于那些类似于矩形区域的具有分段 C^1 边界的区域仍成立.

例 18.1.2 平面简单闭曲线所围区域的面积.

设 $\gamma(t)=(x(t),y(t))$ $(t\in[\alpha,\beta])$ 为 $\mathbb{R}^2$ 上分段 C^1 的简单闭曲线, 它围成的区域记为 Ω. 在 Green 公式中取 $P(x,y)=-y$, $Q(x,y)=x$, 可得如下面积公式:

$$\begin{aligned}\nu(\Omega)&=\frac{1}{2}\int_{\Omega}\left(\frac{\partial Q}{\partial x}-\frac{\partial P}{\partial y}\right)\mathrm{d}x\,\mathrm{d}y=\frac{1}{2}\int_{\partial\Omega}P\,\mathrm{d}x+Q\,\mathrm{d}y\\&=\frac{1}{2}\int_{\alpha}^{\beta}[x(t)y'(t)-x'(t)y(t)]\,\mathrm{d}t,\end{aligned}$$

其中, 参数 t 选取的方向是逆时针的. □

作为例子, 考虑椭圆 $\frac{x^2}{a^2}+\frac{y^2}{b^2}=1$ 所围成的面积. 椭圆的参数方程为

$$x(t)=a\cos t,\ y(t)=b\sin t,\quad t\in[0,2\pi],$$

于是其面积为

$$\nu=\frac{1}{2}\int_0^{2\pi}(a\cos t\,b\cos t+a\sin t\,b\sin t)\,\mathrm{d}t=\pi ab.$$

例 18.1.3 计算积分 $I=\int_C x^2y\,\mathrm{d}x-xy^2\,\mathrm{d}y$, 其中 C 是上半圆 $x^2+y^2=a^2$, $y\geqslant 0$, 取逆时针方向 (图 18.2).

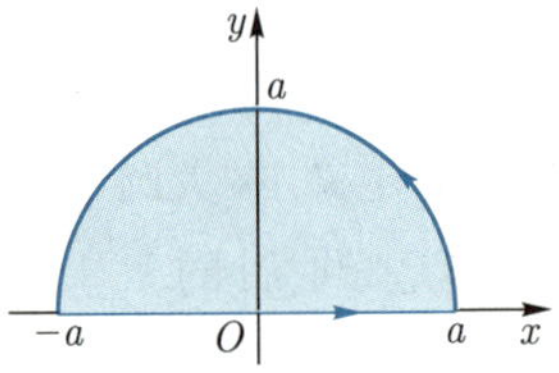

图 18.2 上半圆

解 考虑上半圆的边界, 它由 C 以及 $(x,0)$ $(x\in[-a,a])$ 组成, 在上半圆区域上用 Green 公式, 得

$$I=\int_{\{x^2+y^2\leqslant a^2,\ y\geqslant 0\}}(-x^2-y^2)\,\mathrm{d}x\,\mathrm{d}y=-\int_0^{\pi}\mathrm{d}\theta\int_0^a r^3\,\mathrm{d}r=-\frac{\pi}{4}a^4.$$ □

例 18.1.4 设 Ω 为包含原点的平面有界区域, 其边界为 C^1 曲线, 取逆时针方向 (图 18.3). 计算积分

$$I=\int_{\partial\Omega}\frac{-y\,\mathrm{d}x}{x^2+y^2}+\frac{x\,\mathrm{d}y}{x^2+y^2}.$$

解 取中心为原点的小圆 $x^2+y^2=\varepsilon^2$, 使得 $B_\varepsilon(\mathbf{0})\subset\Omega$. 小圆上的定向规定为逆时针方向 (从而与诱导定向相反), 其参数表示为 $x=\varepsilon\cos\theta$, $y=\varepsilon\sin\theta$. 注意到

$$\frac{\partial}{\partial x}\left(\frac{x}{x^2+y^2}\right)+\frac{\partial}{\partial y}\left(\frac{y}{x^2+y^2}\right)=0.$$

在区域 $\Omega \setminus B_\varepsilon(\mathbf{0})$ 中利用 Green 公式可得

$$\begin{aligned}
0 &= \int_{\Omega \setminus B_\varepsilon(\mathbf{0})} \left[\frac{\partial}{\partial x}\left(\frac{x}{x^2+y^2}\right) + \frac{\partial}{\partial y}\left(\frac{y}{x^2+y^2}\right)\right] \mathrm{d}x\,\mathrm{d}y \\
&= I - \int_{\{x^2+y^2=\varepsilon^2\}} \left(\frac{-y\,\mathrm{d}x}{x^2+y^2} + \frac{x\,\mathrm{d}y}{x^2+y^2}\right) \\
&= I - \int_0^{2\pi} \mathrm{d}\theta = I - 2\pi.
\end{aligned}$$

这说明 $I = 2\pi$. □

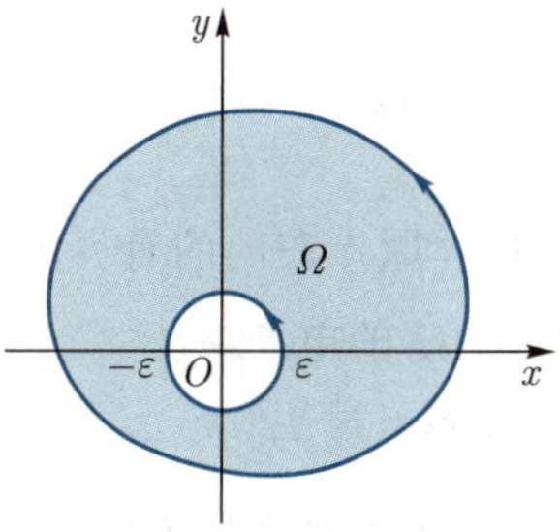

图 18.3 有界区域

在三维空间中, 散度定理可以改写为所谓的 Gauss 公式. 设 Ω 为 $\mathbb{R}^3$ 中具有 C^1 边界的有界开集, 边界的定向取为诱导定向, 即外侧方向. 如下 Gauss 公式将三重积分与第二型曲面积分联系起来了.

定理 18.1.5 (Gauss 公式) 设 Ω 为 $\mathbb{R}^3$ 中具有 C^1 边界的有界开集, 其边界的定向取为诱导定向. 如果 P, Q, R 为 $\bar{\Omega}$ 上的 C^1 函数, 则

$$\int_\Omega \left(\frac{\partial P}{\partial x} + \frac{\partial Q}{\partial y} + \frac{\partial R}{\partial z}\right) \mathrm{d}x\,\mathrm{d}y\,\mathrm{d}z = \int_{\partial\Omega} P\,\mathrm{d}y \wedge \mathrm{d}z + Q\,\mathrm{d}z \wedge \mathrm{d}x + R\,\mathrm{d}x \wedge \mathrm{d}y.$$

证明 在散度定理中取 $\boldsymbol{X} = (P, Q, R)$ 即可. □

例 18.1.5 曲面所围区域的体积.

设有界区域 Ω 具有 C^1 边界, 在 Gauss 公式中取 $P = x$, $Q = y$, $R = z$ 就得到了如下体积公式

$$\nu(\Omega) = \frac{1}{3}\int_{\partial\Omega} x\,\mathrm{d}y \wedge \mathrm{d}z + y\,\mathrm{d}z \wedge \mathrm{d}x + z\,\mathrm{d}x \wedge \mathrm{d}y.$$ □

例 18.1.6 在 $\mathbb{R}^3$ 上, 记 $r = \sqrt{x^2+y^2+z^2}$, 计算积分

$$I = \int_{\partial\Omega} \frac{x}{r^3}\mathrm{d}y \wedge \mathrm{d}z + \frac{y}{r^3}\mathrm{d}z \wedge \mathrm{d}x + \frac{z}{r^3}\mathrm{d}x \wedge \mathrm{d}y,$$

其中 Ω 是包含原点在内的有界区域, 其边界取外侧方向.

解 记 $P=x/r^3$, $Q=y/r^3$, $R=z/r^3$, 则易验证

$$\frac{\partial P}{\partial x}+\frac{\partial Q}{\partial y}+\frac{\partial R}{\partial z}=0.$$

取以原点为中心的且完全包含于 Ω 的小球 $B_\varepsilon=\{x^2+y^2+z^2\leqslant\varepsilon^2\}$, 小球面的定向取相对于小球体的外侧方向. 分别在 $\Omega\setminus B_\varepsilon$ 和 B_ε 中应用 Gauss 公式可得

$$\begin{aligned}I&=\int_{\partial B_\varepsilon}\frac{x}{r^3}\,\mathrm{d}y\wedge\mathrm{d}z+\frac{y}{r^3}\,\mathrm{d}z\wedge\mathrm{d}x+\frac{z}{r^3}\,\mathrm{d}x\wedge\mathrm{d}y\\&=\varepsilon^{-3}\int_{\partial B_\varepsilon}x\,\mathrm{d}y\wedge\mathrm{d}z+y\,\mathrm{d}z\wedge\mathrm{d}x+z\,\mathrm{d}x\wedge\mathrm{d}y\\&=\varepsilon^{-3}3\nu(B_\varepsilon)=4\pi.\end{aligned}$$

□

例 18.1.7 设 Ω 是 $\mathbb{R}^3$ 上包含原点在内的有界区域, 其边界取外侧方向. 在原点处有电荷 q, 求它生成的电场通过 $\partial\Omega$ 的电通量.

解 由库仑定律, 电荷所生成的电场为 $\boldsymbol{F}=\kappa\dfrac{q}{r^3}\boldsymbol{r}$, 其中 $\boldsymbol{r}=(x,y,z)$, $r=\sqrt{x^2+y^2+z^2}$. 计算表明, $\mathrm{div}(\boldsymbol{F})$ 在原点之外为零. 于是, 当 $\varepsilon>0$ 且充分小时, 在 $\Omega\setminus B_\varepsilon(\mathbf{0})$ 中应用散度定理可得

$$0=\int_{\Omega\setminus B_\varepsilon(\mathbf{0})}\mathrm{div}(\boldsymbol{F})\,\mathrm{d}x\,\mathrm{d}y\,\mathrm{d}z=\int_{\partial\Omega}\boldsymbol{F}\cdot\boldsymbol{n}\,\mathrm{d}\sigma-\int_{\partial B_\varepsilon(\mathbf{0})}\boldsymbol{F}\cdot\boldsymbol{n}\,\mathrm{d}\sigma,$$

注意到在球面上, $\boldsymbol{n}=\dfrac{\boldsymbol{r}}{r}$, 于是电场 $\boldsymbol{F}$ 通过曲面 $\partial\Omega$ 的电通量为

$$\int_{\partial\Omega}\boldsymbol{F}\cdot\boldsymbol{n}\,\mathrm{d}\sigma=\int_{\partial B_{\varepsilon(\mathbf{0})}}\kappa\frac{q}{\varepsilon^2}\,\mathrm{d}\sigma=4\kappa\pi q.$$

□

18.1.2 Stokes 公式

设 Σ 为 $\mathbb{R}^3$ 中的 C^2 有向曲面, 其边界 $\partial\Sigma$ 由有限条分段 C^1 的简单闭曲线所组成. 我们用 "右手法则" 在边界上定义诱导定向如下: 边界在曲面上的外法向量与边界的切向量的外积得到的曲面法向量与决定曲面方向的法向量同向. 即如果用右手从曲线外法向到切向作旋转, 则大拇指所指方向为曲面的正法向 (图 18.4).

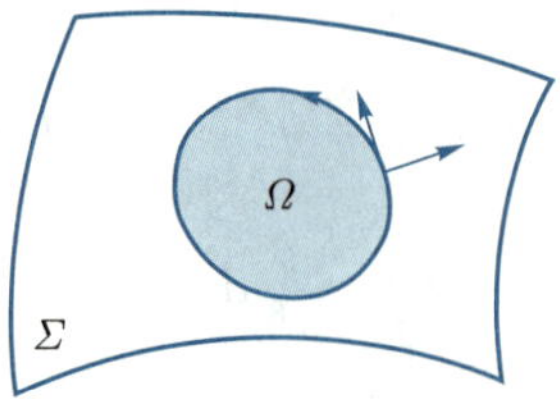

图 18.4 曲面区域

下面的 Stokes 公式将第二型曲面积分与第二型曲线积分联系起来了, 它是平面区域上 Green 公式的推广.

定理 18.1.6 (Stokes 公式) *设 Σ 为定向曲面, 其边界取诱导定向. 如果 P, Q, R 为 $\bar{\Sigma}$ 上的 C^1 函数, 则*

$$\int_{\Sigma}\left(\frac{\partial R}{\partial y}-\frac{\partial Q}{\partial z}\right)\mathrm{d}y\wedge\mathrm{d}z+\left(\frac{\partial P}{\partial z}-\frac{\partial R}{\partial x}\right)\mathrm{d}z\wedge\mathrm{d}x+\left(\frac{\partial Q}{\partial x}-\frac{\partial P}{\partial y}\right)\mathrm{d}x\wedge\mathrm{d}y$$
$$=\int_{\partial\Sigma}P\,\mathrm{d}x+Q\,\mathrm{d}y+R\,\mathrm{d}z.$$

我们只讨论一个特殊情形: 假定 $r(u,v)$ 是有向曲面 Σ 的参数表示, 其中 $(u,v)\in D\subseteq\mathbb{R}^2$. 我们来讨论在参数表示下 Stokes 公式中的两个积分如何变化. 为了方便起见, Stokes 公式的左右两边分别记为 I, II.

记 $r(u,v)=\big(x(u,v),y(u,v),z(u,v)\big)$, 则

$$\mathrm{II}=\int_{\partial D}S\,\mathrm{d}u+T\,\mathrm{d}v,$$

其中 $S=Px_u+Qy_u+Rz_u$, $T=Px_v+Qy_v+Rz_v$. 由 Green 公式可得

$$\mathrm{II}=\iint_D(T_u-S_v)\,\mathrm{d}u\,\mathrm{d}v.$$

计算表明

$$T_u-S_v=(P_ux_v-P_vx_u)+(Q_uy_v-Q_vy_u)+(R_uz_v-R_vz_u).$$

根据复合求导的链式法则, 有

$$P_u=P_xx_u+P_yy_u+P_zz_u,\quad P_v=P_xx_v+P_yy_v+P_zz_v,$$

关于 Q, R 有完全类似的等式, 将它们代入前式可得

$$T_u-S_v=P_y(y_ux_v-x_uy_v)+P_z(z_ux_v-x_uz_v)+Q_x(x_uy_v-y_ux_v)+$$
$$Q_z(z_uy_v-y_uz_v)+R_x(x_uz_v-z_ux_v)+R_y(y_uz_v-z_uy_v),$$

或改写为

$$T_u-S_v=(R_y-Q_z)\frac{\partial(y,z)}{\partial(u,v)}+(P_z-R_x)\frac{\partial(z,x)}{\partial(u,v)}+(Q_x-P_y)\frac{\partial(x,y)}{\partial(u,v)}.$$

根据第二型曲面积分的定义可得

$$\mathrm{I}=\iint_D(T_u-S_v)\,\mathrm{d}u\,\mathrm{d}v.$$

这说明 $\mathrm{I}=\mathrm{II}$, 即 Stokes 公式成立.

例 18.1.8　计算积分 $I=\oint_C (x^2-y)\,\mathrm{d}x+(2x+y^2)\,\mathrm{d}y+z^2\,\mathrm{d}z$, 其中 $C=\{|x|+|y|=1,\ z=\arctan(x+y)\}$, 从 z 轴正向往 z 轴负向看, C 的方向是逆时针的.

解　如果取 C 的参数表示代入表达式进行计算可能会比较复杂. 这里使用一个小技巧: 把 C 视为曲面 $\Sigma=\{z=\arctan(x+y)\mid (x,y)\in D\}$ 的边界, 其中 $D=\{(x,y)\,\big|\,|x|+|y|\leqslant 1\}$, 然后利用 Stokes 公式: 取 $P=x^2-y$, $Q=2x+y^2$, $R=z^2$, 计算表明

$$R_y-Q_z=0,\quad P_z-R_x=0,\quad Q_x-P_y=3.$$

于是

$$I=\iint_\Sigma 3\,\mathrm{d}x\wedge\mathrm{d}y=\iint_D 3\,\mathrm{d}x\,\mathrm{d}y=3\nu(D)=6.$$ □

习题 18.1

1. 验证由 (18.1.2) 式定义的鼓包函数的确是 C^2 函数.

2. 能否将 C^2 的鼓包函数改造成 C^3 的鼓包函数? 请说明如何改造.

3. 设 $(a,b)\subset\mathbb{R}$, 考虑如下一元函数:

$$\rho(t)=\begin{cases}\mathrm{e}^{\frac{1}{(t-a)(b-t)}}, & t\in(a,b),\\ 0, & t\in(-\infty,a]\cup[b,+\infty),\end{cases}$$

验证 $\rho\in C^\infty(\mathbb{R})$.

4. 利用 Green 公式计算下列积分:

(1) $\int_C xy^2\,\mathrm{d}x-x^2y\,\mathrm{d}y$, C 为圆周 $x^2+y^2=a^2$, 取逆时针方向;

(2) $\int_C (x+y)\,\mathrm{d}x-(x-y)\,\mathrm{d}y$, C 为椭圆 $\dfrac{x^2}{a^2}+\dfrac{y^2}{b^2}=1$, 取逆时针方向;

(3) $\int_C (x^2+y)\,\mathrm{d}x-(x+y^2)\,\mathrm{d}y$, C 是从 $(1,1)$ 经过 $(3,2)$ 到 $(2,5)$ 再回到 $(1,1)$ 的三角形边界;

(4) $\int_C \mathrm{e}^x\sin y\,\mathrm{d}x+\mathrm{e}^x\cos y\,\mathrm{d}y$, C 是上半圆周 $x^2+y^2=ax\ (y\geqslant 0)$, 取逆时针方向.

5. 利用 Green 公式计算下列曲线所围成的面积 $(a>0)$:

(1) 抛物线 $(x+y)^2=ax$ 和 x 轴;

(2) 双纽线 $(x^2+y^2)^2=a^2(x^2-y^2)$;

(3) $x^3+y^3=3axy$.

6. 设 Ω 为 $\mathbb{R}^n$ 中具有 C^1 边界的有界开集, $\boldsymbol{v}$ 为任意一个固定的向量, 证明:

$$\int_{\partial\Omega}\boldsymbol{v}\cdot\boldsymbol{n}\,\mathrm{d}\sigma=0,$$

其中 $\boldsymbol{n}$ 为 $\partial\Omega$ 的单位外法向量.

7. 设 Ω 为 $\mathbb{R}^n$ 中具有 C^1 边界的有界开集, u,v 为 $\bar{\Omega}$ 上的 C^2 函数. 证明 Green 第一公式:

$$\int_\Omega v\Delta u\,\mathrm{d}x = \int_{\partial\Omega} v\frac{\partial u}{\partial \boldsymbol{n}}\,\mathrm{d}\sigma - \int_\Omega \nabla u\cdot\nabla v\,\mathrm{d}x,$$

其中 $\Delta u = \operatorname{tr}\nabla^2 u$, $\boldsymbol{n}$ 为边界 $\partial\Omega$ 上的单位外法向量.

8. 设 Ω 为 $\mathbb{R}^n$ 中具有 C^1 边界的有界开集, u,v 为 $\bar{\Omega}$ 上的 C^2 函数. 证明 Green 第二公式:

$$\int_\Omega (v\Delta u - u\Delta v)\,\mathrm{d}x = \int_{\partial\Omega}\left(v\frac{\partial u}{\partial \boldsymbol{n}} - u\frac{\partial v}{\partial \boldsymbol{n}}\right)\mathrm{d}\sigma,$$

其中 $\boldsymbol{n}$ 为边界 $\partial\Omega$ 上的单位外法向量.

9. 设 u 为闭圆盘 $D=\{x^2+y^2\leqslant 1\}$ 上的 C^2 函数, 且 $\Delta u(x,y)=\mathrm{e}^{-(x^2+y^2)}$, 证明:

$$\iint_D\left(x\frac{\partial u}{\partial x}+y\frac{\partial u}{\partial y}\right)\mathrm{d}x\mathrm{d}y=\frac{\pi}{2\mathrm{e}}.$$

10. 设 Ω 为 $\mathbb{R}^3$ 中具有 C^1 边界的有界开集, $(x_0,y_0,z_0)\notin\partial\Omega$. 证明:

$$\iiint_\Omega \frac{\mathrm{d}x\,\mathrm{d}y\,\mathrm{d}z}{r}=\frac{1}{2}\iint_{\partial\Omega}\frac{\boldsymbol{r}\cdot\mathrm{d}\vec{\sigma}}{r},$$

其中 $\boldsymbol{r}=(x-x_0,y-y_0,z-z_0)$, $r=\sqrt{(x-x_0)^2+(y-y_0)^2+(z-z_0)^2}$, 对下列两种情况进行讨论:

(1) $(x_0,y_0,z_0)\notin\Omega$;

(2) $(x_0,y_0,z_0)\in\Omega$，此时令

$$\iiint_\Omega \frac{\mathrm{d}x\,\mathrm{d}y\,\mathrm{d}z}{r}=\lim_{r\to 0^+}\iiint_{\Omega\setminus B_r}\frac{\mathrm{d}x\,\mathrm{d}y\,\mathrm{d}z}{r},$$

其中 B_r 是以 (x_0,y_0,z_0) 为中心，以 r 为半径的球.

11. 利用 Gauss 公式计算下列积分:

(1) $\displaystyle\int_\Sigma x^3\,\mathrm{d}y\wedge\mathrm{d}z+y^3\,\mathrm{d}z\wedge\mathrm{d}x+z^3\,\mathrm{d}x\wedge\mathrm{d}y$, Σ 为球面 $x^2+y^2+z^2=a^2$, 方向为外侧;

(2) $\displaystyle\int_\Sigma x^2\,\mathrm{d}y\wedge\mathrm{d}z+y^2\,\mathrm{d}z\wedge\mathrm{d}x+z^2\,\mathrm{d}x\wedge\mathrm{d}y$, Σ 为矩形区域 $[0,a]^3$ 的边界, 方向为外侧;

(3) $\displaystyle\int_\Sigma (x-y)\,\mathrm{d}y\wedge\mathrm{d}z+(y-z)\,\mathrm{d}z\wedge\mathrm{d}x+(z-x)\,\mathrm{d}x\wedge\mathrm{d}y$, Σ 为曲面 $z=x^2+y^2$ $(z\leqslant 1)$, 方向向下.

12. 计算下列曲面积分:

(1) 设 Σ 为 $\dfrac{x^2}{a^2}+\dfrac{y^2}{b^2}+\dfrac{z^2}{c^2}=1$ $(z\geqslant 0)$，方向为下侧,

$$\iint_\Sigma (x^2-y^2)\,\mathrm{d}y\wedge\mathrm{d}z+(y^2-z^2)\,\mathrm{d}z\wedge\mathrm{d}x+2z(y-x)\,\mathrm{d}x\wedge\mathrm{d}y;$$

(2) 设 Σ 是由平面 $x+y+z=1$，$x=0$，$y=0$ 和 $z=0$ 所围成的区域 Ω 的表面，方向为外侧，

$$\iint_{\Sigma}(x+\cos y)\,\mathrm{d}y\wedge\mathrm{d}z+(y+\cos z)\,\mathrm{d}z\wedge\mathrm{d}x+(z+\cos x)\,\mathrm{d}x\wedge\mathrm{d}y;$$

(3) 设 Σ 为 $\dfrac{x^2}{a^2}+\dfrac{y^2}{b^2}+\dfrac{z^2}{c^2}=1\ (x\geqslant 0)$，方向为后侧 (即法向量与 x 轴夹角大于或等于 $\dfrac{\pi}{2}$)，

$$\iint_{\Sigma}\left(\frac{x^3}{a^2}+yz\right)\mathrm{d}y\wedge\mathrm{d}z+\left(\frac{y^3}{b^2}+z^3x^2\right)\mathrm{d}z\wedge\mathrm{d}x+\left(\frac{z^3}{c}+x^3y^3\right)\mathrm{d}x\wedge\mathrm{d}y.$$

13. 利用 Stokes 公式计算下列积分:

(1) $\displaystyle\int_C y\,\mathrm{d}x+z\,\mathrm{d}y+x\,\mathrm{d}z$, C 是圆周 $x^2+y^2+z^2=a^2$, $x+y+z=0$, 从 x 轴看上去圆周的方向是逆时针的;

(2) $\displaystyle\int_C y^2\,\mathrm{d}x+z^2\,\mathrm{d}y+x^2\,\mathrm{d}z$, C 是圆周 $x^2+y^2+z^2=a^2$, $x+y+z=a$, 从 x 轴看上去圆周的方向是逆时针的;

(3) $\displaystyle\int_C (z-y)\,\mathrm{d}x+(x-z)\,\mathrm{d}y+(y-x)\,\mathrm{d}z$, C 是从 $(a,0,0)$ 经过 $(0,a,0)$ 到 $(0,0,a)$ 再回到 $(a,0,0)$ 的三角形边界;

14. 利用 Stokes 公式计算如下积分:

$$\oint_C (y^2+z^2)\,\mathrm{d}x+(z^2+x^2)\,\mathrm{d}y+(x^2+y^2)\,\mathrm{d}z,$$

其中 C 是曲面 $x^2+y^2+z^2=4x$ 与 $x^2+y^2=2x$ 的交线在 $z\geqslant 0$ 的部分, 方向规定为从原点进入第一卦限.

15. 利用 Stokes 公式求力场 $\boldsymbol{F}=(x+2y+4,4x-2y,3x+z)$ 沿椭圆

$$C:(3x+2y-5)^2+(x-y+1)^2=a^2\ (a>0),\quad z=4$$

所做的功, 其中从 z 轴正轴看去 C 为逆时针方向.

18.2　外代数和微分形式

在第二型曲线积分和第二型曲面积分中, 我们遇到了形如 $A\,\mathrm{d}x+B\,\mathrm{d}y$, $A\,\mathrm{d}y\,\mathrm{d}z+B\,\mathrm{d}z\,\mathrm{d}x+C\,\mathrm{d}x\,\mathrm{d}y$ 之类的表示式. 在微积分发展的早期, 这些表达式被视为 "出现在积分号下面的东西", 没有赋予它们实在的含义. 它们后来被称为微分形式, 满足特定的运算规则. 为了解释这些运算规则, 我们简要地介绍一下外代数的基本概念.

设 V 是实数域上的 n 维向量空间, 其对偶空间 V^* 定义为

$$V^* = \{\phi : V \to \mathbb{R} \mid \phi \text{ 为线性函数}\}.$$

显然, V^* 成为实数域上的向量空间, 其维数也等于 n. 在 V 中取一组基 $\{\boldsymbol{v}_i\}_{i=1}^n$, 定义 $\{\phi^j\}_{j=1}^n \subset V^*$ 为

$$\phi^j\left(\sum_{i=1}^n \lambda_i \boldsymbol{v}_i\right) = \lambda_j, \quad \text{其中 } \lambda_i \in \mathbb{R},\ i = 1, 2, \cdots, n.$$

容易验证 $\{\phi^j\}_{j=1}^n$ 是 V^* 的一组基, 称为 $\{\boldsymbol{v}_i\}_{i=1}^n$ 的对偶基. 当 $\boldsymbol{v} \in V$, $\phi \in V^*$ 时, 我们有

$$\boldsymbol{v} = \sum_{i=1}^n \phi^i(\boldsymbol{v})\boldsymbol{v}_i, \quad \phi = \sum_{j=1}^n \phi(\boldsymbol{v}_j)\phi^j. \tag{18.2.1}$$

设 $\phi, \psi \in V^*$, 在 V 上定义二次型 (双线性型) $\phi \otimes \psi$ 如下:

$$\phi \otimes \psi(\boldsymbol{v}, \boldsymbol{w}) = \phi(\boldsymbol{v})\psi(\boldsymbol{w}), \quad \forall\ \boldsymbol{v}, \boldsymbol{w} \in V.$$

利用上述记号, V 上的任意一个二次型 $\varPhi$ 都可以表示为

$$\varPhi = \sum_{i,j=1}^n \varPhi_{ij}\phi^i \otimes \phi^j, \tag{18.2.2}$$

其中 $\varPhi_{ij} = \varPhi(v_i, v_j)$. 内积是我们比较熟悉的二次型, 我们知道 $\varPhi$ 为 V 上的内积当且仅当 $\left(\varPhi_{ij}\right)_{n\times n}$ 为正定对称方阵. 另一类重要的二次型是反对称 (斜对称) 二次型. 若

$$\varPhi(\boldsymbol{w}, \boldsymbol{v}) = -\varPhi(\boldsymbol{v}, \boldsymbol{w}), \quad \forall\ \boldsymbol{v}, \boldsymbol{w} \in V,$$

则称 $\varPhi$ 是反对称的. 此时

$$\varPhi_{ji} = -\varPhi_{ij}, \quad \forall\ i, j \in \{1, 2, \cdots, n\}.$$

特别地, $\varPhi_{ii} = 0, \forall\ i \in \{1, 2, \cdots, n\}$. 于是 $\varPhi$ 可以表示为

$$\varPhi = \sum_{1\leqslant i<j\leqslant n} \varPhi_{ij}\phi^i \wedge \phi^j, \tag{18.2.3}$$

其中

$$\phi^i \wedge \phi^j = \phi^i \otimes \phi^j - \phi^j \otimes \phi^i.$$

V 上反对称二次型的全体构成了一个向量空间, 记为 $\wedge^2 V^*$, 其维数为 C_n^2.

一般地, 若 $2 \leqslant q \leqslant n$, 考虑 V 上的 q 次型, 它们是定义在乘积空间 $V \times \cdots \times V$(q 个 V 的乘积) 上的函数且关于每一个分量都满足线性性. 例如, 当 $\{\psi^i\}_{i=1}^q \subset V^*$ 时, 定义 q 次型 $\psi^1 \otimes \cdots \otimes \psi^q$ 如下:

$$\psi^1 \otimes \cdots \otimes \psi^q(\boldsymbol{w}_1, \cdots, \boldsymbol{w}_q) = \psi^1(\boldsymbol{w}_1) \cdots \psi^q(\boldsymbol{w}_q), \quad \forall\, \boldsymbol{w}_1, \cdots, \boldsymbol{w}_q \in V.$$

若 Θ 为 V 上的 q 次型, 则它可以表示为

$$\Theta = \sum_{i_1,\cdots,i_q=1}^{n} \Theta_{i_1\cdots i_q} \phi^{i_1} \otimes \cdots \otimes \phi^{i_q}, \tag{18.2.4}$$

其中

$$\Theta_{i_1\cdots i_q} = \Theta(\boldsymbol{v}_{i_1}, \cdots, \boldsymbol{v}_{i_q}).$$

若 Θ 满足反对称性, 即

$$\Theta(\cdots, \boldsymbol{w}, \cdots, \boldsymbol{v}, \cdots) = -\Theta(\cdots, \boldsymbol{v}, \cdots, \boldsymbol{w}, \cdots), \quad \forall\, \boldsymbol{v}, \boldsymbol{w} \in V,$$

则只有 $\{i_1, \cdots, i_q\}$ 互不相同时, $\Theta_{i_1\cdots i_q}$ 才可能不为零, 且当 τ 为 $\{1, 2, \cdots, q\}$ 的置换时, 有

$$\Theta_{i_{\tau(1)}\cdots i_{\tau(q)}} = (-1)^\tau \Theta_{i_1\cdots i_q},$$

其中当 τ 为偶置换时 $(-1)^\tau = 1$; 当 τ 为奇置换时 $(-1)^\tau = -1$. 于是 Θ 可以表示为

$$\Theta = \sum_{i_1<\cdots<i_q} \Theta_{i_1\cdots i_q} \phi^{i_1} \wedge \cdots \wedge \phi^{i_q}, \tag{18.2.5}$$

其中

$$\phi^{i_1} \wedge \cdots \wedge \phi^{i_q} = \sum_{\tau \in S_q} (-1)^\tau \phi^{i_{\tau(1)}} \otimes \cdots \otimes \phi^{i_{\tau(q)}}, \quad \forall\, i_1, \cdots, i_q. \tag{18.2.6}$$

这里 S_q 表示 $\{1, 2, \cdots, q\}$ 的置换群.

V 上具有反对称性的 q 次型的全体构成了一个向量空间, 记为 $\wedge^q V^*$, 其维数为 C_n^q. 为了方便起见, 记 $\wedge^0 V^* = \mathbb{R}$, $\wedge^1 V^* = V^*$. 记 $\wedge^* V^* = \oplus_{q=0}^n \wedge^q V^*$, 这是一个维数为 2^n 的向量空间, 它上面还有一个外乘法运算 $\wedge$: 若 $\Theta^1 \in \wedge^p V^*$, $\Theta^2 \in \wedge^q V^*$, 则定义 $\Theta^1 \wedge \Theta^2 \in \wedge^{p+q} V^*$ 为

$$\Theta^1 \wedge \Theta^2 = \sum_{i_1<\cdots<i_p} \sum_{j_1<\cdots<j_q} \Theta^1_{i_1\cdots i_p} \Theta^2_{j_1\cdots j_q} \phi^{i_1} \wedge \cdots \wedge \phi^{i_p} \wedge \phi^{j_1} \wedge \cdots \wedge \phi^{j_q}. \tag{18.2.7}$$

从上式可以看出

$$\Theta^1 \wedge \Theta^2 = (-1)^{pq} \Theta^2 \wedge \Theta^1, \tag{18.2.8}$$

这说明外乘法运算一般不满足交换律. 不过, 外乘法运算满足结合律:

$$(\Theta^1 \wedge \Theta^2) \wedge \Theta^3 = \Theta^1 \wedge (\Theta^2 \wedge \Theta^3),$$

因此在进行多次外乘法运算时一般省略括号. 当 $\{\psi^i\}_{i=1}^q \subset V^*$, $\{w_i\}_{i=1}^q \subset V$ 时, 我们有如下计算公式:

$$(\psi^1 \wedge \cdots \wedge \psi^q)(\boldsymbol{w}_1, \cdots, \boldsymbol{w}_q) = \det\left(\psi^i(\boldsymbol{w}_j)\right)_{q\times q}. \tag{18.2.9}$$

$\wedge^* V^*$ 连同外乘法运算构成了一个代数, 称为 V 上的外代数. 外代数是 Grassmann① 在 1844 年所发明的, 不过在之后相当长的一段时间内被忽视了, 很久以后人们才发现它在数学和物理中都有重要的应用.

下面我们将向量空间 V 取为欧氏空间 $\mathbb{R}^n$. 首先有

命题 18.2.1 取 $V = \mathbb{R}^n$, 则 $V^* = \mathrm{span}\{\mathrm{d}x_j(\boldsymbol{p})\}_{j=1}^n$, 其中 x_j 是 $\mathbb{R}^n$ 上的第 j 个坐标函数, $\boldsymbol{p}$ 是 $\mathbb{R}^n$ 上任意一点.

证明 我们来说明 $\{\mathrm{d}x_j(\boldsymbol{p})\}_{j=1}^n$ 是标准正交基 $\{\boldsymbol{e}_i\}_{i=1}^n$ 的对偶基. 首先我们回顾, 当 f 是 $\mathbb{R}^n$ 上在 $\boldsymbol{p}$ 处可微的函数时, 它在 $\boldsymbol{p}$ 处的梯度 $\nabla f(\boldsymbol{p})$ 定义为

$$\nabla f(\boldsymbol{p}) = \left(\frac{\partial f}{\partial x_1}(\boldsymbol{p}), \cdots, \frac{\partial f}{\partial x_n}(\boldsymbol{p})\right).$$

此时, f 在 $\boldsymbol{p}$ 处的微分 $\mathrm{d}f(\boldsymbol{p})$ 可以用梯度表示为

$$\mathrm{d}f(\boldsymbol{p}) : \mathbb{R}^n \to \mathbb{R}, \quad \boldsymbol{u} \mapsto \nabla f(\boldsymbol{p}) \cdot \boldsymbol{u}.$$

注意 $\nabla x_j \equiv \boldsymbol{e}_j$, 上式表明

$$\mathrm{d}x_j(\boldsymbol{p})(\boldsymbol{e}_i) = \boldsymbol{e}_j \cdot \boldsymbol{e}_i = \delta_{ji} = \begin{cases} 1, & i = j, \\ 0, & i \neq j, \end{cases}$$

这说明 $\{\mathrm{d}x_j(\boldsymbol{p})\}_{j=1}^n$ 的确是标准正交基 $\{\boldsymbol{e}_i\}_{i=1}^n$ 的对偶基. □

注 18.2.1 从上述证明可以看出 $\mathrm{d}x_j(\boldsymbol{p})$ 与 $\boldsymbol{p}$ 无关, 下面我们将 $\mathrm{d}x_j(\boldsymbol{p})$ 简记为 $\mathrm{d}x_j$.

由上述讨论可知

$$\wedge^*(\mathbb{R}^n)^* = \mathrm{span}\{1, \mathrm{d}x_{i_1} \wedge \cdots \wedge \mathrm{d}x_{i_q} \mid 1 \leqslant i_1 < \cdots < i_q \leqslant n,\ 1 \leqslant q \leqslant n\}.$$

为了方便起见, 记 $\mathrm{d}x_I = \mathrm{d}x_{i_1} \wedge \cdots \wedge \mathrm{d}x_{i_q}$, 其中 $I = \{i_1, \cdots, i_q\}$, $i_1 < \cdots < i_q$. 当 $I = \varnothing$ 时规定 $\mathrm{d}x_I = 1$. 设 $D \subseteq \mathbb{R}^n$, 从 D 到 $\wedge^q(\mathbb{R}^n)^*$ 的映射称为 D 上的 q–**形式**或 q **次微分形式**. 显然, 0–形式就是 D 上的函数.

① Grassmann, Hermann Günther, 1809 年 4 月 15 日—1877 年 9 月 26 日, 德国数学家.

例 18.2.1　可微函数的全微分.

设 f 为 D 上的可微函数, 其全微分 $\mathrm{d}f$ 定义为

$$\mathrm{d}f : U \to \left(\mathbb{R}^n\right)^*, \quad \boldsymbol{p} \mapsto \mathrm{d}f(\boldsymbol{p}),$$

这说明 $\mathrm{d}f$ 是 D 上的 1–形式. 由 (18.2.1) 式可知

$$\mathrm{d}f(\boldsymbol{p}) = \sum_{j=1}^{n} \mathrm{d}f(\boldsymbol{p})(\boldsymbol{e}_j)\,\mathrm{d}x_j = \sum_{j=1}^{n} \nabla f(\boldsymbol{p}) \cdot \boldsymbol{e}_j\,\mathrm{d}x_j = \sum_{j=1}^{n} \frac{\partial f}{\partial x_j}(\boldsymbol{p})\,\mathrm{d}x_j,$$

即 $\mathrm{d}f$ 可以表示为

$$\mathrm{d}f = \sum_{j=1}^{n} \frac{\partial f}{\partial x_j}\,\mathrm{d}x_j.$$

□

一般地, 设 ω 为 q–形式, 当 $I = \{i_1, \cdots, i_q\}$ 时, 记

$$\omega_I = \omega(\boldsymbol{e}_{i_1}, \cdots, \boldsymbol{e}_{i_q}),$$

则 ω 可以表示为

$$\omega = \sum_I \omega_I\,\mathrm{d}x_I = \sum_{i_1 < \cdots < i_q} \omega_{i_1 \cdots i_q} \mathrm{d}x_{i_1} \wedge \cdots \wedge \mathrm{d}x_{i_q}, \tag{18.2.10}$$

当 ω_I 均为 C^k 函数时, 称 ω 为 C^k 的 q–形式.

设 ω, η 为 q–形式, 它们逐点相加的和 $\omega + \eta$ 也是 q–形式. 类似地, 设 f, g 为函数, 则 $f\omega + g\eta$ 为 q–形式, 它在 x 处的值为 $f(x)\omega(x) + g(x)\eta(x)$.

设 ω, η 分别为 p–形式和 q–形式, 它们可以表示为

$$\omega = \sum_I \omega_I\,\mathrm{d}x_I, \quad \eta = \sum_J \eta_J\,\mathrm{d}x_J.$$

令

$$\omega \wedge \eta = \sum_I \sum_J \omega_I \eta_J\,\mathrm{d}x_I \wedge \mathrm{d}x_J,$$

则 $\omega \wedge \eta$ 为 $(p+q)$–形式. 下列性质可以直接验证:

- 设 ω_1, ω_2 为 p–形式, η 为 q–形式, f_1, f_2 为函数, 则

$$(f_1\omega_1 + f_2\omega_2) \wedge \eta = f_1(\omega_1 \wedge \eta) + f_2(\omega_2 \wedge \eta).$$

- 设 ω, η 分别为 p–形式和 q–形式, 则

$$\omega \wedge \eta = (-1)^{pq} \eta \wedge \omega.$$

- 设 ω, η, ζ 分别为 p–形式, q–形式和 r–形式, 则

$$(\omega \wedge \eta) \wedge \zeta = \omega \wedge (\eta \wedge \zeta),$$

因此, 上式中的括号通常可以省略.

例 18.2.2 体积形式和坐标变换.

在 $\mathbb{R}^n$ 上, 记 $\mathrm{d}\boldsymbol{x} = \mathrm{d}x_1 \wedge \cdots \wedge \mathrm{d}x_n$. $\mathrm{d}\boldsymbol{x}$ 为 n–形式, 称为 $\mathbb{R}^n$ 的**体积形式**. 设 $D \subseteq \mathbb{R}^n$ 为开集, $\boldsymbol{\varphi} : D \to \mathbb{R}^n$ 为可微映射, 它的第 i 个分量记为 φ_i. 我们有

$$\begin{aligned}
\mathrm{d}\varphi_1 \wedge \cdots \wedge \mathrm{d}\varphi_n &= \left(\sum_{j=1}^{n} \frac{\partial \varphi_1}{\partial x_j} \mathrm{d}x_j \right) \wedge \cdots \wedge \left(\sum_{j=1}^{n} \frac{\partial \varphi_n}{\partial x_j} \mathrm{d}x_j \right) \\
&= \sum_{1 \leqslant j_1, \cdots, j_n \leqslant n} \frac{\partial \varphi_1}{\partial x_{j_1}} \cdots \frac{\partial \varphi_n}{\partial x_{j_n}} \mathrm{d}x_{j_1} \wedge \cdots \wedge \mathrm{d}x_{j_n}.
\end{aligned}$$

注意到只有 $j_1, \cdots, j_n$ 互不相同时 $\mathrm{d}x_{j_1} \wedge \cdots \wedge \mathrm{d}x_{j_n}$ 才不等于零. 若用 S_n 表示 $\{1, 2, \cdots, n\}$ 的置换群, 则

$$\begin{aligned}
\mathrm{d}\varphi_1 \wedge \cdots \wedge \mathrm{d}\varphi_n &= \sum_{\tau \in S_n} \frac{\partial \varphi_1}{\partial x_{\tau(1)}} \cdots \frac{\partial \varphi_n}{\partial x_{\tau(n)}} \mathrm{d}x_{\tau(1)} \wedge \cdots \wedge \mathrm{d}x_{\tau(n)} \\
&= \sum_{\tau \in S_n} (-1)^{\tau} \frac{\partial \varphi_1}{\partial x_{\tau(1)}} \cdots \frac{\partial \varphi_n}{\partial x_{\tau(n)}} \mathrm{d}x_1 \wedge \cdots \wedge \mathrm{d}x_n \\
&= \frac{\partial(\varphi_1, \cdots, \varphi_n)}{\partial(x_1, \cdots, x_n)} \mathrm{d}x_1 \wedge \cdots \wedge \mathrm{d}x_n.
\end{aligned}$$

上式和重积分的变量替换公式很像, 区别在于这里的 Jacobi 行列式没有绝对值. □

设 $U \subseteq \mathbb{R}^n$, ω 是 U 上的 n–形式, 它可以表示为

$$\omega = f(\boldsymbol{x})\, \mathrm{d}x_1 \wedge \cdots \wedge \mathrm{d}x_n,$$

其中 f 是定义在 U 上的函数. 我们规定 ω 在 U 上的积分等于函数 f 在 U 上的 (广义) Riemann 积分 (假定此积分有意义), 记为

$$\int_U \omega = \int_U f(\boldsymbol{x})\, \mathrm{d}\boldsymbol{x} = \int_U f(\boldsymbol{x})\, \mathrm{d}x_1 \cdots \mathrm{d}x_n.$$

如果 $\varphi : D \to U$ 是保定向 (Jacobi 行列式恒为正) 的微分同胚, 则由变量替换公式可得

$$\int_D \varphi^* \omega = \int_{\varphi(D)} \omega = \int_U \omega,$$

这称为积分的形式不变性.

习题 18.2

1. 设 V 是实数域上的 n 维向量空间, 在 V 中取两组基 $\{\boldsymbol{v}_i\}_{i=1}^n$, $\{\boldsymbol{w}_j\}_{j=1}^n$, 相应的对偶基分别为 $\{\phi^i\}_{i=1}^n$, $\{\psi^j\}_{j=1}^n$. 设 $\boldsymbol{w}_j=\sum\limits_{i=1}^n a_j^i\boldsymbol{v}_i$, 求两组对偶基之间的转换关系.

2. 沿用上一题中的记号, 设 $\Theta\in\wedge^q V^*$ 可以表示为

$$\Theta=\sum_{i_1<\cdots<i_q}\Theta_{i_1\cdots i_q}\phi^{i_1}\wedge\cdots\wedge\phi^{i_q},\quad \Theta=\sum_{j_1<\cdots<j_q}\tilde{\Theta}_{j_1\cdots j_q}\psi^{j_1}\wedge\cdots\wedge\psi^{j_q},$$

求系数 $\tilde{\Theta}_{j_1\cdots j_q}$ 和 $\Theta_{i_1\cdots i_q}$ 之间的转换关系式.

3. 验证外代数的外乘积运算与向量空间中基的选取无关.

4. 设 $\phi^1,\cdots,\phi^q\in(\mathbb{R}^n)^*$, $\phi^i=\sum\limits_{j=1}^n a_j^i\mathrm{d}x_j$. 证明:

$$\phi^1\wedge\cdots\wedge\phi^q=\sum_{1\leqslant k_1<\cdots<k_q\leqslant n}\det\left(a_{k_j}^i\right)_{q\times q}\mathrm{d}x_{k_1}\wedge\cdots\wedge\mathrm{d}x_{k_q}.$$

5. 化简下列表达式:

(1) $(x\,\mathrm{d}x+y\,\mathrm{d}y)\wedge(z\,\mathrm{d}z-z\,\mathrm{d}x)$;

(2) $(\mathrm{d}x+\mathrm{d}y+\mathrm{d}z)\wedge(x\,\mathrm{d}x\wedge\mathrm{d}y-y\,\mathrm{d}y\wedge\mathrm{d}z)$.

6. 设 $\omega=\mathrm{d}x_1\wedge\mathrm{d}x_2+\mathrm{d}x_3\wedge\mathrm{d}x_4$.

(1) 化简 $\omega\wedge\omega$;

(2) 证明: 不存在两个 1–形式 α,β, 使得 $\alpha\wedge\beta=\omega$.

7. 设

$$\omega=x_1\,\mathrm{d}x_2+x_2\,\mathrm{d}x_3+x_3\,\mathrm{d}x_1,$$

$$\eta=x_1x_2\,\mathrm{d}x_1\wedge\mathrm{d}x_2+x_2x_3\,\mathrm{d}x_2\wedge\mathrm{d}x_3+x_3x_1\,\mathrm{d}x_3\wedge\mathrm{d}x_1.$$

通过计算判断 $\omega\wedge\eta$ 与 $\eta\wedge\omega$ 是否相同.

8. 设 (x,y) 为 $\mathbb{R}^2$ 上的直角坐标, (r,θ) 为极坐标, 证明: $\mathrm{d}x\wedge\mathrm{d}y=r\,\mathrm{d}r\wedge\mathrm{d}\theta$.

9. 设 (x,y,z) 为 $\mathbb{R}^3$ 上的直角坐标, (r,θ,φ) 为球坐标, 其中

$$x=r\sin\theta\cos\varphi,\quad y=r\sin\theta\sin\varphi,\quad z=r\cos\theta,$$

通过计算证明: $\mathrm{d}x\wedge\mathrm{d}y\wedge\mathrm{d}z=r^2\sin\theta\,\mathrm{d}r\wedge\mathrm{d}\theta\wedge\mathrm{d}\varphi$.

10. 设 $\{f_i\}_{i=1}^{n-1}$ 为 $\mathbb{R}^n$ 上的 C^1 函数, 证明:

$$\mathrm{d}f_1\wedge\cdots\wedge\mathrm{d}f_{n-1}=\sum_{j=1}^n\frac{\partial(f_1,\cdots,f_{n-1})}{\partial(x_1,\cdots,\widehat{x_j},\cdots,x_n)}\mathrm{d}x_1\wedge\cdots\wedge\widehat{\mathrm{d}x_j}\wedge\cdots\wedge\mathrm{d}x_n.$$

18.3 拉回映射和外微分运算

微分形式在坐标变换下的变换规律可以用所谓的拉回映射来描述. 我们仍然从线性代数开始讨论. 设 $\boldsymbol{L}:\mathbb{R}^n\to\mathbb{R}^m$ 为线性映射, 它诱导了相应的对偶空间之间的线性映射 $\boldsymbol{L}^*:(\mathbb{R}^m)^*\to(\mathbb{R}^n)^*$: 当 $\phi\in(\mathbb{R}^m)^*$ 时令 $\boldsymbol{L}^*\phi=\phi\circ\boldsymbol{L}$. 一般地, 设 $\Theta\in\wedge^q(\mathbb{R}^m)^*$, 则定义 $\boldsymbol{L}^*\Theta\in\wedge^q(\mathbb{R}^n)^*$ 为

$$\boldsymbol{L}^*\Theta(\boldsymbol{u}^1,\cdots,\boldsymbol{u}^q)=\Theta\big(\boldsymbol{L}(\boldsymbol{u}^1),\cdots,\boldsymbol{L}(\boldsymbol{u}^q)\big),\quad\forall\,\boldsymbol{u}^1,\cdots,\boldsymbol{u}^q\in\mathbb{R}^n.$$

$\boldsymbol{L}^*$ 称为由 $\boldsymbol{L}$ 所诱导的拉回映射. 当 $\phi^1,\cdots,\phi^q\in(\mathbb{R}^m)^*$ 时, 显然有

$$\boldsymbol{L}^*(\phi^1\otimes\cdots\otimes\phi^q)=\boldsymbol{L}^*\phi^1\otimes\cdots\otimes\boldsymbol{L}^*\phi^q.$$

由 (18.2.6) 式可得

$$\boldsymbol{L}^*(\phi^1\wedge\cdots\wedge\phi^q)=\boldsymbol{L}^*\phi^1\wedge\cdots\wedge\boldsymbol{L}^*\phi^q.$$

设 $U\subseteq\mathbb{R}^n$ 为开集, $\boldsymbol{\varphi}:U\to\mathbb{R}^m$ 为可微映射, 它在 $\boldsymbol{x}\in U$ 处的微分记为 $\boldsymbol{\varphi}_{*\boldsymbol{x}}=\mathrm{d}\boldsymbol{\varphi}(\boldsymbol{x})$. 如果 ω 为 $\mathbb{R}^m$ 上的 q–形式, 则 $\boldsymbol{\varphi}^*\omega$ 为 U 上的 q–形式, 它在 $\boldsymbol{x}$ 处的值定义为

$$\boldsymbol{\varphi}^*_{*\boldsymbol{x}}[\omega(\boldsymbol{\varphi}(\boldsymbol{x}))]\in\wedge^q(\mathbb{R}^n)^*.$$

$\boldsymbol{\varphi}^*$ 称为由 $\boldsymbol{\varphi}$ 所诱导的**拉回映射**, 它具有下列性质:

- 设 ω,η 均为 q–形式, 则 $\boldsymbol{\varphi}^*(\omega+\eta)=\boldsymbol{\varphi}^*\omega+\boldsymbol{\varphi}^*\eta$.
- 设 ω 为 q–形式, f 为函数, 则 $\boldsymbol{\varphi}^*(f\omega)=f(\boldsymbol{\varphi})\,\boldsymbol{\varphi}^*\omega$.
- 设 f 为可微函数, 则 $\boldsymbol{\varphi}^*(\mathrm{d}f)=\mathrm{d}[f(\boldsymbol{\varphi})]$. 事实上, 在任意一点 $\boldsymbol{x}$ 处, 成立

$$\boldsymbol{\varphi}^*(\mathrm{d}f)(\boldsymbol{x})=\mathrm{d}f(\boldsymbol{\varphi}(\boldsymbol{x}))\circ\boldsymbol{\varphi}_{*\boldsymbol{x}}=\mathrm{d}f(\boldsymbol{\varphi}(\boldsymbol{x}))\circ\mathrm{d}\boldsymbol{\varphi}(\boldsymbol{x})=\mathrm{d}[f(\boldsymbol{\varphi})](\boldsymbol{x}),$$

其中我们用到了链式法则. 特别地, $\boldsymbol{\varphi}^*(\mathrm{d}x_i)=\mathrm{d}\varphi_i$, 其中 $\varphi_i=x_i\circ\boldsymbol{\varphi}$ 是 $\boldsymbol{\varphi}$ 的第 i 个分量.

- 设 ω 为 q–形式, 由 (18.2.10) 式所表示, 则

$$\boldsymbol{\varphi}^*\omega=\sum_{i_1<\cdots<i_q}\omega_{i_1\cdots i_q}(\boldsymbol{\varphi})\,\mathrm{d}\varphi_{i_1}\wedge\cdots\wedge\mathrm{d}\varphi_{i_q}.$$

- 设 ω,η 分别为 p–形式和 q–形式, 则 $\boldsymbol{\varphi}^*(\omega\wedge\eta)=\boldsymbol{\varphi}^*\omega\wedge\boldsymbol{\varphi}^*\eta$.
- 设 $\boldsymbol{\varphi}$ 如上, $\boldsymbol{\psi}:\mathbb{R}^m\to\mathbb{R}^k$ 也为可微映射, ω 为 $\mathbb{R}^k$ 上的 q–形式, 则 $(\boldsymbol{\psi}\circ\boldsymbol{\varphi})^*\omega=\boldsymbol{\varphi}^*(\boldsymbol{\psi}^*\omega)$.

利用拉回映射, 例 18.2.2 的结果可以简单地写为 $\boldsymbol{\varphi}^*(\mathrm{d}\boldsymbol{x})=(\det J\boldsymbol{\varphi})\,\mathrm{d}\boldsymbol{x}$. 特别地, 如果 $\boldsymbol{\varphi},\boldsymbol{\psi}$ 均为 $\mathbb{R}^n$ 到自身的线性变换, 其矩阵表示分别为 $\boldsymbol{A},\boldsymbol{B}$, 则

$$\boldsymbol{\varphi}^*(\mathrm{d}\boldsymbol{x})=(\det\boldsymbol{A})\,\mathrm{d}\boldsymbol{x},\quad\boldsymbol{\psi}^*(\mathrm{d}\boldsymbol{x})=(\det\boldsymbol{B})\,\mathrm{d}\boldsymbol{x}.$$

复合映射 $\boldsymbol{\psi}\circ\boldsymbol{\varphi}$ 的矩阵表示为 $\boldsymbol{BA}$, 因此有

$$\det(\boldsymbol{BA})\,\mathrm{d}\boldsymbol{x}=(\boldsymbol{\psi}\circ\boldsymbol{\varphi})^*(\mathrm{d}\boldsymbol{x})=\boldsymbol{\varphi}^*\big(\boldsymbol{\psi}^*(\mathrm{d}\boldsymbol{x})\big)=(\det\boldsymbol{B})\boldsymbol{\varphi}^*(\mathrm{d}\boldsymbol{x})=(\det\boldsymbol{B})(\det\boldsymbol{A})\,\mathrm{d}\boldsymbol{x},$$

这就得到了线性代数中熟知的等式 $\det(\boldsymbol{BA})=(\det\boldsymbol{B})(\det\boldsymbol{A})$.

我们知道, 给定可微函数 f, 它的全微分 $\mathrm{d}f$ 为 1–形式. 给定 $\mathbb{R}^n$ 上的 q–形式 ω, 我们要定义一个 $(q+1)$–形式, 它由 ω 求导得到, 记为 $\mathrm{d}\omega$.

设 ω 为 C^k $(k\geqslant 1)$ 的 q–形式, 它可以表示为

$$\omega=\sum_{1\leqslant i_1<\cdots<i_q\leqslant n}\omega_{i_1\cdots i_q}\,\mathrm{d}x_{i_1}\wedge\cdots\wedge\mathrm{d}x_{i_q},$$

我们定义

$$\mathrm{d}\omega=\sum_{1\leqslant i_1<\cdots<i_q\leqslant n}\mathrm{d}\omega_{i_1\cdots i_q}\wedge\mathrm{d}x_{i_1}\wedge\cdots\wedge\mathrm{d}x_{i_q}.$$

显然, $\mathrm{d}\omega$ 为 $(q+1)$–形式, 称为 ω 的外微分. 注意, 当 $q=n$ 时, 规定 $\mathrm{d}\omega=0$.

例 18.3.1 $\mathbb{R}^2$ 上 1–形式的外微分.

设 $\omega=P(x,y)\,\mathrm{d}x+Q(x,y)\,\mathrm{d}y$ 为 $\mathbb{R}^2$ 上的 1–形式, 则

$$\begin{aligned}\mathrm{d}\omega&=\mathrm{d}P\wedge\mathrm{d}x+\mathrm{d}Q\wedge\mathrm{d}y\\&=(P_x\,\mathrm{d}x+P_y\,\mathrm{d}y)\wedge\mathrm{d}x+(Q_x\,\mathrm{d}x+Q_y\,\mathrm{d}y)\wedge\mathrm{d}y\\&=(Q_x-P_y)\,\mathrm{d}x\wedge\mathrm{d}y,\end{aligned}$$

其中我们用到了

$$\mathrm{d}x\wedge\mathrm{d}x=\mathrm{d}y\wedge\mathrm{d}y=0,\quad \mathrm{d}y\wedge\mathrm{d}x=-\mathrm{d}x\wedge\mathrm{d}y.$$ □

例 18.3.2 $\mathbb{R}^3$ 上 1–形式的外微分.

设 $\omega=P(x,y,z)\,\mathrm{d}x+Q(x,y,z)\,\mathrm{d}y+R(x,y,z)\,\mathrm{d}z$ 为 1–形式, 则

$$\begin{aligned}\mathrm{d}\omega&=\mathrm{d}P\wedge\mathrm{d}x+\mathrm{d}Q\wedge\mathrm{d}y+\mathrm{d}R\wedge\mathrm{d}z\\&=(P_x\,\mathrm{d}x+P_y\,\mathrm{d}y+P_z\,\mathrm{d}z)\wedge\mathrm{d}x+(Q_x\,\mathrm{d}x+Q_y\,\mathrm{d}y+Q_z\,\mathrm{d}z)\wedge\mathrm{d}y+\\&\quad(R_x\,\mathrm{d}x+R_y\,\mathrm{d}y+R_z\,\mathrm{d}z)\wedge\mathrm{d}z\\&=(R_y-Q_z)\,\mathrm{d}y\wedge\mathrm{d}z+(P_z-R_x)\,\mathrm{d}z\wedge\mathrm{d}x+(Q_x-P_y)\,\mathrm{d}x\wedge\mathrm{d}y.\end{aligned}$$ □

例 18.3.3 $\mathbb{R}^3$ 上 2–形式的外微分.

设 $\mathbb{R}^3$ 上的 2–形式可以表示为

$$\omega=P(x,y,z)\,\mathrm{d}y\wedge\mathrm{d}z+Q(x,y,z)\,\mathrm{d}z\wedge\mathrm{d}x+R(x,y,z)\,\mathrm{d}x\wedge\mathrm{d}y,$$

则

$$\begin{aligned}
\mathrm{d}\omega &= \mathrm{d}P \wedge \mathrm{d}y \wedge \mathrm{d}z + \mathrm{d}Q \wedge \mathrm{d}z \wedge \mathrm{d}x + \mathrm{d}R \wedge \mathrm{d}x \wedge \mathrm{d}y \\
&= P_x \,\mathrm{d}x \wedge \mathrm{d}y \wedge \mathrm{d}z + Q_y \,\mathrm{d}y \wedge \mathrm{d}z \wedge \mathrm{d}x + R_z \,\mathrm{d}z \wedge \mathrm{d}x \wedge \mathrm{d}y \\
&= (P_x + Q_y + R_z)\,\mathrm{d}x \wedge \mathrm{d}y \wedge \mathrm{d}z.
\end{aligned}$$

□

从上述例子可以看出, Green 公式、Gauss 公式和 Stokes 公式可以写成统一的形式:

$$\int_D \mathrm{d}\omega = \int_{\partial D} \omega.$$

我们将 d 称为**外微分算子**, 它具有以下性质:

- 设 ω, η 为 q–形式, $\lambda, \mu \in \mathbb{R}$, 则 $\mathrm{d}(\lambda\omega + \mu\eta) = \lambda \mathrm{d}\omega + \mu \mathrm{d}\eta$.
- 设 f 为函数, ω 为 q–形式, 则 $\mathrm{d}(f\omega) = \mathrm{d}f \wedge \omega + f\,\mathrm{d}\omega$.
- 设 ω, η 分别为 p–形式和 q–形式, 则

$$\mathrm{d}(\omega \wedge \eta) = \mathrm{d}\omega \wedge \eta + (-1)^p \omega \wedge \mathrm{d}\eta.$$

- $\mathrm{d}^2 = 0$, 即 $\mathrm{d}(\mathrm{d}\omega) = 0$. 先考虑 0–形式. 设 f 为 C^k $(k \geqslant 2)$ 函数, 则

$$\begin{aligned}
\mathrm{d}^2 f = \mathrm{d}(\mathrm{d}f) &= \mathrm{d}\left(\sum_{i=1}^n \frac{\partial f}{\partial x_i}\,\mathrm{d}x_i\right) \\
&= \sum_{i=1}^n \mathrm{d}\left(\frac{\partial f}{\partial x_i}\right) \wedge \mathrm{d}x_i = \sum_{i,j=1}^n \frac{\partial^2 f}{\partial x_i \partial x_j}\,\mathrm{d}x_j \wedge \mathrm{d}x_i \\
&= \sum_{i<j} \left(\frac{\partial^2 f}{\partial x_i \partial x_j} - \frac{\partial^2 f}{\partial x_j \partial x_i}\right) \mathrm{d}x_j \wedge \mathrm{d}x_i = 0,
\end{aligned}$$

其中我们用到了求导次序的可交换性. 对于 q–形式, 以 $\omega = f\,\mathrm{d}x_{i_1} \wedge \cdots \wedge \mathrm{d}x_{i_q}$ 为例, 此时

$$\mathrm{d}\omega = \mathrm{d}f \wedge \mathrm{d}x_{i_1} \wedge \cdots \wedge \mathrm{d}x_{i_q}.$$

根据 $\mathrm{d}^2 f = 0$ 和前一条性质可知 $\mathrm{d}^2\omega = 0$.

- $\mathrm{d}(\boldsymbol{\varphi}^*\omega) = \boldsymbol{\varphi}^*\mathrm{d}\omega$. 仍设 $\omega = f\,\mathrm{d}x_{i_1} \wedge \cdots \wedge \mathrm{d}x_{i_q}$, 则

$$\mathrm{d}(\boldsymbol{\varphi}^*\omega) = \mathrm{d}\big(f(\boldsymbol{\varphi})\mathrm{d}\varphi_{i_1} \wedge \cdots \wedge \mathrm{d}\varphi_{i_q}\big) = \mathrm{d}\big(f(\boldsymbol{\varphi})\big) \wedge \mathrm{d}\varphi_{i_1} \wedge \cdots \wedge \mathrm{d}\varphi_{i_q}.$$

根据拉回映射的性质, $\mathrm{d}\big(f(\boldsymbol{\varphi})\big) = \boldsymbol{\varphi}^*(\mathrm{d}f)$, 代入上式即得欲证等式.

如果 $\mathrm{d}\omega = 0$, 则称 ω 为**闭形式**; 如果 $\omega = \mathrm{d}\eta$, 则称 ω 为**恰当形式**. 由 $\mathrm{d}^2 = 0$ 可知恰当形式必为闭形式, 反之不然.

例 18.3.4 $\mathbb{R}^2 \setminus \{\mathbf{0}\}$ 上的一个非恰当的闭形式.

考虑 $\mathbb{R}^2\setminus\{\mathbf{0}\}$ 上的如下 1–形式

$$\omega=\frac{x}{x^2+y^2}\,\mathrm{d}y-\frac{y}{x^2+y^2}\,\mathrm{d}x,$$

直接的计算表明 $\mathrm{d}\omega=0$, 即 ω 为闭形式. 如果用极坐标 (r,θ) 表示, 则由

$$\mathrm{d}x=\cos\theta\,\mathrm{d}r-r\sin\theta\,\mathrm{d}\theta,\quad \mathrm{d}y=\sin\theta\,\mathrm{d}r+r\cos\theta\,\mathrm{d}\theta$$

可得 $\omega=\mathrm{d}\theta$. 不过, 这个等式并不表明 ω 是恰当形式, 因为 θ 不能定义在整个 $\mathbb{R}^2\setminus\{\mathbf{0}\}$ 上. 事实上, 不存在 $\mathbb{R}^2\setminus\{\mathbf{0}\}$ 上的函数 f, 使得 $\omega=\mathrm{d}f$. (反证法) 如果这样的 f 存在, 则 ω 沿单位圆周 (逆时针方向) 积分为零. 另一方面, 直接的计算表明此积分等于 2π. □

一般地, 设 $U\subseteq\mathbb{R}^n$ 为开集, 考虑商空间

$$H^q_{dR}(U)=\{U \text{ 上的 } q \text{ 次闭形式}\}/\{U \text{ 上的 } q \text{ 次恰当形式}\},$$

它是实数域上的向量空间 (因而是加法群), 称为 U 的 q 次 de Rham 上同调群. de Rham 上同调群刻画了 U 是否连通或里面有没有洞. 例如, $H^1_{dR}(\mathbb{R}^2\setminus\{\mathbf{0}\})=\mathbb{R}$, 这代表着平面上被挖去了一个点. 再如, 虽然 $H^1_{dR}(\mathbb{R}^3\setminus\{\mathbf{0}\})=0$, 但 $H^2_{dR}(\mathbb{R}^3\setminus\{\mathbf{0}\})=\mathbb{R}$, 说明空间里面确实有洞.

习题 18.3

1. 在 $\mathbb{R}^{2n}$ 中定义 2–形式 ω 为

$$\omega=\sum_{i=1}^n \mathrm{d}x_i\wedge\mathrm{d}x_{n+i}.$$

记 $\omega^n=\omega\wedge\cdots\wedge\omega$ (n 个 ω), 证明:

$$\omega^n=(-1)^{\frac{n(n-1)}{2}}n!\,\mathrm{d}x_1\wedge\mathrm{d}x_2\wedge\cdots\wedge\mathrm{d}x_{2n}.$$

2. 沿用上一题中的记号. 设 $\varphi:\mathbb{R}^{2n}\to\mathbb{R}^{2n}$ 为线性变换, 若 $\varphi^*\omega=\omega$, 则称 φ 为辛变换. 证明: 辛变换的行列式等于 1.

3. 计算下列微分形式的外微分:

(1) $\omega=y\,\mathrm{d}x+x\mathrm{d}z$; (2) $\omega=x^2y\,\mathrm{d}x-yz\mathrm{e}^x\,\mathrm{d}y$;

(3) $\omega=xy\,\mathrm{d}y\wedge\mathrm{d}z+yz\,\mathrm{d}z\wedge\mathrm{d}x+zx\,\mathrm{d}x\wedge\mathrm{d}y$.

4. 利用 $\mathrm{d}f=0$ 当且仅当 f 为局部常值函数解下列方程:

(1) $\mathrm{e}^y\,\mathrm{d}x+\big(x\mathrm{e}^y+2y\big)\,\mathrm{d}y=0$; (2) $(7x+3y)\,\mathrm{d}x+(3x-5y)\,\mathrm{d}y=0$.

5. 设 ω 为 p–形式, η 为 q–形式, 则

$$\mathrm{d}(\omega\wedge\eta)=\mathrm{d}\omega\wedge\eta+(-1)^p\omega\wedge\mathrm{d}\eta.$$

6. 设 P, Q 是平面区域上的 C^2 函数且 $P^2+Q^2\equiv 1$. 证明: $P\,\mathrm{d}Q$ 是闭的 1–形式.

7. 设 $\{f_i\}_{i=1}^q$ 为 $\mathbb{R}^n$ 上的 C^2 函数, 证明: $\mathrm{d}f_1\wedge\cdots\wedge\mathrm{d}f_q$ 是闭形式.

8. 构造一个 $(n-1)$–形式 ω, 使得

$$\mathrm{d}\omega=\mathrm{d}x_1\wedge\mathrm{d}x_2\wedge\cdots\wedge\mathrm{d}x_n.$$

9. 设 $\omega=yz\mathrm{d}y\wedge\mathrm{d}z+zxyz\mathrm{d}z\wedge\mathrm{d}z+xy\mathrm{d}x\wedge\mathrm{d}y$.

(1) 证明: ω 是 $\mathbb{R}^3$ 中的闭形式;

(2) 构造一个 1–形式 η, 使得 $\omega=\mathrm{d}\eta$.

10. 设 $f:\mathbb{R}^2\to\mathbb{R}$ 为 C^2 函数, 且 $\Delta f=0$. 证明:

(1) $\omega=\dfrac{\partial f}{\partial x}\mathrm{d}y-\dfrac{\partial f}{\partial y}\mathrm{d}x$ 为闭形式;

(2) 存在函数 $g:\mathbb{R}^2\to\mathbb{R}$, 使得

$$\frac{\partial f}{\partial x}=\frac{\partial g}{\partial y},\quad \frac{\partial f}{\partial y}=-\frac{\partial g}{\partial x}.$$

18.4 Brouwer 不动点定理

我们知道, Green 公式和 Gauss 公式都可以写成散度定理的形式, 它们也可以用微分形式来描述. 下面我们用微分形式的积分来重新表述 $\mathbb{R}^n$ 中的散度定理.

我们先回顾参数超曲面上的积分. 设 $U\subseteq\mathbb{R}^{n-1}$ 为开集, $\boldsymbol{\psi}:U\to\mathbb{R}^n$ 是 C^1 映射. 若 $\boldsymbol{\psi}$ 为单射且 $\mathrm{rank}J\boldsymbol{\psi}\equiv n-1$, 则称 $\varSigma=\boldsymbol{\psi}(U)$ 为参数超曲面, $\boldsymbol{\psi}$ 称为 $\varSigma$ 的一个参数化映射 (参数表示). 若 η 在 $\varSigma$ 的某个开邻域中有定义的 $(n-1)$–形式, 则记

$$\int_{\varSigma}\eta=\int_U\boldsymbol{\psi}^*\eta.$$

具体来说, 记 $\eta=\displaystyle\sum_{i=1}^n(-1)^{i-1}f_i\,\mathrm{d}x_1\wedge\cdots\wedge\widehat{\mathrm{d}x_i}\wedge\cdots\wedge\mathrm{d}x_n$, 则

$$\int_{\varSigma}\eta=\int_U\sum_{i=1}^n(-1)^{i-1}f_i(\boldsymbol{\psi})\frac{\partial(\psi_1,\cdots,\widehat{\psi_i},\cdots,\psi_n)}{\partial(u_1,\cdots,u_{n-1})}\,\mathrm{d}u_1\cdots\mathrm{d}u_{n-1},\tag{18.4.1}$$

其中

$$\boldsymbol{\psi}(\boldsymbol{u})=(\psi_1(\boldsymbol{u}),\cdots,\psi_n(\boldsymbol{u})),\quad \boldsymbol{u}=(u_1,\cdots,u_{n-1})\in U.$$

记 $\boldsymbol{X}=(f_1,\cdots,f_n)$, $\boldsymbol{N}_{\boldsymbol{\psi}}=\boldsymbol{\psi}_{u_1}\times\cdots\times\boldsymbol{\psi}_{u_{n-1}}$, 则 (18.4.1) 式可以改写为

$$\int_{\varSigma}\eta=\int_U\boldsymbol{X}(\boldsymbol{\psi})\cdot\boldsymbol{N}_{\boldsymbol{\psi}}\,\mathrm{d}u_1\cdots\mathrm{d}u_{n-1}.\tag{18.4.2}$$

不过, 上式右边的积分可能会依赖于参数化映射 $\boldsymbol{\psi}$ 的选取. 若 $\boldsymbol{\phi}: D \to U$ 为微分同胚, 记 $\boldsymbol{\varphi} = \boldsymbol{\psi} \circ \boldsymbol{\phi}$, 则由链式法则可知 $\boldsymbol{N}_{\boldsymbol{\varphi}} = \boldsymbol{N}_{\boldsymbol{\psi}} \det J\boldsymbol{\phi}$. 由变量替换公式可知, 当 $\boldsymbol{\phi}$ 保定向时上述积分才具有不变性. 为了让微分形式 η 在 Σ 上的积分有意义, 我们必须给 Σ 规定一个所谓的方向, 它由单位法向量 $\boldsymbol{n}$ 给出. 在利用参数化映射 $\boldsymbol{\psi}$ 定义微分形式的积分时, 我们要求法向量 $\boldsymbol{N}_{\boldsymbol{\psi}}$ 与给定的单位法向量 $\boldsymbol{n}$ 同向, 即 $\boldsymbol{n} = \boldsymbol{N}_{\boldsymbol{\psi}} \|\boldsymbol{N}_{\boldsymbol{\psi}}\|^{-1}$. 否则微分形式的积分会多出一个负号. 当 $\boldsymbol{N}_{\boldsymbol{\psi}}$ 与 $\boldsymbol{n}$ 同向时, (18.4.2) 式可以表示为

$$\int_{\Sigma} \eta = \int_{U} \boldsymbol{X}(\boldsymbol{\psi}) \cdot \boldsymbol{n}(\boldsymbol{\psi}) \|\boldsymbol{N}_{\boldsymbol{\psi}}\| \, \mathrm{d}u_1 \cdots \mathrm{d}u_{n-1} = \int_{\Sigma} \boldsymbol{X} \cdot \boldsymbol{n} \, \mathrm{d}\sigma, \tag{18.4.3}$$

其中 $\mathrm{d}\sigma$ 是 Σ 上的面积元.

设 Ω 是 $\mathbb{R}^n$ 中具有 C^1 边界的有界开集, 我们要在 $\partial\Omega$ 上定义微分形式的积分. 由定义 18.1.1 可知 $\partial\Omega$ 在局部上均为参数超曲面. 利用单位分解可以将局部上的积分整合成 Ω 上的积分. 设 $\{U_i\}_{i=1}^k$ 为 $\partial\Omega$ 是开覆盖, 使得每一个 $U_i \cap \partial\Omega$ 均为参数超曲面. 此时 $\{\Omega, U_i \mid 1 \leqslant i \leqslant k\}$ 是 $\bar{\Omega}$ 的开覆盖, 取从属于此开覆盖的单位分解 $\{\phi_0, \phi_i \mid 1 \leqslant i \leqslant k\}$. 设 η 是在 $\bar{\Omega}$ 的某个开邻域上有定义的 $(n-1)$–形式, 记

$$\int_{\partial\Omega} \eta = \sum_{i=1}^{k} \int_{U_i \cap \partial\Omega} \phi_i \eta,$$

其中 Ω 的方向由单位外法向量决定. 注意 $\phi_0 \eta$ 在 $\partial\Omega$ 上为零, 因此对积分没有贡献. 可以说明, 上述积分不依赖于开覆盖或单位分解的选取.

定理 18.4.1 (Gauss-Green 公式) 设 Ω 是 $\mathbb{R}^n$ 中具有 C^1 边界的有界开集, η 是在 $\bar{\Omega}$ 的某个开邻域上的定义的 C^1 的 $(n-1)$–形式, 则

$$\int_{\Omega} \mathrm{d}\eta = \int_{\partial\Omega} \eta,$$

其中 $\partial\Omega$ 的方向由单位外法向量 $\boldsymbol{n}$ 所决定.

证明 记 $\eta = \sum_{i=1}^{n} (-1)^{i-1} f_i \, \mathrm{d}x_1 \wedge \cdots \wedge \widehat{\mathrm{d}x_i} \wedge \cdots \wedge \mathrm{d}x_n$, 则

$$\mathrm{d}\eta = \mathrm{div}(\boldsymbol{X}) \, \mathrm{d}x_1 \wedge \cdots \wedge \mathrm{d}x_n,$$

其中 $\boldsymbol{X} = (f_1, \cdots, f_n)$. 这说明

$$\int_{\Omega} \mathrm{d}\eta = \int_{\Omega} \mathrm{div}(\boldsymbol{X}) \, \mathrm{d}\boldsymbol{x}.$$

另一方面, 由 (18.4.3) 式可知

$$\int_{\partial\Omega} \eta = \int_{\partial\Omega} \boldsymbol{X} \cdot \boldsymbol{n} \, \mathrm{d}\sigma,$$

于是欲证结论化成了散度定理. □

注 18.4.1 利用微分形式的积分表述散度定理的好处是容易看出相关积分公式的形式不变性. 若 $\boldsymbol{\phi}: \bar{D} \to \bar{\Omega}$ 为保定向的微分同胚, 则由变量替换公式可知

$$\int_D \boldsymbol{\phi}^*(\mathrm{d}\eta) = \int_\Omega \mathrm{d}\eta, \quad \int_{\partial D} \boldsymbol{\phi}^*(\eta) = \int_{\partial\Omega} \eta,$$

利用拉回映射与外微分可以交换次序可知, Gauss-Green 公式在 Ω 上成立当且仅当它在 D 上成立.

下面我们来介绍 Gauss-Green 公式的一个应用. 我们知道, 数学中的很多问题经常转化为解方程, 解方程往往又转化为求不动点. 下面我们利用 Gauss-Green 公式来证明一个重要的不动点定理. 为了便于利用微分学的手段, 我们要用 C^2 函数逼近连续函数. 这里我们用单位分解来做. 以下记 D 为 $\mathbb{R}^n$ 中的单位闭球.

引理 18.4.2 设 $\boldsymbol{\psi}: D \to \mathbb{R}^n$ 为连续的向量值函数, 且当 $\boldsymbol{x} \in S^{n-1} = \partial D$ 时 $\boldsymbol{\psi}(\boldsymbol{x}) = \boldsymbol{x}$, 则任给 $\varepsilon > 0$, 存在 C^2 的向量值函数 $\rho: \mathbb{R}^n \to \mathbb{R}^n$, 使得

$$\rho(\boldsymbol{x}) = \boldsymbol{x}, \ \ \forall\, \|\boldsymbol{x}\| \geqslant 1; \ \ \|\rho(\boldsymbol{x}) - \boldsymbol{\psi}(\boldsymbol{x})\| < \varepsilon, \ \ \forall\, \boldsymbol{x} \in D.$$

证明 记 $f(\boldsymbol{x}) = \boldsymbol{\psi}(\boldsymbol{x}) - \boldsymbol{x}$, 则 $f\big|_{S^{n-1}} \equiv 0$. 任给 $\varepsilon > 0$, 由 f 在 D 中一致连续可知, 存在 $\delta > 0$, 使得只要 $\|\boldsymbol{x} - \boldsymbol{y}\| \leqslant \delta$, 就有 $\|f(\boldsymbol{x}) - f(\boldsymbol{y})\| < \dfrac{\varepsilon}{2}$. 令

$$g(\boldsymbol{x}) = \begin{cases} f\left((1+\delta)\boldsymbol{x}\right), & \|\boldsymbol{x}\| \leqslant \dfrac{1}{1+\delta}, \\ 0, & \|\boldsymbol{x}\| > \dfrac{1}{1+\delta}. \end{cases}$$

则当 $\boldsymbol{x} \in D$ 时 $\|g(\boldsymbol{x}) - f(\boldsymbol{x})\| < \dfrac{\varepsilon}{2}$; 当 $\|\boldsymbol{x} - \boldsymbol{y}\| \leqslant \eta = \dfrac{\delta}{1+\delta}$ 时, $\|g(\boldsymbol{x}) - g(\boldsymbol{y})\| < \dfrac{\varepsilon}{2}$.

根据单位分解引理, 存在有限点集 $\{\boldsymbol{x}^i\}_{i=1}^k \subset \overline{B_{1-\eta}(0)}$, 以及相应的 C^2 函数 $\{\phi_i\}$, 使得 $\operatorname{supp}\phi_i \subset B_\eta(\boldsymbol{x}^i)$, 且

$$0 \leqslant \sum_{i=1}^k \phi_i \leqslant 1; \quad \sum_{i=1}^k \phi_i(\boldsymbol{x}) = 1, \ \ \forall\, \boldsymbol{x} \in \overline{B_{1-\eta}(0)}.$$

令 $h(\boldsymbol{x}) = \displaystyle\sum_{i=1}^k g(\boldsymbol{x}^i)\phi_i(\boldsymbol{x})$, 则当 $\|\boldsymbol{x}\| \geqslant 1$ 时 $h(\boldsymbol{x}) = 0$, 且当 $\boldsymbol{x} \in D$ 时

$$h(\boldsymbol{x}) - g(\boldsymbol{x}) = \sum_{i=1}^k \big[g(\boldsymbol{x}^i) - g(\boldsymbol{x})\big]\phi_i(\boldsymbol{x}).$$

于是

$$\|h(\boldsymbol{x}) - g(\boldsymbol{x})\| \leqslant \sum_{i=1}^k \|g(\boldsymbol{x}^i) - g(\boldsymbol{x})\|\, \phi_i(\boldsymbol{x}).$$

上式右端只需要考虑 $\phi_i(\boldsymbol{x})>0$ 的项, 此时 $\boldsymbol{x}\in B_\eta(\boldsymbol{x}^i)$, 因此 $\|g(\boldsymbol{x}^i)-g(\boldsymbol{x})\|<\dfrac{\varepsilon}{2}$, 这表明 $\|h(\boldsymbol{x})-g(\boldsymbol{x})\|<\dfrac{\varepsilon}{2}$. 记 $\rho(\boldsymbol{x})=\boldsymbol{x}+h(\boldsymbol{x})$, 则 ρ 是满足要求的 C^2 映射. □

引理 18.4.3 设 $\boldsymbol{\rho}:D\to\mathbb{R}^n$ 为 C^2 的向量值函数, 如果当 $\boldsymbol{x}\in S^{n-1}$ 时 $\boldsymbol{\rho}(\boldsymbol{x})=\boldsymbol{x}$, 则 $\boldsymbol{\rho}$ 必有零点.

证明 (反证法) 设 $\boldsymbol{\rho}$ 没有零点. 在 $\mathbb{R}^n\setminus\{0\}$ 上考虑 $(n-1)$–形式

$$\Theta_0=\sum_{i=1}^n(-1)^{i-1}\|\boldsymbol{x}\|^{-n}x_i\,\mathrm{d}x_1\wedge\cdots\wedge\mathrm{d}x_{i-1}\wedge\mathrm{d}x_{i+1}\wedge\cdots\wedge\mathrm{d}x_n,$$

直接的计算表明 $\mathrm{d}\Theta_0=0$. 记

$$\Theta=\boldsymbol{\rho}^*\Theta_0=\sum_{i=1}^n(-1)^{i-1}\|\boldsymbol{\rho}\|^{-n}\rho_i\,\mathrm{d}\rho_1\wedge\cdots\wedge\mathrm{d}\rho_{i-1}\wedge\mathrm{d}\rho_{i+1}\wedge\cdots\wedge\mathrm{d}\rho_n,$$

其中 ρ_i 是 $\boldsymbol{\rho}$ 的第 i 个分量, 则仍有 $\mathrm{d}\Theta=0$.

利用 Gauss-Green 公式 (边界取外法向) 以及 $\boldsymbol{\rho}(x)=x$ $(x\in S^{n-1})$ 可得

$$\begin{aligned}0&=\int_D\mathrm{d}\Theta=\int_{S^{n-1}}\Theta=\int_{S^{n-1}}\Theta_0\\&=\int_{S^{n-1}}\sum_{i=1}^n(-1)^{i-1}x_i\,\mathrm{d}x_1\wedge\cdots\wedge\mathrm{d}x_{i-1}\wedge\mathrm{d}x_{i+1}\wedge\cdots\wedge\mathrm{d}x_n\\&=\int_D n\,\mathrm{d}x_1\cdots\mathrm{d}x_n=n\,\nu(D)>0,\end{aligned}$$

这就得出了矛盾. □

定理 18.4.4 (Brouwer 不动点定理) 设 B 为 $\mathbb{R}^n$ 中的闭球, $\boldsymbol{\varphi}:B\to B$ 为连续映射, 则 $\boldsymbol{\varphi}$ 必有不动点.

证明 (反证法) 不妨设 $B=D$ 为单位闭球. 设 $\boldsymbol{\varphi}$ 没有不动点. 用直线段连接 $\boldsymbol{\varphi}(\boldsymbol{x})$ 和 $\boldsymbol{x}$, 其延长线交球面于 $\boldsymbol{\psi}(\boldsymbol{x})$. 容易看出 $\boldsymbol{\psi}:D\to S^{n-1}$ 为连续映射, 且当 $\boldsymbol{x}\in S^{n-1}$ 时 $\boldsymbol{\psi}(\boldsymbol{x})=\boldsymbol{x}$.

根据引理 18.4.2, 存在 C^2 映射 $\boldsymbol{\rho}:D\to\mathbb{R}^n$, 使得

$$\boldsymbol{\rho}(\boldsymbol{x})=\boldsymbol{x},\quad\forall\,\boldsymbol{x}\in S^{n-1};\quad\|\boldsymbol{\rho}(\boldsymbol{x})-\boldsymbol{\psi}(\boldsymbol{x})\|<1,\quad\forall\,\boldsymbol{x}\in D.$$

根据引理 18.4.3, $\boldsymbol{\rho}$ 有零点, 但这与上面的不等式以及 $\|\boldsymbol{\psi}\|\equiv1$ 相矛盾. □

例 18.4.1 设 $\boldsymbol{A}=\left(a_{ij}\right)_{n\times n}$ 为 n 阶实方阵, 如果它的每一元素 a_{ij} 都大于零, 则称 $\boldsymbol{A}$ 为正矩阵. 证明: 正矩阵必有正特征值.

证明 当 $\boldsymbol{x}=(x_1,x_2,\cdots,x_n)\in\mathbb{R}^n$ 时, 记 $|\boldsymbol{x}|_1=\sum\limits_{i=1}^n|x_i|$. 考虑 $n-1$ 维单形

$$\Delta_n=\{\boldsymbol{x}\in\mathbb{R}^n\mid|\boldsymbol{x}|_1=1,\ x_i\geqslant0,\ i=1,2,\cdots,n\}.$$

显然, 当 $\boldsymbol{x} \in \Delta_n$ 时 $|\boldsymbol{A}\boldsymbol{x}|_1 > 0$. 考虑连续映射

$$\boldsymbol{\varphi} : \Delta_n \to \Delta_n, \quad \boldsymbol{x} \mapsto \boldsymbol{A}\boldsymbol{x}/|\boldsymbol{A}\boldsymbol{x}|_1.$$

因为 Δ_n 和 $n-1$ 维单位闭球同胚 (即它们之间存在互逆的连续映射), 我们仍然可以应用 Brouwer 不动点定理得到 $\boldsymbol{\varphi}$ 的不动点, 将此不动点记为 $\boldsymbol{\xi}$, 则 $\boldsymbol{\xi}$ 是 $\boldsymbol{A}$ 的特征向量, $|\boldsymbol{A}\boldsymbol{\xi}|_1$ 就是 $\boldsymbol{A}$ 的正特征值. □

习题 18.4

1. 在 $\mathbb{R}^n \setminus \{0\}$ 上考虑 $(n-1)$–形式

$$\varTheta_0 = \sum_{i=1}^{n} (-1)^{i-1} \|\boldsymbol{x}\|^{-n} x_i \, \mathrm{d}x_1 \wedge \cdots \wedge \mathrm{d}x_{i-1} \wedge \mathrm{d}x_{i+1} \wedge \cdots \wedge \mathrm{d}x_n,$$

验证 $\mathrm{d}\varTheta_0 = 0$.

2. 设 $\varOmega$ 是 $\mathbb{R}^n$ 中具有 C^1 边界的有界开集且 $0 \in \varOmega$. 计算上一题中的微分形式 $\varTheta_0$ 在 $\partial\varOmega$ 上的积分, 其中方向取外法向.

3. 设 f 为 $\mathbb{R}^n$ 上具有紧支集的连续函数. 证明: 任给 $\varepsilon, \eta > 0$, 存在 $\mathbb{R}^n$ 上具有紧支集的 C^2 函数 g, 使得

$$|g(\boldsymbol{x}) - f(\boldsymbol{x})| < \varepsilon, \quad \forall\, \boldsymbol{x} \in \mathbb{R}^n; \quad \operatorname{supp} g \subset \{\boldsymbol{x} \mid d(\boldsymbol{x}, \operatorname{supp} f) < \eta\}.$$

4. 设 f, h 为 $\mathbb{R}^n$ 上的连续函数, 且 h 处处为正. 证明: 存在 $\mathbb{R}^n$ 上的 C^2 函数 g, 使得 $|g(\boldsymbol{x}) - f(\boldsymbol{x})| < h(\boldsymbol{x})$, $\forall\, \boldsymbol{x} \in \mathbb{R}^n$.

5. 设 D 是 $\mathbb{R}^n$ 中的单位闭球, $\boldsymbol{f} : D \to \mathbb{R}^n$ 为连续的向量值函数. 如果 $\boldsymbol{f}(\partial D) \subseteq D$, 证明: $\boldsymbol{f}$ 必有不动点.

6. 设 $U \subseteq \mathbb{R}^n$ 为开集, $\boldsymbol{\varphi} : U \to \mathbb{R}^n$ 在 $\boldsymbol{x}^0$ 处可微. 如果 $\det J\boldsymbol{\varphi}(\boldsymbol{x}^0) \neq 0$, 证明: $\boldsymbol{\varphi}(\boldsymbol{x}^0)$ 是 $\boldsymbol{\varphi}(U)$ 的内点.

7. 设 D 为 $\mathbb{R}^n$ 中的单位闭球, $\boldsymbol{\rho} : D \to \mathbb{R}^n$ 为连续的向量值函数. 如果 $\boldsymbol{\rho}(\boldsymbol{x}) \cdot \boldsymbol{x} \geqslant 0$, $\forall\, \boldsymbol{x} \in S^{n-1}$, 证明: $\boldsymbol{\rho}$ 必有零点.

8. 设 $\overline{B_r(\mathbf{0})}$ 是 $\mathbb{R}^n$ 中以原点为中心, r 为半径的闭球, $\boldsymbol{\varphi} : \overline{B_r(\mathbf{0})} \to \mathbb{R}^n$ 为连续映射. 如果存在 $\delta \in (0,1)$, 使得只要 $\|\boldsymbol{x}\| = r$, 就有 $\|\boldsymbol{\varphi}(\boldsymbol{x}) - \boldsymbol{x}\| \leqslant \delta r$, 证明:

$$\boldsymbol{\varphi}(\overline{B_r(\mathbf{0})}) \supseteq \overline{B_{(1-\delta)r}(\mathbf{0})}.$$

9. 设 $\boldsymbol{\rho} : \mathbb{R}^n \to \mathbb{R}^n$ 连续, 且

$$\lim_{\boldsymbol{x} \to \infty} \frac{\boldsymbol{\rho}(\boldsymbol{x}) \cdot \boldsymbol{x}}{\|\boldsymbol{x}\|} = +\infty.$$

证明: $\boldsymbol{\rho}$ 为满射.

10. 设 $\boldsymbol{\rho}:\mathbb{R}^n\to\mathbb{R}^n$ 连续, 且存在常数 C, 使得

$$\|\boldsymbol{\rho}(\boldsymbol{x})-\boldsymbol{x}\|\leqslant C,\quad \forall\,\boldsymbol{x}\in\mathbb{R}^n,$$

证明: $\boldsymbol{\rho}$ 为满射.

11. 设 $\boldsymbol{\varphi}:\mathbb{R}^n\to\mathbb{R}^n$ 为 C^1 映射, 且

(1) $\det J\boldsymbol{\varphi}(\boldsymbol{x})\neq 0,\ \forall\,\boldsymbol{x}\in\mathbb{R}^n$;

(2) 当 $\boldsymbol{x}\to\infty$ 时 $\boldsymbol{\varphi}(\boldsymbol{x})\to\infty$,

证明: $\boldsymbol{\varphi}$ 为可逆映射, 且其逆映射为 C^1 映射.

第十九章

场论初步

我们知道, 物理量大都可以表示为标量 (数量) 或矢量 (向量). 空间中分布的某种物理量在数学上可以表示为标量场 (函数) 或矢量场 (向量场). 例如, 物质的密度函数是标量场, 电场、磁场、重力场都是向量场. 在这一章里, 我们用数学方法讨论场的一些基本性质.

19.1 梯度场和保守场

物理中的向量场在数学中就是向量值函数. 为了直观地表示向量场的分布情况, 我们引进向量线的概念. 如果一条曲线 σ 在每一点处的切线方向正好与向量场 $\boldsymbol{X}$ 在该点的向量的方向重合, 则称 σ 为向量场 $\boldsymbol{X}$ 的**向量线**. 例如, 静电场的电力线和磁场的磁力线都是向量线.

设 U 为 $\mathbb{R}^n$ 中的开集, f 为定义在 U 上的函数. 如果 f 在 U 上处处可微, 则可以得到 U 上的向量场

$$\nabla f : U \to \mathbb{R}^n, \quad \boldsymbol{p} \mapsto \nabla f(\boldsymbol{p}), \quad \forall\, \boldsymbol{p} \in U.$$

∇f 称为 f 的**梯度场**, 也记为 $\mathrm{grad} f$.

设 c 为一个任意给定的常数, 考虑 $\mathbb{R}^n$ 的子集

$$\{f = c\} = \big\{\boldsymbol{x} \in \mathbb{R}^n \mid f(\boldsymbol{x}) = c\big\},$$

称为 f 的一个等值面 ($n = 2$ 时常称为等值线). 若 f 为 C^1 函数且 ∇f 在等值面上的某一点 $\boldsymbol{p}$ 处不等于零, 则由隐函数定理可知等值面在这一点附近可以表示为参数曲面, 且 $\nabla f(\boldsymbol{p})$ 是该曲面在 $\boldsymbol{p}$ 处的一个法向量. 一般来说梯度场的向量线垂直地穿越等值面.

设 $\boldsymbol{X}$ 为向量场, 如果 $\boldsymbol{X}$ 等于某个函数的梯度场, 则称 $\boldsymbol{X}$ 为**有势场**, 该函数称为 $\boldsymbol{X}$ 的一个势函数.

命题 19.1.1 *设 $\boldsymbol{X}$ 为连续的有势场, σ 为分段 C^1 的连续曲线, 则 $\boldsymbol{X}$ 沿 σ 的第二型曲线积分只与 σ 的起始位置和终点位置有关.*

证明 取 σ 的参数表示 $\sigma = \sigma(t)$, 其中 $t \in [\alpha, \beta]$. 设 f 为 $\boldsymbol{X}$ 的一个势函数, 则

$$\begin{aligned}\int_\sigma \boldsymbol{X} \cdot \mathrm{d}\vec{s} &= \int_\alpha^\beta \nabla f(\sigma(t)) \cdot \sigma'(t)\,\mathrm{d}t \\ &= \int_\alpha^\beta (f \circ \sigma)'(t)\,\mathrm{d}t = f(\sigma(\beta)) - f(\sigma(a)),\end{aligned}$$

其中我们用到了链式法则和 Newton-Leibniz 公式. □

一般地, 若向量场沿曲线的第二型曲线积分只与曲线的两个端点有关, 而与曲线的具体形状无关, 则称这种向量场为**保守场**.

命题 19.1.2 设 $\boldsymbol{X}$ 是定义在区域 D 上的连续向量场, 则 $\boldsymbol{X}$ 为保守场当且仅当它是有势场.

证明 命题 19.1.1 已经证明了充分性. 下面我们来看必要性, 以 $D \subseteq \mathbb{R}^2$ 为例, 固定一点 $\boldsymbol{p}_0 \in D$. 由例 14.5.5 可知, 当 $(x,y) \in D$ 时, 在 D 中存在连接 $\boldsymbol{p}_0$ 和 (x,y) 的分段 C^1 的道路 σ. 定义

$$\phi(x,y) = \int_\sigma \boldsymbol{X} \cdot \mathrm{d}\vec{s}.$$

由 $\boldsymbol{X}$ 为保守场可知 ϕ 的定义与 σ 的选取无关. 我们要说明 $\boldsymbol{X} = \nabla\phi$. 记 $\boldsymbol{X} = (P,Q)$. 设 $(x_0,y_0) \in D$, σ 是连接 p_0 和 (x_0,y_0) 的道路. 当 (x,y_0) 在 (x_0,y_0) 附近时, 以直线段 τ 连接 (x_0,y_0) 和 (x,y_0), 则

$$\phi(x,y_0) = \int_{\sigma\cup\tau} \boldsymbol{X} \cdot \mathrm{d}\vec{s} = \phi(x_0,y_0) + \int_{(x_0,y_0)}^{(x,y_0)} P\mathrm{d}x + Q\mathrm{d}y = \phi(x_0,y_0) + \int_{x_0}^{x} P(t,y_0)\,\mathrm{d}t.$$

由微积分基本定理可得 $\dfrac{\partial\phi}{\partial x}(x_0,y_0) = P(x_0,y_0)$. 同理可证 $\dfrac{\partial\phi}{\partial y} = Q$, 因此 $\nabla\phi = \boldsymbol{X}$. □

设 $\boldsymbol{X} = (P,Q)$ 是平面区域 D 上的 C^1 向量场. 若 $\boldsymbol{X}$ 为保守场, 则存在势函数 ϕ, 此时

$$Q_x = \phi_{yx} = \phi_{xy} = P_y.$$

反之, 若 $Q_x = P_y$, 则 $\boldsymbol{X}$ 未必是保守场. 事实上, 在 $\mathbb{R}^2 \setminus \{\boldsymbol{0}\}$ 上定义的向量场 $\boldsymbol{X}(x,y) = \left(\dfrac{-y}{x^2+y^2}, \dfrac{x}{x^2+y^2}\right)$ 就是如此. 为了得到正面的结果, 我们引进单连通区域的概念.

设 D 为 $\mathbb{R}^n$ 上的区域, 如果 D 中任何连续闭曲线都可以在 D 中连续地缩成一点, 则称 D 为**单连通区域**. 换句话说, 如果从单位圆周 S^1 到 D 的连续映射均可以连续地延拓到单位圆盘上, 则称 D 为单连通区域. 等价地说, 如果从矩形的边界到 D 的连续映射均可以连续地延拓到整个矩形上, 则称 D 为单连通区域.

定理 19.1.3 设 D 为 $\mathbb{R}^2$ 上的单连通区域, $\boldsymbol{X} = (P,Q)$ 为 D 上的 C^1 向量场. 如果 $Q_x = P_y$, 则 $\boldsymbol{X}$ 为保守场.

证明 我们模仿上述命题的证明. 固定一点 $\boldsymbol{p}_0 \in D$. 由例 14.5.5 可知, 当 $(x,y) \in D$ 时, 在 D 中存在连接 $\boldsymbol{p}_0$ 和 (x,y) 的折线段 σ. 定义

$$\phi(x,y) = \int_\sigma \boldsymbol{X} \cdot \mathrm{d}\vec{s}.$$

我们要说明 $\phi(x,y)$ 与道路 σ 的选取无关, 这样的话由上述命题的证明就可知 $\nabla\phi = \boldsymbol{X}$.

设 τ 是 D 中连接 $\boldsymbol{p}_0$ 和 (x,y) 的另一折线段. 由题设可知, 存在连续映射 $\boldsymbol{\psi}: [0,1]^2 \to D$, 使得 $\boldsymbol{\psi}(0,\cdot) = \sigma$, $\boldsymbol{\psi}(1,\cdot) = \tau$ 且

$$\boldsymbol{\psi}(\cdot,0) \equiv \boldsymbol{p}_0, \quad \boldsymbol{\psi}(\cdot,1) \equiv (x,y).$$

我们要将 $\boldsymbol{\psi}$ 改造成分片光滑的连续映射, 从而便于应用 Green 公式.

由 $\boldsymbol{\psi}([0,1]^2)$ 为 D 中的有界闭集可知, 存在 $\delta>0$, 使得

$$\left\{\boldsymbol{u}\in\mathbb{R}^2 \mid d(\boldsymbol{u},\boldsymbol{\psi}([0,1]^2))\leqslant\delta\right\}\subset D. \tag{19.1.1}$$

由 $\boldsymbol{\psi}$ 的一致连续性还可以知道, 当 m 为充分大的正整数时, 每一个 $\boldsymbol{\psi}(I_{ij})$ 的直径均小于 δ, 其中

$$I_{ij}=[s_i,s_{i+1}]\times[t_j,t_{j+1}],\ s_i=\frac{i}{m},\ t_j=\frac{j}{m},\ i,j=0,1,\cdots,m-1.$$

不妨设 σ 和 τ 在每一个小区间 $[t_j,t_{j+1}]$ 上均为直线段. 记 $\boldsymbol{v}_{i,j}=\boldsymbol{\psi}(s_i,t_j)$, 当 $(s,t)\in I_{ij}$ $(0\leqslant i,j\leqslant m-1)$ 时, 令

$$\begin{aligned}\boldsymbol{\varphi}(s,t)=&\,m^2(s_{i+1}-s)(t_{j+1}-t)\boldsymbol{v}_{i,j}+m^2(s_{i+1}-s)(t-t_j)\boldsymbol{v}_{i,j+1}+\\&\,m^2(s-s_i)(t_{j+1}-t)\boldsymbol{v}_{i+1,j}+m^2(s-s_i)(t-t_j)\boldsymbol{v}_{i+1,j+1},\end{aligned}$$

这样可以得到一个连续映射 $\boldsymbol{\varphi}:[0,1]^2\to\mathbb{R}^2$. 利用 (19.1.1) 式容易验证 $\boldsymbol{\varphi}([0,1]^2)\subset D$. 注意到 $\boldsymbol{\varphi}(\cdot,0)\equiv\boldsymbol{p}_0$, $\boldsymbol{\varphi}(\cdot,1)=(x,y)$ 且

$$\boldsymbol{\varphi}(s_i,t_j)=\boldsymbol{v}_{i,j}=\boldsymbol{\psi}(s_i,t_j),\ \forall\ 0\leqslant i,j\leqslant m.$$

特别地, $\boldsymbol{\varphi}(0,\cdot)=\sigma$, $\boldsymbol{\varphi}(1,\cdot)=\tau$.

记 $\omega=P\,\mathrm{d}x+Q\,\mathrm{d}y$, 由题设可知 $\mathrm{d}\omega=0$. 在每一个小矩形 I_{ij} 上 $\boldsymbol{\varphi}$ 均为光滑映射, 且

$$\mathrm{d}(\boldsymbol{\varphi}^*\omega)=\boldsymbol{\varphi}^*(\mathrm{d}\omega)=0.$$

由 Green 公式可知

$$\int_{\partial I_{ij}}\boldsymbol{\varphi}^*\omega=0,\ \ \forall\ 0\leqslant i,j\leqslant m-1,$$

其中 ∂I_{ij} 均取逆时针方向. 在两个相邻小矩形的公共边上, 两个第二型积分相互抵消了, 于是有

$$\int_{\partial[0,1]^2}\boldsymbol{\varphi}^*\omega=\sum_{0\leqslant i,j\leqslant m-1}\int_{\partial I_{ij}}\boldsymbol{\varphi}^*\omega=0.$$

由 $\boldsymbol{\varphi}^*\omega$ 在 $[0,1]\times\{0\}$ 和 $[0,1]\times\{1\}$ 上为零以及 $\boldsymbol{\varphi}(0,\cdot)=\sigma$, $\boldsymbol{\varphi}(1,\cdot)=\tau$ 即可得到

$$\int_\tau\omega-\int_\sigma\omega=\int_{\partial[0,1]^2}\boldsymbol{\varphi}^*\omega=0,$$

这就得到了欲证结论. □

一个自然的问题就是: 已知 $Q_x=P_y$, 如何求出势函数 ϕ? 根据上述定理的证明, 我们可以使用积分法, 即沿适当的路径对 $\boldsymbol{X}$ 进行积分从而求出一个势函数. 我们也可以通过解方程组 $\phi_x=P$, $\phi_y=Q$ 去求出 ϕ.

例 19.1.1 验证 $\boldsymbol{X}=(3x^2-6xy,3y^2-3x^2)$ 是 $\mathbb{R}^2$ 上的有势场, 并求其势函数.

解 任给 $(x,y)\in\mathbb{R}^2$, 考虑 $\boldsymbol{X}$ 沿折线 $(0,0)---(x,0)---(x,y)$ 的积分. 注意在第一段上 $y=0$, 在第二段上 x 不变, 因此

$$\phi(x,y)=\int_{(0,0)}^{(x,0)}(3x^2-0)\,\mathrm{d}x+\int_{(x,0)}^{(x,y)}(3y^2-3x^2)\,\mathrm{d}y=x^3+y^3-3x^2y.$$

容易验证这是 $\boldsymbol{X}$ 的一个势函数. 一般的势函数可以写成

$$u(x,y)=x^3+y^3-3x^2y+C,$$

其中 C 是任意常数. □

我们还可以使用凑全微分法去寻找势函数. 注意到 $\nabla\phi=(P,Q)$ 可以改写为

$$\mathrm{d}\phi=P\,\mathrm{d}x+Q\,\mathrm{d}y.$$

即若能将上式右边的微分形式凑成全微分, 也就可以得到一个势函数.

一般地, 设 D 为 $\mathbb{R}^n$ 上的区域, $\boldsymbol{X}$ 是 D 上的向量场, 记为

$$\boldsymbol{X}=(f_1,f_2,\cdots,f_n)=\sum_{i=1}^n f_i\boldsymbol{e}_i,$$

其中 $\{\boldsymbol{e}_i\}_{i=1}^n$ 为 $\mathbb{R}^n$ 的标准正交基. 定义

$$\boldsymbol{X}^\flat=\sum_{i=1}^n f_i\mathrm{d}x_i,$$

称为 $\boldsymbol{X}$ 的对偶 1–形式. 例如, 若 $\boldsymbol{X}=\nabla\phi$, 则 $\boldsymbol{X}^\flat=\mathrm{d}\phi$. 如果 $\boldsymbol{X}=\nabla\phi$ 为 C^1 的保守场, 则

$$\mathrm{d}\boldsymbol{X}^\flat=\mathrm{d}^2\phi=0,$$

即 $\boldsymbol{X}^\flat$ 是闭形式. 若 D 为单连通区域, 则用上述定理的证明方法可以证明 $H_{dR}^1(D)=\{0\}$, 即闭的 1–形式一定是恰当形式. 这说明在单连通区域上的向量场 $\boldsymbol{X}$ 为保守场当且仅当 $\boldsymbol{X}^\flat$ 为闭形式.

习题 19.1

1. 在 $\mathbb{R}^n$ 上记 $r=\|\boldsymbol{x}\|$, 计算 ∇r 和 ∇r^2.

2. 设 f,g 为可微函数, λ,μ 为常数, 证明:

$$\nabla(\lambda f+\mu g)=\lambda\nabla f+\mu\nabla g,\quad \nabla(fg)=f\nabla g+g\nabla f.$$

3. 设 f 为可微函数, ϕ 为一元可微函数, 证明: $\nabla\big(\phi(f)\big)=\phi'(f)\nabla f$.

4. 设 f, g 为可微函数, $g \neq 0$, 证明: $\nabla\left(\dfrac{f}{g}\right) = g^{-2}(g\nabla f - f\nabla g)$.

5. 验证 $\boldsymbol{X} = (2x\cos y - y^2\sin x,\ 2y\cos x - x^2\sin y)$ 为 $\mathbb{R}^2$ 上的有势场, 并求其势函数.

6. 求函数 ϕ, 使得 $\mathrm{d}\phi = (4x^3y^3 - 3y^2 + 5)\,\mathrm{d}x + (3x^4y^2 - 6xy - 4)\,\mathrm{d}y$.

7. 设 $\boldsymbol{X} = \big(yz(2x+y+z),\ xz(x+2y+z),\ xy(x+y+2z)\big)$, 验证 $\boldsymbol{X}$ 是 $\mathbb{R}^3$ 上的有势场, 并求其势函数.

8. 验证下列积分与路径无关, 并计算其值:

(1) $\displaystyle\int_\sigma (x^2-2yz)\,\mathrm{d}x + (y^2-2zx)\,\mathrm{d}y + (z^2-2xy)\,\mathrm{d}z$, 其中 σ 是从 $(0,0,0)$ 到 (a,b,c) 的曲线;

(2) $\displaystyle\int_\sigma \frac{x\,\mathrm{d}x + y\,\mathrm{d}y + z\,\mathrm{d}z}{\sqrt{x^2+y^2+z^2}}$, 其中 σ 是 $\mathbb{R}^3 \setminus \{(0,0,0)\}$ 中从球面 $x^2+y^2+z^2=1$ 上一点到球面 $x^2+y^2+z^2=2$ 上一点的曲线.

9. 设 Ω 为 $\mathbb{R}^n$ 上的区域, $\boldsymbol{p}_0 \in \Omega$, f 为 Ω 上的 C^1 函数, 证明:

$$\nabla f(\boldsymbol{p}_0) = \lim_{r\to 0^+} \frac{1}{\nu(B_r(\boldsymbol{p}_0))} \int_{\partial B_r(\boldsymbol{p}_0)} f\,\mathrm{d}\vec{\sigma},$$

其中 $\mathrm{d}\vec{\sigma} = \boldsymbol{n}\,\mathrm{d}\sigma$, $\boldsymbol{n}$ 为单位外法向量.

10. 设 $\{x_i\}_{i=1}^n$ 为 $\mathbb{R}^n$ 上的直角坐标系, 考虑坐标变换 $\boldsymbol{x} = \boldsymbol{\varphi}(\boldsymbol{u})$, 其中 $\boldsymbol{u} = (u_1, u_2, \cdots, u_n)$. 设 f 为可微函数, 证明: 在坐标系 $\{u_i\}_{i=1}^n$ 中梯度场 ∇f 可以表示为

$$\nabla f = \sum_{i=1}^n \frac{\partial f}{\partial u_i}\nabla u_i.$$

19.2 散度和 Laplace 算子

我们首先回顾散度的定义. 设 U 为 $\mathbb{R}^n$ 中的开集, $\boldsymbol{X} = (f_1, f_2, \cdots, f_n)$ 是 U 上的 C^1 向量场, 其散度 $\mathrm{div}(\boldsymbol{X})$ 是 U 上的标量场, 在标准直角坐标系中的计算公式为

$$\mathrm{div}(\boldsymbol{X}) = \sum_{i=1}^n \frac{\partial f_i}{\partial x_i}.$$

在物理中, 散度也称为通量密度, 它是不依赖于直角坐标系的量.

将梯度和散度结合起来可以得到重要的 Laplace① 算子. 设 U 为 $\mathbb{R}^n$ 中的开集, f

① Laplace, Pierre-Simon, marquis de, 1749 年 3 月 23 日—1827 年 3 月 5 日, 法国数学家、天文学家.

是 U 上的 C^2 函数 (标量场), f 的 Laplace 定义为

$$\Delta f = \operatorname{div}(\nabla f).$$

Δ 称为作用在标量场上的 Laplace 算子. 在直角坐标系 $\{x_i\}_{i=1}^n$ 中, 显然有

$$\Delta f = \sum_{i=1}^n \frac{\partial^2 f}{\partial x_i^2}.$$

如果 $\Delta f = 0$, 则称 f 为 U 上的**调和函数**.

例如, 记 $r = \|\boldsymbol{x}\|$, 则当 $n=2$ 时 $\ln r$ 是 $\mathbb{R}^2 \setminus \{\mathbf{0}\}$ 上的调和函数; $n \geqslant 3$ 时 r^{2-n} 是 $\mathbb{R}^n \setminus \{\mathbf{0}\}$ 上的调和函数. 调和函数具有很多特别的性质, 我们用散度定理来给出所谓的**平均值公式**.

定理 19.2.1 (平均值公式) 设 f 为 U 上的调和函数, 如果 $\overline{B_R(\boldsymbol{x}^0)} \subset U$, 则

$$f(\boldsymbol{x}^0) = \frac{1}{\nu(B_R(\boldsymbol{x}^0))} \int_{B_R(\boldsymbol{x}^0)} f(\boldsymbol{x})\,\mathrm{d}\boldsymbol{x}.$$

证明 不妨设 $\boldsymbol{x}^0 = \mathbf{0}$. 当 $\boldsymbol{x} \in B_R = B_R(\mathbf{0})$ 时, 利用 Newton-Leibniz 公式可得

$$f(\boldsymbol{x}) - f(\mathbf{0}) = \int_0^1 \frac{\mathrm{d}}{\mathrm{d}t} f(t\boldsymbol{x})\,\mathrm{d}t = \int_0^1 \nabla f(t\boldsymbol{x}) \cdot \boldsymbol{x}\,\mathrm{d}t.$$

积分, 利用散度定理可得

$$\begin{aligned}
&\int_{B_R} f(\boldsymbol{x})\,\mathrm{d}\boldsymbol{x} - \nu(B_R) f(\mathbf{0}) \\
&= \int_0^1 \mathrm{d}t \int_{B_R} \nabla f(t\boldsymbol{x}) \cdot \boldsymbol{x}\,\mathrm{d}\boldsymbol{x} \\
&= \int_0^1 \mathrm{d}t \int_{B_R} \operatorname{div}\left[\frac{\|\boldsymbol{x}\|^2}{2} \nabla f(t\boldsymbol{x})\right] \mathrm{d}\boldsymbol{x} - \int_0^1 \mathrm{d}t \int_{B_R} \frac{\|\boldsymbol{x}\|^2}{2} t\,\Delta f(t\boldsymbol{x})\,\mathrm{d}\boldsymbol{x} \\
&= \int_0^1 \mathrm{d}t\, \frac{R^2}{2} \int_{\partial B_R} \nabla f(t\boldsymbol{x}) \cdot \boldsymbol{n}\,\mathrm{d}\sigma \\
&= \int_0^1 \mathrm{d}t\, \frac{R^2}{2} \int_{B_R} t\,\Delta f(t\boldsymbol{x})\,\mathrm{d}\boldsymbol{x} = 0,
\end{aligned}$$

定理证毕. □

推论 19.2.2 (Liouville 定理) 设 f 为 $\mathbb{R}^n$ 上的调和函数. 如果 $f \geqslant 0$, 则 f 必为常值函数. 特别地, $\mathbb{R}^n$ 上的有界调和函数必为常值函数.

证明 任取 $\boldsymbol{p}, \boldsymbol{q} \in \mathbb{R}^n$, 记 $d = \|\boldsymbol{p} - \boldsymbol{q}\|$. 当 $R > 0$ 时, 由三角不等式可知 $B_R(\boldsymbol{p}) \subseteq B_{R+d}(\boldsymbol{q})$. 由平均值不等式以及 $f \geqslant 0$ 可得

$$f(\boldsymbol{p}) = \frac{1}{\nu(B_R(\boldsymbol{p}))} \int_{B_R(\boldsymbol{p})} f(\boldsymbol{x})\,\mathrm{d}\boldsymbol{x} \leqslant \frac{1}{\nu(B_R(\boldsymbol{p}))} \int_{B_{R+d}(\boldsymbol{q})} f(\boldsymbol{x})\,\mathrm{d}\boldsymbol{x}$$

$$= \frac{\nu(B_{R+d}(\boldsymbol{q}))}{\nu(B_R(\boldsymbol{p}))} f(\boldsymbol{q}) = \left(1 + \frac{d}{R}\right)^n f(\boldsymbol{q}).$$

令 $R \to +\infty$ 可得 $f(\boldsymbol{p}) \leqslant f(\boldsymbol{q})$. 交换 $\boldsymbol{p}, \boldsymbol{q}$ 的位置可知 $f(\boldsymbol{q}) \leqslant f(\boldsymbol{p})$, 这说明 $f(\boldsymbol{p}) = f(\boldsymbol{q})$, 因此 f 为常值函数. □

在实际应用中, 我们经常根据需要在空间中选取曲线坐标系. 下面我们来推导曲线坐标系中散度的计算公式. 我们首先利用微分形式重新表述散度: 设 $\boldsymbol{X}$ 如上, 记

$$\omega = \sum_{i=1}^{n} (-1)^{i-1} f_i \,\mathrm{d}x_1 \wedge \cdots \wedge \widehat{\mathrm{d}x_i} \wedge \cdots \wedge \mathrm{d}x_n,$$

它是 U 上的 $(n-1)$–形式, 求外微分可得

$$\begin{aligned}
\mathrm{d}\omega &= \sum_{i=1}^{n} (-1)^{i-1} \mathrm{d}f_i \wedge \mathrm{d}x_1 \wedge \cdots \wedge \widehat{\mathrm{d}x_i} \wedge \cdots \wedge \mathrm{d}x_n \\
&= \sum_{i=1}^{n} (-1)^{i-1} \sum_{j=1}^{n} \frac{\partial f_i}{\partial x_j} \mathrm{d}x_j \wedge \mathrm{d}x_1 \wedge \cdots \wedge \widehat{\mathrm{d}x_i} \wedge \cdots \wedge \mathrm{d}x_n \\
&= \sum_{i=1}^{n} (-1)^{i-1} \frac{\partial f_i}{\partial x_i} \mathrm{d}x_i \wedge \mathrm{d}x_1 \wedge \cdots \wedge \widehat{\mathrm{d}x_i} \wedge \cdots \wedge \mathrm{d}x_n \\
&= \sum_{i=1}^{n} \frac{\partial f_i}{\partial x_i} \mathrm{d}x_1 \wedge \cdots \wedge \mathrm{d}x_n = \mathrm{div}(\boldsymbol{X})\, \mathrm{d}\boldsymbol{x}.
\end{aligned}$$

考虑坐标变换 $\boldsymbol{x} = \boldsymbol{\varphi}(\boldsymbol{u})$, 其中 $\boldsymbol{\varphi} : D \to U$ 为 C^2 映射, D 为 $\mathbb{R}^n$ 中的开集. 我们要求 $\det J\boldsymbol{\varphi}$ 在 D 上处处非零. 记

$$\boldsymbol{\varphi}(\boldsymbol{u}) = (\varphi_1(\boldsymbol{u}), \cdots, \varphi_n(\boldsymbol{u})), \quad \boldsymbol{u} = (u_1, \cdots, u_n) \in D.$$

利用拉回映射可得

$$\begin{aligned}
\boldsymbol{\varphi}^*\omega &= \sum_{i=1}^{n} (-1)^{i-1} f_i(\boldsymbol{\varphi})\, \mathrm{d}\varphi_1 \wedge \cdots \wedge \widehat{\mathrm{d}\varphi_i} \wedge \cdots \wedge \mathrm{d}\varphi_n \\
&= \sum_{i,j=1}^{n} (-1)^{i-1} f_i(\boldsymbol{\varphi}) \frac{\partial(\varphi_1 \cdots \widehat{\varphi_i} \cdots \varphi_n)}{\partial(u_1 \cdots \widehat{u_j} \cdots u_n)} \mathrm{d}u_1 \wedge \cdots \widehat{\mathrm{d}u_j} \wedge \cdots \wedge \mathrm{d}u_n \\
&= \sum_{i,j=1}^{n} (-1)^{j-1} f_i(\boldsymbol{\varphi}) \varphi_{ij}\, \mathrm{d}u_1 \wedge \cdots \widehat{\mathrm{d}u_j} \wedge \cdots \wedge \mathrm{d}u_n,
\end{aligned}$$

其中

$$\varphi_{ij} = (-1)^{i+j} \frac{\partial(\varphi_1 \cdots \widehat{\varphi_i} \cdots \varphi_n)}{\partial(u_1 \cdots \widehat{u_j} \cdots u_n)},$$

它是 Jacobi 矩阵 $J\boldsymbol{\varphi}$ 在 (i,j) 位置的代数余子式. 求外微分可得

$$\mathrm{d}(\boldsymbol{\varphi}^*\omega) = \sum_{i,j=1}^{n} \frac{\partial}{\partial u_j} \big[f_i(\boldsymbol{\varphi})\varphi_{ij}\big]\, \mathrm{d}u_1 \wedge \cdots \wedge \mathrm{d}u_n.$$

另一方面, 根据拉回映射与外微分运算可以交换次序可得

$$\begin{aligned} \mathrm{d}(\boldsymbol{\varphi}^*\omega) &= \boldsymbol{\varphi}^*(\mathrm{d}\omega) = \boldsymbol{\varphi}^*(\mathrm{div}(\boldsymbol{X})\,\mathrm{d}\boldsymbol{x}) \\ &= \mathrm{div}(\boldsymbol{X})(\boldsymbol{\varphi})\,\mathrm{d}\varphi_1 \wedge \cdots \wedge \mathrm{d}\varphi_n \\ &= \mathrm{div}(\boldsymbol{X})(\boldsymbol{\varphi})\det J\boldsymbol{\varphi}\,\mathrm{d}u_1 \wedge \cdots \wedge \mathrm{d}u_n, \end{aligned}$$

这说明

$$\mathrm{div}(\boldsymbol{X})(\boldsymbol{\varphi}) = \frac{1}{\det J\boldsymbol{\varphi}} \sum_{i,j=1}^{n} \frac{\partial}{\partial u_j}\big[f_i(\boldsymbol{\varphi})\varphi_{ij}\big]. \tag{19.2.1}$$

下面我们考虑一种常用的曲线坐标系. 若 $(J\boldsymbol{\varphi})^{\mathrm{T}}$ 的行向量 $\{\boldsymbol{\varphi}_{u_j}\}_{j=1}^n$ 互相垂直, 则称 $\{u_i\}_{i=1}^n$ 为正交曲线坐标系. 此时

$$(J\boldsymbol{\varphi})^{\mathrm{T}} J\boldsymbol{\varphi} = \mathrm{diag}\big(h_1^2, \cdots, h_n^2\big), \tag{19.2.2}$$

其中

$$h_j = \|\boldsymbol{\varphi}_{u_j}\|, \quad j = 1, 2, \cdots, n,$$

$\{h_j\}_{j=1}^n$ 称为坐标系的 Lamé① 系数. 由 (19.2.2) 式可知

$$(J\boldsymbol{\varphi})^{-1} = \mathrm{diag}\big(h_1^{-2}, \cdots, h_n^{-2}\big)(J\boldsymbol{\varphi})^{\mathrm{T}}.$$

另一方面, 在线性代数中我们知道 $(J\boldsymbol{\varphi})^{-1} = (\det J\boldsymbol{\varphi})^{-1}(J\boldsymbol{\varphi})^*$, 其中 $(J\boldsymbol{\varphi})^*$ 在 (i,j) 位置的元素等于 φ_{ji}, 这说明

$$\varphi_{ij} = \frac{\det J\boldsymbol{\varphi}}{h_j^2}\frac{\partial \varphi_i}{\partial u_j}.$$

代入 (19.2.1) 式可得

$$\mathrm{div}(\boldsymbol{X})(\boldsymbol{\varphi}) = \frac{1}{\det J\boldsymbol{\varphi}} \sum_{j=1}^{n} \frac{\partial}{\partial u_j}\big[X_j \det J\boldsymbol{\varphi}\big],$$

其中

$$X_j = \frac{1}{h_j^2}\sum_{i=1}^{n} f_i(\boldsymbol{\varphi})\frac{\partial \varphi_i}{\partial u_j}.$$

注意到 $\det J\boldsymbol{\varphi} = \pm h_1 \cdots h_n$, 因此也有

$$\mathrm{div}(\boldsymbol{X})(\boldsymbol{\varphi}) = \frac{1}{h_1 \cdots h_n} \sum_{j=1}^{n} \frac{\partial}{\partial u_j}\big[X_j h_1 \cdots h_n\big]. \tag{19.2.3}$$

① Lamé, Gabriel, 1795 年 7 月 22 日—1870 年 5 月 1 日, 法国数学家.

我们断言: 在正交曲线坐标系中 $\boldsymbol{X}$ 可以表示为

$$\boldsymbol{X}(\boldsymbol{\varphi})=\sum_{j=1}^{n} X_j\boldsymbol{\varphi}_{u_j}. \tag{19.2.4}$$

事实上, 记

$$\hat{\boldsymbol{e}}_j=\frac{1}{h_j}\boldsymbol{\varphi}_{u_j},\quad j=1,\cdots,n,$$

则 $\{\hat{\boldsymbol{e}}_j\}_{j=1}^n$ 为标准正交基. 由链式法则可得

$$\boldsymbol{X}(\boldsymbol{\varphi})\cdot\hat{\boldsymbol{e}}_j=\frac{1}{h_j}\sum_{i=1}^{n} f_i(\boldsymbol{\varphi})\boldsymbol{e}_i\cdot\boldsymbol{\varphi}_{u_j}=\frac{1}{h_j}\sum_{i=1}^{n} f_i(\boldsymbol{\varphi})\frac{\partial\varphi_i}{\partial u_j}=h_jX_j,$$

于是

$$\boldsymbol{X}(\boldsymbol{\varphi})=\sum_{j=1}^{n}\big[\boldsymbol{X}(\boldsymbol{\varphi})\cdot\hat{\boldsymbol{e}}_j\big]\hat{\boldsymbol{e}}_j=\sum_{j=1}^{n} X_j\boldsymbol{\varphi}_{u_j}.$$

在正交曲线坐标系中, 我们有

$$\begin{aligned}\nabla f(\boldsymbol{\varphi})&=\sum_{j=1}^{n}\big[\nabla f(\boldsymbol{\varphi})\cdot\hat{\boldsymbol{e}}_j\big]\hat{\boldsymbol{e}}_j=\sum_{j=1}^{n}\frac{1}{h_j^2}[\nabla f(\boldsymbol{\varphi})\cdot\boldsymbol{\varphi}_{u_j}]\boldsymbol{\varphi}_{u_j}\\&=\sum_{j=1}^{n}\frac{1}{h_j^2}\frac{\partial f(\boldsymbol{\varphi})}{\partial u_j}\boldsymbol{\varphi}_{u_j}.\end{aligned}$$

由 (19.2.3) 式可得

$$\Delta f(\boldsymbol{\varphi})=\frac{1}{h_1\cdots h_n}\sum_{j=1}^{n}\frac{\partial}{\partial u_j}\left[\frac{h_1\cdots h_n}{h_j^2}\frac{\partial f(\boldsymbol{\varphi})}{\partial u_j}\right]. \tag{19.2.5}$$

这就得到了 Laplace 算子在正交曲线坐标下的表达式.

例 19.2.1　求梯度和 Laplace 算子在平面极坐标下的表达式.

解　平面直角坐标 (x,y) 和极坐标 (r,θ) 之间的变换关系为

$$(x,y)=\boldsymbol{\varphi}(r,\theta)=(r\cos\theta,\ r\sin\theta).$$

求导可得

$$\boldsymbol{\varphi}_r=(\cos\theta,\ \sin\theta),\quad \boldsymbol{\varphi}_\theta=(-r\sin\theta,\ r\cos\theta).$$

由此可见极坐标是正交曲线坐标. 其 Lamé 系数为

$$h_1=\|\boldsymbol{\varphi}_r\|=1,\quad h_2=\|\boldsymbol{\varphi}_\theta\|=r,$$

其中设 $f=f(x,y)$ 为平面上的 C^2 函数, 其梯度在极坐标中可以表示为

$$\nabla f=\frac{\partial f}{\partial r}\boldsymbol{\varphi}_r+\frac{1}{r^2}\frac{\partial f}{\partial\theta}\boldsymbol{\varphi}_\theta.$$

由 (19.2.5) 式可得

$$\Delta f = \frac{1}{r}\frac{\partial}{\partial r}\left(r\frac{\partial f}{\partial f}\right) + \frac{1}{r^2}\frac{\partial^2 f}{\partial \theta^2}.$$

这是平面 Laplace 算子在极坐标下的表达式. □

习题 19.2

1. 求向量场 $\boldsymbol{X} = (y, zx, xy)$ 通过方体 $[-1,1]^3$ 的表面的通量, 其中方体表面的方向为外侧.

2. 求向量场 $\boldsymbol{X} = (x^2, y^2, z^2)$ 通过球面 $x^2+y^2+z^2=1,\ x>0,\ y>0,\ z>0$ 的部分的通量, 其中球面的方向为外侧.

3. 求引力场 $\boldsymbol{F} = \kappa r^{-3}\boldsymbol{r}$ 的散度, 其中 κ 为常数, $\boldsymbol{r} = (x,y,z)$, $r = \sqrt{x^2+y^2+z^2}$.

4. 求电场 $\boldsymbol{E} = \kappa r^{-3}\boldsymbol{r}$ 穿过围绕 $\mathbb{R}^3$ 的坐标原点的任一光滑封闭曲面的电通量, 其中 κ 为常数.

5. 在 $\mathbb{R}^n$ 上记 $\boldsymbol{r} = (x_1, x_2, \cdots, x_n)$, 求 $\mathrm{div}(\boldsymbol{r})$ 和 $\mathrm{div}\big(r^{-1}\boldsymbol{r}\big)$.

6. 设 f 为 C^1 函数, $\boldsymbol{X}$ 为 C^1 向量场, 证明:

$$\mathrm{div}(f\boldsymbol{X}) = f\mathrm{div}(\boldsymbol{X}) + \nabla f\cdot\boldsymbol{X}.$$

7. 验证: 当 $n=2$ 时, $\ln r$ 是 $\mathbb{R}^2\setminus\{\boldsymbol{0}\}$ 上的调和函数; 当 $n\geqslant 3$ 时, r^{2-n} 是 $\mathbb{R}^n\setminus\{\boldsymbol{0}\}$ 上的调和函数.

8. 设 f, g 为 C^2 函数, 证明:

$$\mathrm{div}(f\nabla g) = \nabla f\cdot\nabla g + f\Delta g,\quad \Delta(fg) = f\Delta g + g\Delta f + 2\nabla f\cdot\nabla g.$$

9. 设 $D\subset\mathbb{R}^n$ 为具有 C^1 边界的有界开集, $\boldsymbol{n}$ 是边界上的单位外法向量. 若 $f, g\in C^2(\bar{D})$, 证明:

$$\int_D (f\Delta g - g\Delta f)\,\mathrm{d}x = \int_{\partial D}\left(f\frac{\partial g}{\partial\boldsymbol{n}} - g\frac{\partial f}{\partial\boldsymbol{n}}\right)\mathrm{d}\sigma.$$

10. 设 $D\subset\mathbb{R}^n$ 为具有 C^1 边界的有界开集, $f, g\in C^2(\bar{D})$ 且均为调和函数. 若在 ∂D 上 $f=g$, 证明: $f\equiv g$.

11. 设 $D\subset\mathbb{R}^n$ 为具有 C^1 边界的有界区域, $f\in C^2(\bar{D})$ 且为调和函数. 证明: f 在 D 的内部达不到最大值或最小值, 除非 f 恒为常数.

12. 设 $p(z)$ 是复平面上的多项式. 如果 $p(z)$ 没有零点, 则 $\dfrac{1}{p(z)}$ 的实部和虚部均为有界调和函数, 从而必为常数. 由此推出代数基本定理.

13. 在 $\mathbb{R}^3$ 的球坐标系和柱坐标系中求散度的计算公式.

19.3　旋度场

设 U 是 $\mathbb{R}^3$ 中的开集, $\boldsymbol{X}=(P,Q,R)$ 为 U 上的 C^1 向量场, 记

$$\operatorname{rot}(\boldsymbol{X})=(R_y-Q_z,\ P_z-R_x,\ Q_x-P_y),$$

称为 $\boldsymbol{X}$ 的**旋度**, 也记为 $\operatorname{curl}(\boldsymbol{X})$. 为了便于记忆, 上式形式上可以写为

$$\operatorname{rot}(\boldsymbol{X})=\nabla\times\boldsymbol{X}=\begin{vmatrix}\mathbf{i} & \mathbf{j} & \mathbf{k}\\ \partial_x & \partial_y & \partial_z\\ P & Q & R\end{vmatrix},$$

其中 $\{\mathbf{i},\mathbf{j},\mathbf{k}\}=\{\boldsymbol{e}_1,\boldsymbol{e}_2,\boldsymbol{e}_3\}$ 是 $\mathbb{R}^3$ 的标准正交基, $\nabla=\mathbf{i}\partial_x+\mathbf{j}\partial_y+\mathbf{k}\partial_z$ 称为 Hamilton 算子, 又称 Nabla 算子.

在物理中, 旋度与环流量的面密度密切相关. 设 σ 是 U 中的一条给定方向的闭曲线, 我们称第二型曲线积分

$$\oint_\sigma \boldsymbol{X}\cdot\mathrm{d}\vec{s}$$

为向量场 $\boldsymbol{X}$ 沿 σ 的**环流量**. 设 $\boldsymbol{p}_0\in U$, $\boldsymbol{n}$ 为单位向量, 以 $\boldsymbol{p}_0$ 为中心, r 为半径作一个垂直于 $\boldsymbol{n}$ 的小圆盘 D_r. D_r 的方向由法向量 $\boldsymbol{n}$ 决定, ∂D_r 的方向为诱导定向. 此时, $\boldsymbol{X}$ 沿 ∂D_r 的环流量与 D_r 的面积的比值

$$\frac{1}{\nu(D_r)}\oint_{\partial D_r}\boldsymbol{X}\cdot\mathrm{d}\vec{s}$$

表示向量场 $\boldsymbol{X}$ 绕 $\boldsymbol{n}$ 轴旋转的环流量对面积的平均变换率. 当 $r\to0^+$ 时, 此比值的极限反映了向量场 $\boldsymbol{X}$ 绕 $\boldsymbol{n}$ 轴的旋转状况. 为了计算这一极限, 利用 Stokes 公式和积分中值公式可得

$$\frac{1}{\nu(D_r)}\oint_{\partial D_r}\boldsymbol{X}\cdot\mathrm{d}\vec{s}=\frac{1}{\nu(D_r)}\iint_{D_r}\operatorname{rot}(\boldsymbol{X})\cdot\boldsymbol{n}\,\mathrm{d}\sigma=\operatorname{rot}(\boldsymbol{X})(\boldsymbol{p})\cdot\boldsymbol{n},$$

其中 $\boldsymbol{p}\in\overline{D_r}$. 当 $r\to0^+$ 时, $\boldsymbol{p}\to\boldsymbol{p}_0$, 于是

$$\lim_{r\to0^+}\frac{1}{\nu(D_r)}\oint_{\partial D_r}\boldsymbol{X}\cdot\mathrm{d}\vec{s}=\operatorname{rot}(\boldsymbol{X})(\boldsymbol{p}_0)\cdot\boldsymbol{n},$$

这是旋度 $\operatorname{rot}(\boldsymbol{X})$ 在 $\boldsymbol{n}$ 上的投影.

从上述讨论可以看出, 将小圆盘换成一列收缩到 $\boldsymbol{p}_0$ 的平面小区域时类似的结论也成立. 同时也可以看出, 旋度的定义其实不依赖于直角坐标系 (但依赖于空间的定向). 下面我们在曲线正交坐标系中计算旋度场的表达式.

引理 19.3.1 *设 f 为 C^1 函数, $\boldsymbol{X}$ 为 C^1 向量场, 则*

$$\operatorname{rot}(f\boldsymbol{X}) = \nabla f \times \boldsymbol{X} + f\operatorname{rot}(\boldsymbol{X}).$$

证明 这可以通过直接计算得到, 留作练习. □

设 $\{u_i\}_{i=1}^n$ 为曲线正交坐标系, 相应的坐标变换为 $\boldsymbol{\varphi} = \boldsymbol{\varphi}(u)$, 我们要求 $\det J\boldsymbol{\varphi} > 0$. 在此曲线坐标系中, 设向量场 $\boldsymbol{X}$ 可以表示为

$$\boldsymbol{X} = \sum_{i=1}^{3} X_i \boldsymbol{\varphi}_{u_i}.$$

由前一节关于梯度的计算公式可知 $\nabla u_i = h_i^{-2}\boldsymbol{\varphi}_{u_i}$, 因此有

$$\boldsymbol{X} = \sum_{i=1}^{3} X_i h_i^2 \nabla u_i,$$

其中 $\{h_i\}_{i=1}^3$ 为 Lamé 系数. 注意到 $\operatorname{rot}(\nabla u_i) = 0$, 由上述引理可得

$$\operatorname{rot}(\boldsymbol{X}) = \sum_{i=1}^{3} \nabla(X_i h_i^2) \times \nabla u_i = \sum_{i,j=1}^{3} \frac{\partial(X_i h_i^2)}{\partial u_j} \nabla u_j \times \nabla u_i.$$

利用 $\{\nabla u_i\}_{i=1}^3$ 互相正交以及 $\det J\boldsymbol{\varphi} > 0$ 不难得出

$$\nabla u_1 \times \nabla u_2 = \lambda \boldsymbol{\varphi}_{u_3}, \quad \nabla u_2 \times \nabla u_3 = \lambda \boldsymbol{\varphi}_{u_1}, \quad \nabla u_3 \times \nabla u_1 = \lambda \boldsymbol{\varphi}_{u_2},$$

其中

$$\lambda = h_1^{-2} h_2^{-2} h_3^{-2} \det J\boldsymbol{\varphi} = (h_1 h_2 h_3)^{-1}.$$

这说明

$$\begin{aligned}\operatorname{rot}(\boldsymbol{X}) = {} & \frac{\partial_{u_2}(X_3 h_3^2) - \partial_{u_3}(X_2 h_2^2)}{h_1 h_2 h_3}\boldsymbol{\varphi}_{u_1} + \frac{\partial_{u_3}(X_1 h_1^2) - \partial_{u_1}(X_3 h_3^2)}{h_1 h_2 h_3}\boldsymbol{\varphi}_{u_2} + \\ & \frac{\partial_{u_1}(X_2 h_2^2) - \partial_{u_2}(X_1 h_1^2)}{h_1 h_2 h_3}\boldsymbol{\varphi}_{u_3}.\end{aligned}$$

上式形式上可以写成

$$\operatorname{rot}(\boldsymbol{X}) = \frac{1}{h_1 h_2 h_3}\begin{vmatrix} \boldsymbol{\varphi}_{u_1} & \boldsymbol{\varphi}_{u_2} & \boldsymbol{\varphi}_{u_3} \\ \partial_{u_1} & \partial_{u_2} & \partial_{u_3} \\ X_1 h_1^2 & X_2 h_2^2 & X_3 h_3^2 \end{vmatrix}.$$

习题 19.3

1. 求下列向量场的旋度:

(1) $\boldsymbol{X}=(y^2+z^2,\ z^2+x^2,\ x^2+y^2)$; (2) $\boldsymbol{X}=(2xy,\ \mathrm{e}^z\sin y,\ x^2+y^2+z^2)$.

2. 给出引理 19.3.1 的详细证明.

3. 设 f 为 C^2 函数, 证明: $\mathrm{rot}(\nabla f)=0$.

4. 设 $\boldsymbol{X}$ 为 C^2 向量场, 证明: $\mathrm{div}(\mathrm{rot}(\boldsymbol{X}))=0$.

5. 设 $\boldsymbol{X},\boldsymbol{Y}$ 为 C^1 向量场, 证明: $\mathrm{div}(\boldsymbol{X}\times\boldsymbol{Y})=\boldsymbol{Y}\cdot\mathrm{rot}(\boldsymbol{X})-\boldsymbol{X}\cdot\mathrm{rot}(\boldsymbol{Y})$.

6. 设 $\boldsymbol{X}=(P,Q,R)$ 为 C^2 向量场, 证明:

$$\mathrm{rot}\big(\mathrm{rot}(\boldsymbol{X})\big)=\nabla\big(\mathrm{div}(\boldsymbol{X})\big)-\Delta\boldsymbol{X},$$

其中 $\Delta\boldsymbol{X}=(\Delta P,\ \Delta Q,\ \Delta R)$.

7. 写出柱面坐标系和球面坐标系中旋度场的计算公式.

8. 设 Ω 为 $\mathbb{R}^3$ 上的区域, $\boldsymbol{p}_0\in\Omega$, $\boldsymbol{X}$ 是定义在 Ω 上的 C^1 向量场. 证明:

$$\mathrm{rot}(\boldsymbol{X})(\boldsymbol{p}_0)=\lim_{r\to0^+}\frac{1}{\nu(B_r(\boldsymbol{p}_0))}\int_{\partial B_r(\boldsymbol{p}_0)}\boldsymbol{n}\times\boldsymbol{X}\,\mathrm{d}\sigma,$$

其中 $\boldsymbol{n}$ 表示单位外法向量场.

9. 散度为零的场称为无源场. 证明: 矩形区域中的无源场必为旋度场.

10. 旋度为零的场称为无旋场. 证明: 在单连通区域上, 无旋场必为保守场.

第二十章

含参变量积分

正如函数时常以函数项级数的形式出现, 函数也时常表示为含参变量积分. 本章主要研究的是含参变量积分的基本性质, 包括含参变量积分的连续性、可微性以及可积性.

20.1 含参变量常义积分及其性质

本节介绍含参变量常义积分的连续性、可微性、可积性等. 首先, 我们引入 Arzelà① 有界收敛定理. 为此, 先引入如下引理. 我们称函数列 $\{f_n\}$ 在区间 $[a,b]$ 上一致有界, 如果存在常数 $M>0$, 使得

$$|f_n(x)| \leqslant M, \qquad \forall x \in [a,b], n \geqslant 1. \tag{20.1.1}$$

引理 20.1.1 设 $\{f_n\}$ 为 $[a,b]$ 上一致有界的非负函数列, 若

$$\lim_{n\to+\infty} f_n(x) = 0, \qquad \forall x \in [a,b], \tag{20.1.2}$$

则

$$\lim_{n\to+\infty} \underline{\int_a^b} f_n(x)\,\mathrm{d}x = 0. \tag{20.1.3}$$

证明 记 $M := \sup\limits_{x\in[a,b],n\geqslant 1} f_n(x)$. 对于 $E \subseteq [a,b]$, 用 $|E|_*$ 表示 $\underline{\int_a^b} \chi_E(x)\,\mathrm{d}x$. 当 χ_E 可积时, 用 $|E|$ 表示 $\int_a^b \chi_E(x)\,\mathrm{d}x$.

对 $n \geqslant 1$, 定义 $g_n(\cdot) := \sup\limits_{k\geqslant n} f_k(\cdot)$, 则 $\{g_n\}$ 是 $[a,b]$ 上一致有界且单调下降趋于零的函数列. 易见, 要证 (20.1.3) 式, 我们只要证明

$$\lim_{n\to+\infty} \underline{\int_a^b} g_n(x)\,\mathrm{d}x = 0. \tag{20.1.4}$$

如果 (20.1.4) 式不成立, 则 $M>0$, 且有常数 $\delta>0$ 使得

$$\underline{\int_a^b} g_n(x)\,\mathrm{d}x \geqslant 2(b-a)\delta, \qquad \forall n \geqslant 1. \tag{20.1.5}$$

记 $E_n := \{x \in [a,b] | g_n(x) \geqslant \delta\}$, $\gamma := \dfrac{(b-a)\delta}{M}$, $\gamma_n := |E_n|_*$. 则

$$\gamma_n \geqslant \frac{1}{M}\underline{\int_a^b} \chi_{E_n}(x)(g_n(x)-\delta)\,\mathrm{d}x \geqslant \frac{1}{M}\underline{\int_a^b} (g_n(x)-\delta)\,\mathrm{d}x \geqslant \frac{(b-a)\delta}{M} = \gamma, \qquad \forall n \geqslant 1.$$

---

① Arzelà, Cesare, 1847 年 3 月 6 日—1912 年 3 月 15 日, 意大利数学家.

另一方面, 由 $\{g_n\}$ 的单调性知 $\{E_n\}$ 是一列单调下降的集合, 进而 $\{\gamma_n\}$ 单调下降. 而由 $\{g_n\}$ 在 $[a,b]$ 上处处趋于零得到

$$\bigcap_{n\geqslant 1} E_n=\varnothing. \tag{20.1.6}$$

对每个 $n\geqslant 1$, 有有限个闭区间的并 F_n 使得 $F_n\subseteq E_n$, 且

$$\gamma_n\geqslant |F_n|\geqslant \gamma_n-\frac{\gamma}{2^{n+1}}. \tag{20.1.7}$$

我们有

$$\begin{aligned}\left|\bigcap_{k=1}^{2}F_k\right|&=|F_2|+|F_1|-|F_1\cup F_2|\geqslant |F_2|+|F_1|-|E_1|_*\\&\geqslant\gamma_2-\frac{\gamma}{2^3}-\frac{\gamma}{2^2},\\\left|\bigcap_{k=1}^{3}F_k\right|&=|F_3|+\left|\bigcap_{k=1}^{2}F_k\right|-\left|\left(\bigcap_{k=1}^{2}F_k\right)\cup F_3\right|\geqslant |F_3|+\left|\bigcap_{k=1}^{2}F_k\right|-|E_2|_*\\&\geqslant\gamma_3-\frac{\gamma}{2^4}-\frac{\gamma}{2^3}-\frac{\gamma}{2^2}.\end{aligned}$$

类似地, 归纳可证

$$\left|\bigcap_{k=1}^{n}F_k\right|\geqslant\gamma_n-\sum_{k=1}^{n}\frac{\gamma}{2^{k+1}},\qquad \forall n\geqslant 1.$$

这表明 $\left\{\bigcap_{k=1}^{n}F_k\right\}$ 是非空紧集构成的闭集套. 因此, $\bigcap_{n=1}^{\infty}F_n$ 非空, 这与 (20.1.6) 式矛盾. 引理得证. □

由以上引理, 立即可得 **Arzelà 有界收敛定理**.

定理 20.1.2 设 $\{f_n\}$ 为 $[a,b]$ 上一致有界的可积函数列, 若

$$\lim_{n\to+\infty}f_n(x)=f(x),\qquad \forall x\in[a,b], \tag{20.1.8}$$

且 f 也在 $[a,b]$ 上可积, 则

$$\lim_{n\to+\infty}\int_a^b f_n(x)\,\mathrm{d}x=\int_a^b f(x)\,\mathrm{d}x. \tag{20.1.9}$$

证明 由引理 20.1.1,

$$\overline{\lim_{n\to+\infty}}\left|\int_a^b f_n(x)\,\mathrm{d}x-\int_a^b f(x)\,\mathrm{d}x\right|\leqslant\overline{\lim_{n\to+\infty}}\int_a^b|f_n(x)-f(x)|\,\mathrm{d}x=0.$$

因此, 定理成立. □

关于 Arzelà 定理的其他简捷证明, 可以参见梅加强的《数学分析》[46].

基于 Arzelà 定理, 我们可以建立含参变量常义积分的连续性, 可微性以及累次积分的可交换性. 首先, 结合 Heine 定理, 立即可得连续性定理.

定理 20.1.3 设 $f:[a,b]\times[c,d]\to\mathbb{R}$ 有界, $y_0\in[c,d]$, 对每个 $x\in[a,b]$, $f(x,\cdot)$ 在 y_0 处连续, 对每个 $y\in[c,d]$, $f(\cdot,y)$ 在 $[a,b]$ 上可积, 则 $F(y):=\int_a^b f(x,y)\,\mathrm{d}x$ 在 y_0 处连续.

作为推论, 立即有

定理 20.1.4 设 $f:[a,b]\times[c,d]\to\mathbb{R}$ 有界. 对每个 $x\in[a,b]$, $f(x,\cdot)$ 在 $[c,d]$ 上连续, 对每个 $y\in[c,d]$, $f(\cdot,y)$ 在 $[a,b]$ 上可积, 则 $F(y):=\int_a^b f(x,y)\,\mathrm{d}x$ 在 $[c,d]$ 上连续.

进一步, 关于含参变量常义积分的可微性, 我们有

定理 20.1.5 设 $f:[a,b]\times(c,d)\to\mathbb{R}$, $y_0\in(c,d)$. 若对每个 $y\in(c,d)$, $f(\cdot,y)$ 在 $[a,b]$ 上可积, 对每个 $x\in[a,b]$, $f(x,\cdot)$ 在 y_0 处可微, 又 $f_y(\cdot,y_0)$ 在 $[a,b]$ 上可积, 且存在 $M>0$ 使得

$$|f(x,y)-f(x,y_0)|\leqslant M|y-y_0|,\quad \forall\,(x,y)\in[a,b]\times(c,d). \tag{20.1.10}$$

则 $F(y):=\int_a^b f(x,y)\,\mathrm{d}x$ 在 y_0 处可微, 且

$$F'(y_0)=\int_a^b f_y(x,y_0)\,\mathrm{d}x. \tag{20.1.11}$$

证明 由 (20.1.10) 式以及 $f_y(\cdot,y_0)$ 的有界性得到

$$\frac{f(x,y)-f(x,y_0)-f_y(x,y_0)(y-y_0)}{|y-y_0|} \tag{20.1.12}$$

关于 $y\in(c,d)\setminus\{y_0\}$ 一致有界. 又由于

$$\lim_{y\to y_0}\frac{f(x,y)-f(x,y_0)-f_y(x,y_0)(y-y_0)}{|y-y_0|}=0,\qquad \forall\,x\in[a,b],$$

从而由 Arzelà 定理和 Heine 定理得到

$$\begin{aligned}&\lim_{y\to y_0}\frac{1}{|y-y_0|}\left(F(y)-F(y_0)-\int_a^b f_y(x,y_0)(y-y_0)\,\mathrm{d}x\right)\\ =&\lim_{y\to y_0}\int_a^b\frac{f(x,y)-f(x,y_0)-f_y(x,y_0)(y-y_0)}{|y-y_0|}\,\mathrm{d}x=0.\end{aligned}$$

即 F 在 y_0 可微且 (20.1.11) 式成立. □

定理 20.1.5 结合定理 20.1.4 即得如下推论.

定理 20.1.6 设有 $f:[a,b]\times[c,d]\to\mathbb{R}$. 若对每个 $y\in[c,d]$, $f(\cdot,y)$ 在 $[a,b]$ 上可积, 对每个 $x\in[a,b]$, $f(x,\cdot)$ 在 $[c,d]$ 上 (连续) 可微, 且 f_y 在 $[a,b]\times[c,d]$ 上有界, 对每个 $y\in[c,d]$, $f_y(\cdot,y)$ 在 $[a,b]$ 上可积, 则 $F(y):=\displaystyle\int_a^b f(x,y)\,\mathrm{d}x$ 在 $[c,d]$ 上 (连续) 可微, 且

$$F'(y)=\int_a^b f_y(x,y)\,\mathrm{d}x. \tag{20.1.13}$$

证明 任取 $y_0\in[c,d]$. 由中值定理以及 f_y 在 $[a,b]\times[c,d]$ 上的有界性立即可得 (20.1.10) 式, 从而由定理 20.1.5 得到 F 在 y_0 可微, 且 (20.1.13) 式成立.

若对于固定的 $x\in[a,b]$, $f(x,\cdot)$ 连续可微, 则根据 (20.1.13) 式立即得到 F' 连续. 从而 F 连续可微. □

略为令人惊奇的是, 关于累次积分, 有如下的结果.

定理 20.1.7 设函数 f 在 $[a,b]\times[c,d]$ 上有界, 对于任何 $y\in[c,d]$, $f(\cdot,y)$ 在 $[a,b]$ 上可积, 而对于任何 $x\in[a,b]$, $f(x,\cdot)$ 在 $[c,d]$ 上可积. 则 $\displaystyle\int_d^c \mathrm{d}y\int_a^b f(x,y)\,\mathrm{d}x$ 和 $\displaystyle\int_a^b \mathrm{d}x\int_c^d f(x,y)\,\mathrm{d}y$ 都存在, 且

$$\int_c^d \mathrm{d}y\int_a^b f(x,y)\,\mathrm{d}x=\int_a^b \mathrm{d}x\int_c^d f(x,y)\,\mathrm{d}y. \tag{20.1.14}$$

证明 由假设条件, 我们知 $\displaystyle\int_c^d f(x,y)\,\mathrm{d}y$ 存在且有界. 进一步, 记

$$I_{n,k}=\left[a+\frac{k(b-a)}{n},a+\frac{(k+1)(b-a)}{n}\right],\qquad n\geqslant 1;k=0,1,\cdots,n-1,$$

由引理 20.1.1, 我们有

$$\begin{aligned}
&\overline{\int_a^b}\left(\int_c^d f(x,y)\,\mathrm{d}y\right)\mathrm{d}x-\underline{\int_a^b}\left(\int_c^d f(x,y)\,\mathrm{d}y\right)\mathrm{d}x\\
=&\lim_{n\to+\infty}\frac{b-a}{n}\sum_{k=0}^{n-1}\sup_{x\in I_{n,k}}\int_c^d f(x,y)\,\mathrm{d}y-\lim_{n\to+\infty}\frac{b-a}{n}\sum_{k=0}^{n-1}\inf_{x\in I_{n,k}}\int_c^d f(x,y)\,\mathrm{d}y\\
=&\varliminf_{n\to+\infty}\frac{b-a}{n}\sum_{k=0}^{n-1}\sup_{x\in I_{n,k}}\underline{\int_c^d} f(x,y)\,\mathrm{d}y-\varlimsup_{n\to+\infty}\frac{b-a}{n}\sum_{k=0}^{n-1}\inf_{x\in I_{n,k}}\overline{\int_c^d} f(x,y)\,\mathrm{d}y\\
\leqslant&\varliminf_{n\to+\infty}\underline{\int_c^d}\frac{b-a}{n}\sum_{k=0}^{n-1}\sup_{x\in I_{n,k}}f(x,y)\,\mathrm{d}y-\varlimsup_{n\to+\infty}\overline{\int_c^d}\frac{b-a}{n}\sum_{k=0}^{n-1}\inf_{x\in I_{n,k}}f(x,y)\,\mathrm{d}y\\
\leqslant&\varliminf_{n\to+\infty}\left(\underline{\int_c^d}\frac{b-a}{n}\sum_{k=0}^{n-1}\sup_{x\in I_{n,k}}f(x,y)\,\mathrm{d}y-\overline{\int_c^d}\frac{b-a}{n}\sum_{k=0}^{n-1}\inf_{x\in I_{n,k}}f(x,y)\,\mathrm{d}y\right)
\end{aligned}$$

$$\leqslant \lim_{n\to+\infty} \underline{\int_c^d} \left(\frac{b-a}{n} \sum_{k=0}^{n-1} \sup_{x\in I_{n,k}} f(x,y) - \frac{b-a}{n} \sum_{k=0}^{n-1} \inf_{x\in I_{n,k}} f(x,y) \right) \mathrm{d}y = 0.$$

从而 $\int_a^b \mathrm{d}x \int_c^d f(x,y)\,\mathrm{d}y$ 存在. 类似地, $\int_c^d \mathrm{d}y \int_a^b f(x,y)\,\mathrm{d}x$ 存在. 于是由 Arzelà 定理得

$$\begin{aligned}\int_a^b \mathrm{d}x \int_c^d f(x,y)\,\mathrm{d}y &= \lim_{n\to+\infty} \frac{b-a}{n} \sum_{k=0}^{n-1} \int_c^d f\left(a+\frac{k(b-a)}{n}, y\right) \mathrm{d}y \\ &= \lim_{n\to+\infty} \int_c^d \frac{b-a}{n} \sum_{k=0}^{n-1} f\left(a+\frac{k(b-a)}{n}, y\right) \mathrm{d}y \\ &= \int_c^d \mathrm{d}y \int_a^b f(x,y)\,\mathrm{d}x.\end{aligned}$$

即 (20.1.14) 式成立. □

总体上, 含参变量常义积分在思想上可以作为含参变量广义积分的特例来讨论. 因此, 在本节中, 我们仅举一个例题. 关于含参变量积分应用进一步的例题可参看本章 20.3 节以及 20.4 节.

例 20.1.1 计算 $\lim\limits_{n\to+\infty} n\int_0^{\pi} \frac{\sin x}{3+\cos^2 x} \sin\frac{x}{n}\,\mathrm{d}x$.

解 我们有

$$\left| \frac{n\sin x}{3+\cos^2 x} \sin\frac{x}{n} \right| \leqslant \frac{x\sin x}{3+\cos^2 x} \leqslant \pi, \qquad x\in[0,\pi],$$

$$\lim_{n\to+\infty} \frac{n\sin x}{3+\cos^2 x} \sin\frac{x}{n} = \frac{x\sin x}{3+\cos^2 x}, \qquad x\in[0,\pi].$$

因此, 由 Arzelà 有界收敛定理得到

$$\begin{aligned}&\lim_{n\to+\infty} n\int_0^{\pi} \frac{\sin x}{3+\cos^2 x} \sin\frac{x}{n}\,\mathrm{d}x \\ &= \int_0^{\pi} \frac{x\sin x}{3+\cos^2 x}\,\mathrm{d}x = \frac{\pi}{2}\int_0^{\pi} \frac{\sin x}{3+\cos^2 x}\,\mathrm{d}x \\ &= \frac{\pi}{2\sqrt{3}} \arctan\frac{\cos x}{\sqrt{3}}\Big|_{\pi}^{0} = \frac{\sqrt{3}}{18}\pi^2.\end{aligned}$$

□

习题 20.1

1. 求极限: $\lim\limits_{n\to+\infty} \int_0^{\frac{\pi}{2}} \frac{\sin^n x+\cos^n x}{\sin^{n+1} x+\cos^{n+1} x}\,\mathrm{d}x$.

2. 证明: 若一列一致有界的函数列 $\{f_n\}$ 处处收敛于 f, 则

(1) $\underline{\lim}_{n\to+\infty} \overline{\int_a^b} f_n(x)\,\mathrm{d}x \geqslant \int_a^b f(x)\,\mathrm{d}x$; (2) $\overline{\lim}_{n\to+\infty} \underline{\int_a^b} f_n(x)\,\mathrm{d}x \leqslant \overline{\int_a^b} f(x)\,\mathrm{d}x$.

特别地, 当 f 可积时, $\varlimsup\limits_{n\to+\infty}\underline{\int_a^b} f_n(x)\,\mathrm{d}x \leqslant \int_a^b f(x)\,\mathrm{d}x \leqslant \varliminf\limits_{n\to+\infty}\overline{\int_a^b} f_n(x)\,\mathrm{d}x$.

3. 说明当 $[a,b]$ 上一致有界的函数列 $\{f_n\}$ 处处收敛到 f 时, 下列两种情形都可能发生:

(1) $\varliminf\limits_{n\to+\infty}\overline{\int_a^b} f_n(x)\,\mathrm{d}x > \overline{\int_a^b} f(x)\,\mathrm{d}x$; (2) $\varlimsup\limits_{n\to+\infty}\overline{\int_a^b} f_n(x)\,\mathrm{d}x < \overline{\int_a^b} f(x)\,\mathrm{d}x$.

4. 设一列在 $[a,b]$ 上一致有界的可积函数列 $\{f_n\}$ 处处收敛于 f, 证明 $\int_a^b f_n(x)\,\mathrm{d}x$ 收敛.

5. 设

$$g(x,y) := \begin{cases} 0, & x,y\ \text{均为有理数或均为无理数}, \\ 1, & x,y\ \text{中一个为有理数, 另一个为无理数}. \end{cases}$$

说明 $\overline{\int_0^1}\mathrm{d}x\underline{\int_0^1} g(x,y)\,\mathrm{d}y = 0$, 而 $\underline{\int_0^1}\mathrm{d}y\overline{\int_0^1} g(x,y)\,\mathrm{d}x = 1$.

6. 令 $\{a_n\}$ 为 $[0,1]$ 中所有有理数的一个排列, 定义

$$h(x,y) := \begin{cases} 1, & \text{存在}\ n\ \text{使得}\ x = a_n, y - n\pi\ \text{为有理数}, \\ 0, & \text{其他}. \end{cases}$$

验证 $\overline{\int_0^1}\mathrm{d}x\overline{\int_0^1} h(x,y)\,\mathrm{d}y = 1$, 而 $\overline{\int_0^1}\mathrm{d}y\overline{\int_0^1} h(x,y)\,\mathrm{d}x = 0$.

7. 通过引入参数并利用积分号下求导计算 $\int_0^1 \frac{\ln(1+x)}{1+x^2}\,\mathrm{d}x$.

8. 构造 $[0,1]$ 上的函数 f, 使得 $\overline{\{(x,f(x))|x\in[0,1]\}} = [0,1]\times[0,1]$.

20.2 含参变量广义积分及其一致收敛性

我们在 20.1 节讨论了含参变量常义积分的性质. 对于含参变量广义积分, 同样需要考察它们的可积性、连续性和可微性. 以含参变量无穷积分的连续性为例, 我们来考察什么条件可以保证 $F(y) := \int_a^{+\infty} f(x,y)\,\mathrm{d}x$ 连续.

为使 F 连续, 对于固定的 x, 假设 $f(x,\cdot)$ 在 $[c,d]$ 上连续是合理的, 而对于每个 $y\in[c,d]$, 假设 $f(\cdot,y)$ 在 $[a,+\infty)$ 上的广义积分收敛则是必需的. 若对任何 $A>a$, f 在 $[a,A]\times[c,d]$ 上有界, 则根据定理 20.1.4, $\int_a^A f(x,y)\,\mathrm{d}x$ 在 $[c,d]$ 上连续. 这样, 对于

$y_0 \in [c,d]$,

$$\begin{aligned}
&\varlimsup_{y\to y_0}\left|\int_a^{+\infty} f(x,y)\,\mathrm{d}x-\int_a^{+\infty} f(x,y_0)\,\mathrm{d}x\right|\\
=&\varlimsup_{y\to y_0}\left|\int_A^{+\infty} f(x,y)\,\mathrm{d}x-\int_A^{+\infty} f(x,y_0)\,\mathrm{d}x\right|\\
\leqslant& 2\sup_{y\in E}\left|\int_A^{+\infty} f(x,y)\,\mathrm{d}x\right|,\qquad \forall A>a.
\end{aligned}$$

这样, 若

$$\lim_{A\to+\infty}\sup_{y\in[c,d]}\left|\int_A^{+\infty} f(x,y)\,\mathrm{d}x\right|=0, \tag{20.2.1}$$

我们便可得到 F 的连续性.

若 (20.2.1) 式成立, 则我们称无穷积分 $\displaystyle\int_a^{+\infty} f(x,y)\,\mathrm{d}x$ 关于 $y\in[c,d]$ 一致收敛. 这等价于, $\forall\varepsilon>0$, 存在 $X>a$, 使得当 $A\geqslant X$ 时, 对任何 $y\in[c,d]$, 成立 $\left|\displaystyle\int_A^{+\infty} f(x,y)\,\mathrm{d}x\right|\leqslant\varepsilon$.

类似地, 可以定义含参变量瑕积分的一致收敛性. 需要注意的是, 在考虑含参变量瑕积分时, 我们需要把 $\sup\limits_{y\in E}|f(\cdot,y)|$ 的瑕点看作含参变量积分 $\displaystyle\int_a^b f(x,y)\,\mathrm{d}x$ 的瑕点. 例如, 对于每个 $\alpha>0$, 积分 $\displaystyle\int_0^1\frac{\alpha}{x^2+\alpha^2}\,\mathrm{d}x$ 均无瑕点. 由于 $\sup\limits_{\alpha>0}\dfrac{\alpha}{x^2+\alpha^2}=\dfrac{1}{2x}$, 需要将 0 点看作含参变量积分 $\displaystyle\int_0^1\frac{\alpha}{x^2+\alpha^2}\,\mathrm{d}x$ 的瑕点. 具体地, 我们定义如下.

定义 20.2.1 设 f 在 $(a,b]\times I$ 上有定义. 若对任何 $\delta\in(0,b-a)$, 都有

$$\sup_{(x,\alpha)\in(a,a+\delta)\times I}|f(x,\alpha)|=+\infty, \tag{20.2.2}$$

则称 a 点为含参变量积分 $\displaystyle\int_a^b f(x,\alpha)\,\mathrm{d}x$ 的**一个瑕点**.

同样, 可以给出 b 点为瑕点或 $c\in(a,b)$ 为瑕点的定义.

对于单纯的无穷积分, 定义含参变量积分的一致收敛性如下.

定义 20.2.2 设 f 是 $[a,+\infty)\times I$ 上的函数, 对任何 $A>a$, f 在 $[a,A]\times I$ 上有界, 且对任何 $\alpha\in I$, $f(\cdot,\alpha)$ 在 $[a,A]$ 上 Riemann 可积. 另一方面, 对每个 $\alpha\in I$, 无穷积分 $\displaystyle\int_a^{+\infty} f(x,\alpha)\,\mathrm{d}x$ 收敛. 若

$$\lim_{A\to+\infty}\sup_{\alpha\in I}\left|\int_A^{+\infty} f(x,\alpha)\,\mathrm{d}x\right|=0, \tag{20.2.3}$$

则称含参变量无穷积分 $\displaystyle\int_a^{+\infty} f(x,\alpha)\,\mathrm{d}x$ 关于 $\alpha\in I$ **一致收敛**.

对于有单一瑕点的含参变量瑕积分的一致收敛性, 我们作如下定义.

定义 20.2.3 设 f 是 $(a,b]\times I$ 上的函数, 对任何 $\delta\in(0,b-a)$, f 在 $[a+\delta,b]\times I$ 上有界, 且对任何 $\alpha\in I$, $f(\cdot,\alpha)$ 在 $[a+\delta,b]$ 上 Riemann 可积. 另一方面, 对每个 $\alpha\in I$, 瑕积分 $\displaystyle\int_a^b f(x,\alpha)\,\mathrm{d}x$ 收敛. 若

$$\lim_{\delta\to0^+}\sup_{y\in I}\left|\int_a^{a+\delta} f(x,y)\,\mathrm{d}x\right|=0, \tag{20.2.4}$$

则称含参变量积分 $\displaystyle\int_a^b f(x,y)\,\mathrm{d}x$ 关于 $y\in I$ **一致收敛**.

在上面的定义中, 事实上 a 是唯一可能的瑕点, 但不一定就是瑕点. 鉴于某些情形下不容易判断 a 是否是瑕点, 这样定义含参变量积分 $\displaystyle\int_a^b f(x,y)\,\mathrm{d}x$ 的一致收敛性对于今后的讨论是有利的.

若含参变量积分在参数集 I 的一个紧子集上一致收敛, 则称该含参变量积分关于 $\alpha\in I$ **内闭一致收敛**, 也称**局部一致收敛**.

容易建立含参变量广义积分一致收敛的判别法. 以下以含参变量无穷积分为例叙述相应定理. 为避免重复叙述, 我们引入如下基本条件.

条件 (E) 函数 $f:[a,+\infty)\times I\to\mathbb{R}$ 满足: 对任何 $A>a$, f 在 $[a,A]\times I$ 上有界, 且对每个 $\alpha\in I$, $f(\cdot,\alpha)$ 在 $[a,A]$ 上 Riemann 可积.

含参变量无穷积分一致收敛的 Cauchy 准则可叙述如下:

定理 20.2.1 函数 $f:[a,+\infty)\times I\to\mathbb{R}$ 满足条件 (E), 则含参变量无穷积分 $\displaystyle\int_a^{+\infty} f(x,\alpha)\,\mathrm{d}x$ 关于 $\alpha\in I$ 一致收敛当且仅当

$$\lim_{A\to+\infty}\sup_{\substack{A'',A'\geqslant A\\ \alpha\in I}}\left|\int_{X'}^{X''} f(x,\alpha)\,\mathrm{d}x\right|=0. \tag{20.2.5}$$

即: 对任何 $\varepsilon>0$, 存在 $A>a$, 使得当 $A''\geqslant A'\geqslant A$ 时, 对任何 $\alpha\in I$,

$$\left|\int_{A'}^{A''} f(x,\alpha)\,\mathrm{d}x\right|<\varepsilon \tag{20.2.6}$$

成立.

由 Cauchy 准则立即得到如下的 **Weierstrass 判别法**, 又称**大 M 判别法**.

定理 20.2.2 函数 $f:[a,+\infty)\times I\to\mathbb{R}$ 满足条件 (E), 若存在绝对可积函数 $M:[a,+\infty)\to\mathbb{R}$ 使得

$$|f(x,\alpha)|\leqslant M(x),\qquad \forall\,(x,\alpha)\in[a,+\infty)\times I, \tag{20.2.7}$$

则含参变量无穷积分 $\displaystyle\int_a^{+\infty} f(x,\alpha)\,\mathrm{d}x$ 关于 $\alpha\in I$ 一致收敛.

注 20.2.1 当使用 Weierstrass 判别法处理含参变量瑕积分时, 不必刻意去关注哪些点是瑕点.

同样, 若在定理 20.2.2 中, 用

$$|f(x,\alpha)| \leqslant M(x,\alpha), \qquad \forall\,(x,\alpha) \in [a,+\infty) \times I \tag{20.2.8}$$

代替 (20.2.7) 式, 而含参变量无穷积分 $\int_a^{+\infty} M(x,\alpha)\,\mathrm{d}x$ 关于 $\alpha \in I$ 一致收敛, 则 $\int_a^{+\infty} f(x,\alpha)\,\mathrm{d}x$ 关于 $\alpha \in I$ 一致收敛.

类似于判断广义积分收敛性的 Abel 判别法和 Dirichlet 判别法, 易建立含参变量广义积分一致收敛性的 Abel 判别法和 Dirichlet 判别法.

定理 20.2.3 设函数 $f,g:[a,+\infty)\times I \to \mathbb{R}$ 满足条件 (E).

(1) **(Abel 判别法)** 设对每个 $\alpha \in E$, $g(\cdot,\alpha)$ 在 $[a,+\infty)$ 上单调, 且关于 $\alpha \in I$ 一致有界, 即 g 在 $[a,+\infty)\times I$ 上有界. 又设 $\int_a^{+\infty} f(x,\alpha)\,\mathrm{d}x$ 关于 $\alpha \in I$ 一致收敛, 则 $\int_a^{+\infty} f(x,\alpha)g(x,\alpha)\,\mathrm{d}x$ 关于 $\alpha \in I$ 一致收敛.

(2) **(Dirichlet 判别法)** 若对每个 $\alpha \in I$, $g(\cdot,\alpha)$ 在 $[a,+\infty)$ 上单调, 且当 x 趋于 $+\infty$ 时, $g(x,\alpha)$ 关于 $\alpha \in I$ 一致趋于零, 即 $\lim\limits_{x\to+\infty}\sup\limits_{\alpha\in I}|g(x,\alpha)|=0$. 又设对于 $A \in [a,+\infty)$, $\int_a^{A} f(x,\alpha)\,\mathrm{d}x$ 关于 $\alpha \in I$ 一致有界, 则 $\int_a^{+\infty} f(x,\alpha)g(x,\alpha)\,\mathrm{d}x$ 关于 $\alpha \in I$ 一致收敛.

例 20.2.1 考察积分 $\int_0^{+\infty} \frac{\alpha}{x^2+\alpha^2}\,\mathrm{d}x$ 关于 $\alpha>0$ 的一致收敛性.

解 易见 0 是该积分唯一的瑕点, 且对任何 $\alpha>0$, 积分收敛.

对于 $A>1$, 我们有

$$\sup_{\alpha>0}\int_A^{+\infty}\frac{\alpha}{x^2+\alpha^2}\,\mathrm{d}x=\sup_{\alpha>0}\int_{\frac{A}{\alpha}}^{+\infty}\frac{1}{x^2+1}\,\mathrm{d}x=\int_0^{+\infty}\frac{1}{x^2+1}\,\mathrm{d}x=\frac{\pi}{2}.$$

因此, 无穷积分 $\int_1^{+\infty}\frac{\alpha}{x^2+\alpha^2}\,\mathrm{d}x$ 关于 $\alpha>0$ 非一致收敛.

另一方面, 对于任何 $X>0$

$$\lim_{A\to+\infty}\sup_{0<\alpha\leqslant X}\int_A^{+\infty}\frac{\alpha}{x^2+\alpha^2}\,\mathrm{d}x=\lim_{A\to+\infty}\int_{\frac{A}{X}}^{+\infty}\frac{1}{x^2+1}\,\mathrm{d}x=0.$$

因此, 无穷积分 $\int_1^{+\infty}\frac{\alpha}{x^2+\alpha^2}\,\mathrm{d}x$ 关于 $\alpha\in(0,X]$ 一致收敛.

类似地, 对任何 $\alpha_0>0$, $\int_0^1\frac{\alpha}{x^2+\alpha^2}\,\mathrm{d}x$ 关于 $\alpha\geqslant\alpha_0$ 一致收敛. 而 $\int_0^1\frac{\alpha}{x^2+\alpha^2}\,\mathrm{d}x$

关于 $\alpha>0$ 非一致收敛①.

总之, $\displaystyle\int_0^{+\infty}\frac{\alpha}{x^2+\alpha^2}\,\mathrm{d}x$ 关于 $\alpha\in(0,+\infty)$ 内闭一致收敛, 但非一致收敛. □

例 20.2.2 考察积分 $\displaystyle\int_0^{+\infty}\frac{\sin x}{x}\mathrm{e}^{-\alpha x}\,\mathrm{d}x$ 关于 $\alpha\geqslant 0$ 的一致收敛性.

解 由于 $\displaystyle\int_0^{+\infty}\frac{\sin x}{x}\,\mathrm{d}x$ 收敛且不含 α, 该积分自然关于 $\alpha\geqslant 0$ 一致收敛.

而对于固定的 $\alpha\geqslant 0$, $\mathrm{e}^{-\alpha x}$ 关于 x 单调. 又 $0\leqslant \mathrm{e}^{-\alpha x}\leqslant 1$, 因此 $\mathrm{e}^{-\alpha x}$ 在 $[0,+\infty)$ 上关于 $\alpha\geqslant 0$ 一致有界. 于是由 Abel 判别法, $\displaystyle\int_0^{+\infty}\frac{\sin x}{x}\mathrm{e}^{-\alpha x}\,\mathrm{d}x$ 关于 $\alpha\geqslant 0$ 一致收敛.□

例 20.2.3 考察积分 $\displaystyle\int_0^{+\infty}\mathrm{e}^{-\alpha x}\sin x\,\mathrm{d}x$ 关于 $\alpha>0$ 的一致收敛性.

解 对任何 $A>0$, $\left|\displaystyle\int_0^{A}\sin x\,\mathrm{d}x\right|\leqslant 2$. 固定 $\alpha_0>0$, 则 $\mathrm{e}^{-\alpha x}$ 是 $(x,\alpha)\in[0,+\infty)\times[\alpha_0,+\infty)$ 的有界函数. 进一步, $\mathrm{e}^{-\alpha x}$ 关于 x 单减, 且当 $x\to+\infty$ 时, 关于 $\alpha\geqslant\alpha_0$ 一致地趋于零. 因此, 由 Dirichlet 判别法, $\displaystyle\int_0^{+\infty}\mathrm{e}^{-\alpha x}\sin x\,\mathrm{d}x$ 关于 $\alpha>\alpha_0$ 一致收敛.

另一方面, 对于任何 $n\geqslant 1$,

$$\sup_{\alpha>0}\left|\int_{n\pi}^{(n+1)\pi}\mathrm{e}^{-\alpha x}\sin x\,\mathrm{d}x\right|=\sup_{\alpha>0}\int_0^{\pi}\mathrm{e}^{-\alpha(x+n\pi)}\sin x\,\mathrm{d}x\geqslant\sup_{\alpha>0}2\mathrm{e}^{-\alpha(n+1)\pi}=2.$$

因此, $\displaystyle\int_0^{+\infty}\mathrm{e}^{-\alpha x}\sin x\,\mathrm{d}x$ 关于 $\alpha>0$ 非一致收敛. □

例 20.2.4 考察积分 $\displaystyle\int_0^{\pi}\ln(1-2\alpha\cos x+\alpha^2)\,\mathrm{d}x$ 关于 $\alpha\in\mathbb{R}$ 的一致收敛性.

解 按含参变量积分瑕点的定义, $[0,\pi]$ 中的所有点均为该含参变量积分 (参变量 $\alpha\in\mathbb{R}$) 的瑕点. 对于这种瑕点如此多的含参变量瑕积分, 如何定义一致收敛性是一个问题. 因此, 采用定义 20.2.1 给我们带来一些不便. 但那样定义瑕点还是有必要的.

任取 $x_0\in[0,\pi]$, 均有

$$\sup_{\alpha\in\mathbb{R}}\left|\int_{[x_0-\delta,x_0+\delta]}\ln(1-2\alpha\cos x+\alpha^2)\,\mathrm{d}x\right|=+\infty,\qquad\forall\,\delta>0.$$

因此, 认为 $\displaystyle\int_0^{\pi}\ln(1-2\alpha\cos x+\alpha^2)\,\mathrm{d}x$ 关于 $\alpha\in\mathbb{R}$ 非一致收敛是自然的.

本例中, 使 $[0,\pi]$ 中的点都成为瑕点的原因在于 α 的取值无界. 在有界范围内, 即对于 $A>0$, 当只考虑 $\alpha\in[-A,A]$ 时, 含参变量积分 $\displaystyle\int_0^{\pi}\ln(1-2\alpha\cos x+\alpha^2)\,\mathrm{d}x$ 可能的瑕点只有 $0,\pi$. 此时, 由

$$\sin^2 x\leqslant 1-2\alpha\cos x+\alpha^2\leqslant(1+A)^2,\qquad\forall\,x\in[0,\pi],\alpha\in[-A,A]$$

① 值得注意的是, $\displaystyle\int_0^{+\infty}\frac{\alpha}{x^2+\alpha^2}\,\mathrm{d}x=\frac{\pi}{2}\ (\forall\,\alpha>0)$.

得到

$$\left|\ln(1-2\alpha\cos x+\alpha^2)\right|\leqslant 2\ln(1+A)+2\left|\ln\sin x\right|,\qquad \forall\, x\in(0,\pi),\alpha\in[-A,A].$$

由 $\displaystyle\int_0^{\pi}\left(2\ln(1+A)+2\left|\ln\sin x\right|\right)\,\mathrm{d}x$ 收敛以及 Weierstrass 判别法得到 $\displaystyle\int_0^{\pi}\ln(1-2\alpha\cos x+\alpha^2)\,\mathrm{d}x$ 关于 $\alpha\in[-A,A]$ 一致收敛.

总之, $\displaystyle\int_0^{\pi}\ln(1-2\alpha\cos x+\alpha^2)\,\mathrm{d}x$ 关于 $\alpha\in\mathbb{R}$ 内闭一致收敛, 但非一致收敛. □

习题 20.2

1. 证明以下含参变量积分关于所考虑的参数内闭一致收敛, 但非一致收敛:

(1) $\displaystyle\int_0^{+\infty}x^{\alpha-1}\mathrm{e}^{-x}\,\mathrm{d}x,\quad \alpha>0$; (2) $\displaystyle\int_0^{+\infty}x^{\alpha-1}\mathrm{e}^{-x}\ln^3 x\,\mathrm{d}x,\quad \alpha>0$;

(3) $\displaystyle\int_0^{1}x^{p-1}(1-x)^{q-1}\,\mathrm{d}x,\quad p,q>0$;

(4) $\displaystyle\int_0^{1}x^{p-1}(1-x)^{q-1}(\ln x)\ln^2(1-x)\,\mathrm{d}x,\quad p,q>0$;

(5) $\displaystyle\int_0^{+\infty}\alpha\mathrm{e}^{-\alpha x}\,\mathrm{d}x,\quad \alpha>0$; (6) $\displaystyle\int_0^{+\infty}\alpha\mathrm{e}^{-\alpha^2x^2}\,\mathrm{d}x,\quad \alpha>0$.

2. 考察以下含参变量积分关于所考虑的参数的一致收敛性[①]:

(1) $\displaystyle\int_0^{1}\frac{\ln x}{x}\sin\frac{1}{x^{\beta}}\,\mathrm{d}x,\quad \beta>0$; (2) $\displaystyle\int_0^{1}x^{\alpha}\sin\frac{1}{x^{\beta}}\,\mathrm{d}x,\quad \alpha>-2,\beta>0$;

(3) $\displaystyle\int_1^{+\infty}\frac{y^2-x^2}{(x^2+y^2)^2}\,\mathrm{d}x,\quad y\in\mathbb{R}$; (4) $\displaystyle\int_0^{1}\frac{y^2-x^2}{(x^2+y^2)^2}\,\mathrm{d}x,\quad y>0$.

3. 设 $f\in C(0,+\infty)$, $\displaystyle\int_0^{+\infty}t^{\lambda}f(t)\,\mathrm{d}t$ 当 $\lambda=a,\lambda=b$ 时都收敛. 证明: $\displaystyle\int_0^{+\infty}t^{\lambda}f(t)\,\mathrm{d}t$ 关于 $\lambda\in[a,b]$ 一致收敛.

4. 考察使得以下积分收敛的参数 α,p,q 以及积分一致收敛的范围:

(1) $\displaystyle\int_0^{1}x^{\alpha}\sin\left(x^p+\frac{1}{x^q}\right)\,\mathrm{d}x$; (2) $\displaystyle\int_1^{+\infty}x^{\alpha}\sin\left(x^p+\frac{1}{x^q}\right)\,\mathrm{d}x$.

5. 试讨论变量代换对于广义积分收敛性与一致收敛性的影响.

20.3 含参变量广义积分的基本性质

本节主要介绍含参变量广义积分的连续性, 可微性以及可积性. 我们将主要以含参变量无穷积分为例叙述相关结果.

① 习题中讨论一致收敛性需包括内闭一致收敛性, 或者说需要讨论关于一致收敛性能够得到的最好结果.

首先我们将 Arzelà 有界收敛定理推广为如下的**控制收敛定理**.

定理 20.3.1 设 $\{f_n\}$ 为 $[a,+\infty)$ 上的函数列. 满足如下条件:

(1) 存在 $[a,+\infty)$ 上绝对可积的函数 φ (允许个别点上取值为 $+\infty$) 使得

$$|f_n(x)| \leqslant \varphi(x), \qquad \forall x \in [a,+\infty), n \geqslant 1; \tag{20.3.1}$$

(2)

$$\lim_{n\to+\infty} f_n(x) = f(x), \qquad \forall x \in [a,+\infty) \tag{20.3.2}$$

成立, 其中 f 在一些点上可以取值为 $\pm\infty$;

(3) 在不含 φ 的瑕点的有界闭区间上, $f_n\,(n \geqslant 1)$ 均 Riemann 可积;

(4) 在不含 φ 的瑕点的有界闭区间上, f Riemann 可积,

则 $\displaystyle\int_a^{+\infty} f_n(x)\,\mathrm{d}x\,(n \geqslant 1)$ 以及 $\displaystyle\int_a^{+\infty} f(x)\,\mathrm{d}x$ 均收敛, 且

$$\lim_{n\to+\infty}\int_a^{+\infty} f_n(x)\,\mathrm{d}x = \int_a^{+\infty} f(x)\,\mathrm{d}x. \tag{20.3.3}$$

证明 不失一般性, 设 a 为 φ 唯一可能的瑕点. 从而对任何 $A > c > a$, φ 在 $[c,A]$ 上有界. 进而 $\{f_n\}$ 在 $[c,A]$ 上一致有界.

结合 (20.3.1) 式和 (20.3.2) 式可得

$$|f(x)| \leqslant \varphi(x), \qquad \forall x \in [a,+\infty).$$

因此, 由 Cauchy 准则, $\displaystyle\int_a^{+\infty} f_n(x)\,\mathrm{d}x\,(n \geqslant 1)$ 与 $\displaystyle\int_a^{+\infty} f(x)\,\mathrm{d}x$ 均收敛. 进一步, 对于 $A > c > a$, 我们有

$$\begin{aligned}&\left|\int_a^{+\infty} f_n(x)\,\mathrm{d}x - \int_a^{+\infty} f(x)\,\mathrm{d}x\right| \\ \leqslant &\left|\int_c^{A} f_n(x)\,\mathrm{d}x - \int_c^{A} f(x)\,\mathrm{d}x\right| + 2\int_A^{+\infty}\varphi(x)\,\mathrm{d}x + 2\int_a^{c}\varphi(x)\,\mathrm{d}x.\end{aligned}$$

由 Arzelà 有界收敛定理,

$$\overline{\lim_{n\to+\infty}}\left|\int_a^{+\infty} f_n(x)\,\mathrm{d}x - \int_a^{+\infty} f(x)\,\mathrm{d}x\right| \leqslant 2\int_A^{+\infty}\varphi(x)\,\mathrm{d}x + 2\int_a^{c}\varphi(x)\,\mathrm{d}x.$$

上式中令 $A \to +\infty, c \to a^+$ 即得 (20.3.3) 式. □

定理 20.3.1 可以视为 Lebesgue 控制收敛定理的特例. Riemann 积分的一个缺陷是可积函数列的极限函数, 即使有界也不一定可积. 在定理 20.3.1 的条件中, 条件 (1)—(3) 不足以保证 (4) 成立. 而对于 Lebesgue 积分, f 的 Lebesgue 可积性是自然的.

要保证定理中的 (4) 成立, 一个常用的充分条件是 $\{f_n\}$ 在不包含 φ 的瑕点的有界闭集上一致收敛于 f. 但时常在应用中, 可以得到 f 的表达式, 从而可以方便地得到它在不含瑕点的有界闭集上的 Riemann 可积性. 此时, 我们就可以方便地运用定理 20.3.1.

定理 20.3.1 中的 φ 称为控制函数. 控制函数的存在保证了含参变量积分的一致收敛性. 存在控制函数这一条件可以替换为含参变量积分的一致收敛性. 以含参变量无穷积分为例, 我们有如下定理.

定理 20.3.2 设 $\{f_n\}$ 为 $[a,+\infty)$ 上的函数列. 满足如下条件:

(1) 对任何 $A>a$, $\{f_n\}$ 在 $[a,A]$ 上可积, 且一致有界, f 在 $[a,A]$ 上可积;

(2)

$$\lim_{n\to+\infty} f_n(x)=f(x),\qquad \forall x\in[a,+\infty) \tag{20.3.4}$$

成立;

(3) $\displaystyle\int_a^{+\infty} f_n(x)\,\mathrm{d}x$ 关于 $n\geqslant 1$ 一致收敛,

则 $\displaystyle\int_a^{+\infty} f(x)\,\mathrm{d}x$ 收敛, 且 (20.3.3) 式成立.

证明 定理的证明与定理 20.3.1 的证明主要不同在于没有控制函数, $\displaystyle\int_a^{+\infty} f(x)\,\mathrm{d}x$ 的收敛性需要更细致的证明. 对于 $A>a$, 我们有

$$\begin{aligned}\int_a^{+\infty} f_n(x)\,\mathrm{d}x&=\int_a^{A} f_n(x)\,\mathrm{d}x+\int_A^{+\infty} f_n(x)\,\mathrm{d}x\\&\leqslant\int_a^{A} f_n(x)\,\mathrm{d}x+\sup_{k\geqslant 1}\left|\int_A^{+\infty} f_k(x)\,\mathrm{d}x\right|,\qquad\forall n\geqslant 1.\end{aligned}$$

于是, 由 Arzelà 有界收敛定理,

$$\overline{\lim_{n\to+\infty}}\int_a^{+\infty} f_n(x)\,\mathrm{d}x\leqslant\int_a^{A} f(x)\,\mathrm{d}x+\sup_{k\geqslant 1}\left|\int_A^{+\infty} f_k(x)\,\mathrm{d}x\right|.$$

因此, 由一致收敛性, $\displaystyle\overline{\lim_{n\to+\infty}}\int_a^{+\infty} f_n(x)\,\mathrm{d}x<+\infty$, 且

$$\overline{\lim_{n\to+\infty}}\int_a^{+\infty} f_n(x)\,\mathrm{d}x\leqslant\underline{\lim_{A\to+\infty}}\int_a^{A} f(x)\,\mathrm{d}x.$$

同理, $\displaystyle\underline{\lim_{n\to+\infty}}\int_a^{+\infty} f_n(x)\,\mathrm{d}x>-\infty$, 且

$$\underline{\lim_{n\to+\infty}}\int_a^{+\infty} f_n(x)\,\mathrm{d}x\geqslant\overline{\lim_{A\to+\infty}}\int_a^{A} f(x)\,\mathrm{d}x.$$

于是, 必有

$$\varlimsup_{n\to+\infty}\int_a^{+\infty}f_n(x)\,\mathrm{d}x=\varlimsup_{A\to+\infty}\int_a^{A}f(x)\,\mathrm{d}x$$

$$=\varliminf_{n\to+\infty}\int_a^{+\infty}f_n(x)\,\mathrm{d}x=\varliminf_{A\to+\infty}\int_a^{A}f(x)\,\mathrm{d}x\in\mathbb{R}.$$

即 $\int_a^{+\infty}f(x)\,\mathrm{d}x$ 收敛, 且 (20.3.3) 式成立. □

结合 Heine 定理, 由定理 20.3.2 立即可得含参变量积分的连续性定理.

定理 20.3.3 设 $y_0\in[c,d]$, $f:[a,+\infty)\times[c,d]\to\mathbb{R}$ 满足如下条件:

(1) 对任何 $A>a$, f 在 $[a,A]\times[c,d]$ 上有界. 进一步, 对任何 $y\in[c,d]$, $f(\cdot,y)$ 在 $[a,A]$ 上可积;

(2) 对每个 $x\in[a,+\infty)$, $f(x,\cdot)$ 在 y_0 处连续;

(3) $\int_a^{+\infty}f(x,y)\,\mathrm{d}x$ 关于 $y\in[c,d]$ 一致收敛,

则 $F(y)=\int_a^{+\infty}f(x,y)\,\mathrm{d}x$ 在 y_0 处连续.

类似地, 可以得到如下关于含参变量积分的微分性质.

定理 20.3.4 设 $y_0\in[c,d]$, $f:[a,+\infty)\times[c,d]\to\mathbb{R}$ 满足如下条件:

(1) 对每个 $x\in[a,+\infty)$, $f(x,\cdot)$ 在 $[c,d]$ 上可微;

(2) 对任何 $A>a$, f_y 在 $[a,A]\times[c,d]$ 上有界. 进一步, 对任何 $y\in[c,d]$, $f(\cdot,y)$, $f_y(\cdot,y)$ 在 $[a,A]$ 上 Riemann 可积;

(3) $\int_a^{+\infty}f(x,y_0)\,\mathrm{d}x$ 收敛;

(4) $\int_a^{+\infty}f_y(x,y)\,\mathrm{d}x$ 关于 $y\in[c,d]$ 一致收敛,

则 $\int_a^{+\infty}f(x,y)\,\mathrm{d}x$ 关于 $y\in[c,d]$ 一致收敛, 而 $F(y):=\int_a^{+\infty}f(x,y)\,\mathrm{d}x$ 在 $[c,d]$ 上可微, 且

$$F'(y)=\int_a^{+\infty}f_y(x,y)\,\mathrm{d}x,\qquad\forall\,y\in[a,b].\tag{20.3.5}$$

证明 由定理 20.1.6, 对任何 $A>B>a$, $y\mapsto\int_B^{A}f(x,y)\,\mathrm{d}x$ 在 $[c,d]$ 上可微. 从而, 对任何 $y\in[c,d]$, 我们有 $\xi\in(c,d)$ 使得

$$\left|\int_B^A\frac{f(x,y)-f(x,y_0)}{y-y_0}\,\mathrm{d}x\right|=\left|\frac{\int_B^A f(x,y)\,\mathrm{d}x-\int_B^A f(x,y_0)\,\mathrm{d}x}{y-y_0}\right|$$

$$=\left|\int_B^A f_y(x,\xi)\,\mathrm{d}x\right|\leqslant\sup_{z\in[c,d]}\left|\int_B^A f_y(x,z)\,\mathrm{d}x\right|.$$

由 Cauchy 准则和 $\int_a^{+\infty} f_y(x,y)\,\mathrm{d}x$ 关于 $y\in[c,d]$ 的一致收敛性得到

$$\int_a^{+\infty}\frac{f(x,y)-f(x,y_0)}{y-y_0}\,\mathrm{d}x$$

关于 $y\in[c,d]\setminus\{y_0\}$ 一致收敛. 进而又有 $\int_a^{+\infty} f(x,y)\,\mathrm{d}x$ 关于 $y\in[c,d]$ 一致收敛.

于是由定理 20.3.3 即得 F 可微且 (20.3.5) 式成立. □

对应于单点可微情形, 我们有

定理 20.3.5 设 $y_0\in[c,d]$, $f:[a,+\infty)\times[c,d]\to\mathbb{R}$ 满足如下条件:

(1) 对每个 $x\in[a,+\infty)$, $f(x,\cdot)$ 在 y_0 处可微;

(2) 对任何 $A>a$, $\dfrac{f(x,y)-f(x,y_0)}{y-y_0}$ 在 $[a,A]\times([c,d]\setminus\{y_0\})$ 上有界. 进一步, 对任何 $y\in[c,d]$, $f(\cdot,y),f_y(\cdot,y_0)$ 在 $[a,A]$ 上可积;

(3) $\int_a^{+\infty} f(x,y_0)\,\mathrm{d}x$ 收敛;

(4) $\int_a^{+\infty}\dfrac{f(x,y)-f(x,y_0)}{y-y_0}\,\mathrm{d}x$ 关于 $y\in[c,d]\setminus\{y_0\}$ 一致收敛,

则 $F(y):=\int_a^{+\infty} f(x,y)\,\mathrm{d}x$ 在 y_0 处可微, 且

$$F'(y_0)=\int_a^{+\infty} f_y(x,y_0)\,\mathrm{d}x. \tag{20.3.6}$$

对于含参变量积分的积分, 容易就含参变量广义积分的常义积分得到积分次序的可交换性.

定理 20.3.6 设 $f:[a,+\infty)\times[c,d]\to\mathbb{R}$ 满足如下条件:

(1) 对任何 $A>a$, f 在 $[a,A]\times[c,d]$ 上有界. 对任何 $y\in[c,d]$, $f(\cdot,y)$ 在 $[a,A]$ 上可积;

(2) 对任何 $x\in[a,+\infty)$, $f(x,\cdot)$ 在 $[c,d]$ 上可积;

(3) $\int_a^{+\infty} f(x,y)\,\mathrm{d}x$ 关于 $y\in[c,d]$ 一致收敛.

令 $\varphi(y):=\int_a^{+\infty} f(x,y)\,\mathrm{d}x$, $\psi(x):=\int_c^d f(x,y)\,\mathrm{d}y$, 则 $\int_a^{+\infty}\psi(x)\,\mathrm{d}x$ 收敛, $\int_c^d\varphi(y)\,\mathrm{d}y$ 存在, 且两者相等, 即

$$\int_a^{+\infty}\mathrm{d}x\int_c^d f(x,y)\,\mathrm{d}y=\int_c^d\mathrm{d}y\int_a^{+\infty} f(x,y)\,\mathrm{d}x. \tag{20.3.7}$$

证明 由一致收敛性, 存在 $X>a$ 使得

$$|\varphi(y)|\leqslant\left|\int_a^X f(x,y)\,\mathrm{d}x\right|+1,\qquad \forall\, y\in[c,d].$$

即 φ 在 $[c,d]$ 上有界. 事实上, φ 有界的结论也包含在以下的证明之中.

任取 $A>a$, 由定理 20.1.7, 我们有

$$\begin{aligned}\overline{\int_c^d}\left(\int_a^{+\infty} f(x,y)\,\mathrm{d}x\right)\,\mathrm{d}y &\leqslant \int_c^d\left(\int_a^{A} f(x,y)\,\mathrm{d}x\right)\,\mathrm{d}y + \overline{\int_c^d}\left(\int_A^{+\infty} f(x,y)\,\mathrm{d}x\right)\,\mathrm{d}y\\ &\leqslant \int_a^A \mathrm{d}x\int_c^d f(x,y)\,\mathrm{d}y + (d-c)\sup_{y\in[c,d]}\left|\int_A^{+\infty} f(x,y)\,\mathrm{d}x\right|.\end{aligned}$$

由一致收敛性得到

$$\overline{\int_c^d}\left(\int_a^{+\infty} f(x,y)\,\mathrm{d}x\right)\,\mathrm{d}y \leqslant \varliminf_{A\to+\infty}\int_a^A \mathrm{d}x\int_c^d f(x,y)\,\mathrm{d}y.$$

同理,

$$\underline{\int_c^d}\left(\int_a^{+\infty} f(x,y)\,\mathrm{d}x\right)\,\mathrm{d}y \geqslant \varlimsup_{A\to+\infty}\int_a^A \mathrm{d}x\int_c^d f(x,y)\,\mathrm{d}y.$$

因此, 必有

$$\begin{aligned}\overline{\int_c^d}\left(\int_a^{+\infty} f(x,y)\,\mathrm{d}x\right)\,\mathrm{d}y &= \varliminf_{A\to+\infty}\int_a^A \mathrm{d}x\int_c^d f(x,y)\,\mathrm{d}y\\ &= \underline{\int_c^d}\left(\int_a^{+\infty} f(x,y)\,\mathrm{d}x\right)\,\mathrm{d}y = \varlimsup_{A\to+\infty}\int_a^A \mathrm{d}x\int_c^d f(x,y)\,\mathrm{d}y.\end{aligned}$$

即 $\displaystyle\int_a^{+\infty}\psi(x)\,\mathrm{d}x$ 收敛, $\displaystyle\int_c^d\varphi(y)\,\mathrm{d}y$ 存在, 且两者相等. □

以上证明与定理 20.3.2 的证明非常相似. 事实上, 定理 20.3.6 可以视为定理 20.3.2 的推论.

对于含参变量广义积分的无穷积分, 目前要建立相关定理, 条件繁杂且证明不易. 而今后在 Lebesgue 积分意义下, 在 f Lebesgue 可测的前提下, 只要积分 $\displaystyle\int_c^{+\infty}\mathrm{d}y\int_a^{+\infty}|f(x,y)|\,\mathrm{d}x$ 有限, 便可得 $\displaystyle\int_c^{+\infty}\mathrm{d}y\int_a^{+\infty}f(x,y)\,\mathrm{d}x$ 以及 $\displaystyle\int_a^{+\infty}\mathrm{d}x\int_c^{+\infty}f(x,y)\,\mathrm{d}y$ 均收敛且相等.

因此, 对于含参变量广义积分的无穷积分, 我们暂不讨论一般性的结果. 对于特殊的问题, 先采取特殊问题特殊分析.

容易构造二次无穷积分积分次序不可交换的例子.

例 20.3.1 如图 20.1, 考虑

$$f(x,y):=\begin{cases}1, & (x,y)\in\bigcup\limits_{n=0}^{\infty}[n,n+1)\times[n,n+1),\\ -1, & (x,y)\in\bigcup\limits_{n=0}^{\infty}[n,n+1)\times[n+1,n+2),\\ 0, & \text{其他}.\end{cases}\tag{20.3.8}$$

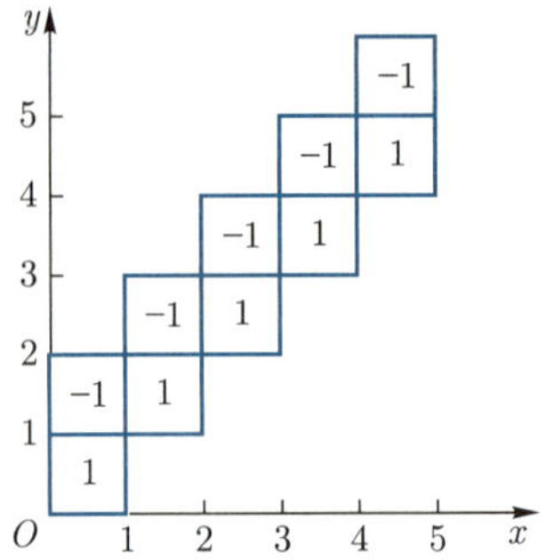

图 20.1

则易见

$$\int_0^{+\infty} \mathrm{d}y \int_0^{+\infty} f(x,y)\ \mathrm{d}x = 1, \quad \int_0^{+\infty} \mathrm{d}x \int_0^{+\infty} f(x,y)\ \mathrm{d}y = 0. \qquad \square$$

例 20.3.2　计算 $\lim\limits_{n\to+\infty} n^2 \displaystyle\int_0^{+\infty} \frac{\cos x^2}{(1+x+2x^2)^n} \ln(1+x)\ \mathrm{d}x$.

解　作变量代换可得

$$n^2 \int_0^{+\infty} \frac{\cos x^2}{(1+x+2x^2)^n} \ln(1+x)\ \mathrm{d}x = \int_0^{+\infty} \frac{n\cos\dfrac{x^2}{n^2}}{\left(1+\dfrac{x}{n}+\dfrac{2x^2}{n^2}\right)^n} \ln\left(1+\frac{x}{n}\right)\ \mathrm{d}x.$$

当 $n \geqslant 4$ 时, 有

$$\left|\frac{n\cos\dfrac{x^2}{n^2}}{\left(1+\dfrac{x}{n}+\dfrac{2x^2}{n^2}\right)^n} \ln\left(1+\frac{x}{n}\right)\right| \leqslant \frac{x}{1+\mathrm{C}_n^3\dfrac{x^3}{n^3}} \leqslant \frac{x}{1+\dfrac{x^3}{24}}, \qquad \forall x \in [0,+\infty).$$

而

$$\lim_{n\to+\infty} \frac{n\cos\dfrac{x^2}{n^2}}{\left(1+\dfrac{x}{n}+\dfrac{2x^2}{n^2}\right)^n} \ln\left(1+\frac{x}{n}\right) = \frac{x}{\mathrm{e}^x}, \qquad \forall x \in [0,+\infty).$$

于是, 由控制收敛定理得到

$$\lim_{n\to+\infty} n^2 \int_0^{+\infty} \frac{\cos x^2}{(1+x+2x^2)^n} \ln(1+x)\ \mathrm{d}x = \int_0^{+\infty} x\mathrm{e}^{-x}\ \mathrm{d}x = 1. \qquad \square$$

利用含参变量积分的性质计算积分是一种常用的方法. 计算的常规方法是首先引入恰当的参数. 在此基础上, 通常的方法是以下三类: 利用积分交换次序, 先积分后求导, 或先求导再积分 (包含求导后得到微分方程).

例 20.3.3 设 $a, b > 0$, 计算 $\displaystyle\int_0^1 \frac{x^b - x^a}{\ln x}\,\mathrm{d}x$.

解 事实上, 所求积分为常义积分. 我们用两种方法计算.

解法 1 注意到 x^y 在 $[0,1] \times [a,b]$ 上连续, 从而根据二重积分化为累次积分的定理 16.3.1, 或根据定理 20.1.7, 我们有

$$\begin{aligned}\int_0^1 \frac{x^b - x^a}{\ln x}\,\mathrm{d}x &= \int_0^1 \mathrm{d}x \int_a^b x^y\,\mathrm{d}y = \int_a^b \mathrm{d}y \int_0^1 x^y\,\mathrm{d}x \\ &= \int_a^b \frac{1}{y+1}\,\mathrm{d}y = \ln\frac{b+1}{a+1}.\end{aligned}$$

解法 2 固定 $a > 0$, 记

$$F(b) = \int_0^1 \frac{x^b - x^a}{\ln x}\,\mathrm{d}x, \qquad b \geqslant a.$$

则由定理 20.1.6,

$$F'(b) = \int_0^1 x^b\,\mathrm{d}x = \frac{1}{b+1}.$$

于是

$$F(b) = \ln(b+1) + C, \qquad \forall\, b \geqslant a.$$

注意到 $F(a) = 0$, 得到

$$F(b) = \ln\frac{b+1}{a+1}.$$

□

不难看到, 在本例中, 这两种方法并无本质区别.

例 20.3.4 计算 Dirichlet 积分 $\displaystyle\int_0^{+\infty} \frac{\sin x}{x}\,\mathrm{d}x$.

解 考虑含参变量积分

$$f(\alpha) = \int_0^{+\infty} \mathrm{e}^{-\alpha x}\frac{\sin x}{x}\,\mathrm{d}x, \qquad \forall\,\alpha \geqslant 0.$$

由于 $\displaystyle\int_0^{+\infty} \mathrm{e}^{-\alpha x}\frac{\sin x}{x}\,\mathrm{d}x$ 关于 $\alpha \in [0,+\infty)$ 一致收敛, 从而由定理 20.3.3 可得 f 在 $[0,+\infty)$ 上连续.

另一方面, 上述积分形式求导后的积分 $\displaystyle\int_0^{+\infty} \mathrm{e}^{-\alpha x}\sin x\,\mathrm{d}x$ 关于 $\alpha \in (0,+\infty)$ 内闭一致收敛, 从而由定理 20.3.4 可得

$$f'(\alpha) = -\int_0^{+\infty} \mathrm{e}^{-\alpha x}\sin x\,\mathrm{d}x = -\frac{1}{1+\alpha^2}, \qquad \forall\,\alpha > 0.$$

两边求积分得到

$$f(\alpha) = -\arctan\alpha + C, \qquad \forall\,\alpha > 0.$$

由 f 在 $[0,+\infty)$ 上的连续性, 得到

$$f(\alpha)=-\arctan\alpha+C,\qquad \forall\,\alpha\geqslant 0.$$

而由控制收敛定理,

$$\lim_{\alpha\to+\infty}f(\alpha)=0.$$

从而 $C=\dfrac{\pi}{2}$. 由此即得

$$f(\alpha)=\frac{\pi}{2}-\arctan\alpha,\qquad \forall\,\alpha\geqslant 0.$$

特别地,

$$\int_0^{+\infty}\frac{\sin x}{x}\,\mathrm{d}x=f(0)=\frac{\pi}{2}.$$ □

例 20.3.5　设 $\alpha\in(-\infty,+\infty)$, 计算 $\displaystyle\int_0^{\pi}\ln(1-2\alpha\cos x+\alpha^2)\,\mathrm{d}x$.

解　在 (13.5.3) 式中, 我们利用幂级数的性质计算过这一积分. 现在我们利用积分的性质来计算. 在例 20.2.4, 我们证明了对任何 $A>0$, 积分 $\displaystyle\int_0^{\pi}\ln(1-2\alpha\cos x+\alpha^2)\,\mathrm{d}x$ 关于 $\alpha\in[-A,A]$ 一致收敛. 因此,

$$F(\alpha):=\int_0^{\pi}\ln(1-2\alpha\cos x+\alpha^2)\,\mathrm{d}x$$

在 $\mathbb{R}$ 上连续.

解法 1　对 $\displaystyle\int_0^{\pi}\ln(1-2\alpha\cos x+\alpha^2)\,\mathrm{d}x$ 形式求导, 得到积分 $\displaystyle\int_0^{\pi}\frac{2\alpha-2\cos x}{1-2\alpha\cos x+\alpha^2}\,\mathrm{d}x$. 该积分对于任何固定的 $\alpha\in\mathbb{R}$, 都是常义积分. 但作为含参变量积分, $\forall\,\delta\in(0,1)$ 以及 $A>1$, 我们有

$$\sup_{x\in(0,\delta),\,\frac{1}{A}\leqslant\alpha\leqslant A}\left|\frac{2\alpha-2\cos x}{1-2\alpha\cos x+\alpha^2}\right|\geqslant\sup_{\frac{1}{A}\leqslant\alpha\leqslant A}\left|\frac{2\alpha-2}{1-2\alpha+\alpha^2}\right|=+\infty.$$

因此, $x=0$ 是含参变量积分 $\displaystyle\int_0^{\pi}\frac{2\alpha-2\cos x}{1-2\alpha\cos x+\alpha^2}\,\mathrm{d}x\ \left(\frac{1}{A}\leqslant\alpha\leqslant A\right)$ 的一个瑕点. 同理, $x=\pi$ 是含参变量积分 $\displaystyle\int_0^{\pi}\frac{2\alpha-2\cos x}{1-2\alpha\cos x+\alpha^2}\,\mathrm{d}x\ \left(-A\leqslant\alpha\leqslant-\frac{1}{A}\right)$ 的一个瑕点.

进一步,

$$\begin{aligned}\sup_{\frac{1}{A}\leqslant\alpha\leqslant A}\left|\int_0^{\delta}\frac{2\alpha-2\cos x}{1-2\alpha\cos x+\alpha^2}\,\mathrm{d}x\right|&\geqslant\sup_{1<\alpha\leqslant A}\int_0^{\delta}\frac{2\alpha-2\cos x}{1-2\alpha\cos x+\alpha^2}\,\mathrm{d}x\\&=\sup_{1<\alpha\leqslant A}\int_0^{\delta}\frac{1}{\alpha}\left(1+\frac{\alpha^2-1}{1-2\alpha\cos x+\alpha^2}\right)\,\mathrm{d}x\end{aligned}$$

$$\geqslant \varlimsup_{n\to+\infty} \sup_{1<\alpha\leqslant A} \int_0^{\frac{1}{n}} \frac{\alpha-1}{1-2\alpha\cos x+\alpha^2}\,\mathrm{d}x$$

$$\geqslant \lim_{n\to+\infty} \frac{1}{n^2} \frac{1}{1-2\left(1+\dfrac{1}{n}\right)\cos\dfrac{1}{n}+\left(1+\dfrac{1}{n}\right)^2} = \frac{1}{2}.$$

因此, $\displaystyle\int_0^{\pi} \frac{2\alpha-2\cos x}{1-2\alpha\cos x+\alpha^2}\,\mathrm{d}x$ 关于 $\dfrac{1}{A} \leqslant \alpha \leqslant A$ 非一致收敛. 这样, 我们不能期望直接通过定理 20.3.4 得到 F 在 1 处的可微性. 或即使 F 在 1 处可微, 也不见得在该处求导和积分可以交换次序①.

另一方面, 任取 $\eta \in (0,1)$, 易见 $\dfrac{2\alpha-2\cos x}{1-2\alpha\cos x+\alpha^2}$ 在 $(x,\alpha) \in [0,\pi] \times (\mathbb{R} \setminus (1-\eta, 1+\eta) \setminus (-1-\eta, -1+\eta)$ 上连续. 因此, F 在 ± 1 之外的点处可微, 且

$$F'(\alpha) = \int_0^{\pi} \frac{2\alpha-2\cos x}{1-2\alpha\cos x+\alpha^2}\,\mathrm{d}x = \int_0^{+\infty} \frac{2\alpha-2\dfrac{1-t^2}{1+t^2}}{1-2\alpha\dfrac{1-t^2}{1+t^2}+\alpha^2} \frac{2}{1+t^2}\,\mathrm{d}t$$

$$= \int_0^{+\infty} \frac{\alpha-1+(\alpha+1)t^2}{(\alpha-1)^2+(\alpha+1)^2t^2} \frac{4}{1+t^2}\,\mathrm{d}t$$

$$= \frac{2}{\alpha} \int_0^{+\infty} \left[\frac{\alpha^2-1}{(\alpha-1)^2+(\alpha+1)^2t^2} + \frac{1}{1+t^2}\right] \mathrm{d}t$$

$$= \frac{2}{\alpha} \left(\arctan\frac{\alpha+1}{\alpha-1}t + \arctan t\right)\Big|_0^{+\infty}$$

$$= \begin{cases} \dfrac{2\pi}{\alpha}, & \alpha > 1, \\ 0, & \alpha \in (0,1). \end{cases}$$

结合 $F(0) = 0$ 以及 F 为连续的偶函数, 得到

$$F(\alpha) = \begin{cases} 2\pi \ln|\alpha|, & |\alpha| > 1, \\ 0, & |\alpha| \leqslant 1. \end{cases}$$

解法 2 接下来, 我们利用对称性来计算这一积分. 我们有

$$F(\alpha) = F(-\alpha) = \frac{1}{2}(F(\alpha) + F(-\alpha))$$

$$= \frac{1}{2} \int_0^{\pi} \ln\left((1+\alpha^2)^2 - 4\alpha^2\cos^2 x\right) \mathrm{d}x$$

$$= \frac{1}{2} \int_0^{\pi} \ln\left((1+\alpha^2)^2 - 2\alpha^2\cos 2x - 2\alpha^2\right) \mathrm{d}x$$

$$= \frac{1}{4} \int_0^{2\pi} \ln(1+\alpha^4 - 2\alpha^2\cos x\Big)\,\mathrm{d}x$$

① 从最后的结果可以看到, F 在 ± 1 处均不可微, 但左、右导数均存在.

$$
\begin{aligned}
&= \frac{1}{2}\int_0^{\pi} \ln(1+\alpha^4 - 2\alpha^2\cos x\Big)\,\mathrm{d}x \\
&= \frac{1}{2}F(\alpha^2).
\end{aligned}
$$

由此立即得到 $F(\pm 1)=0$. 而反复运用上式则可得

$$
F(\alpha) = \frac{1}{2^n}F(\alpha^{2^n}), \qquad \forall\,|\alpha|<1,\ n\geqslant 1.
$$

于是利用 F 的连续性得到

$$
F(\alpha) = \lim_{n\to+\infty}\frac{1}{2^n}F(\alpha^{2^n}) = 0\cdot F(0)=0, \quad \forall\,|\alpha|<1.
$$

最后, 结合 $F\left(\dfrac{1}{\alpha}\right) = -2\pi\ln|\alpha| + F(\alpha)$ 可得

$$
F(\alpha) = \begin{cases} 2\pi\ln|\alpha|, & |\alpha|>1, \\ 0, & |\alpha|\leqslant 1. \end{cases}
$$

□

例 20.3.6 计算 Fresnel① 积分 $\displaystyle\int_0^{+\infty}\sin x^2\,\mathrm{d}x$.

解 首先, 我们有

$$
\int_0^{+\infty} \mathrm{e}^{-t^2x}\,\mathrm{d}t = \frac{1}{\sqrt{x}}\int_0^{+\infty}\mathrm{e}^{-t^2}\,\mathrm{d}t = \frac{\sqrt{\pi}}{2\sqrt{x}}, \qquad \forall\, x>0.
$$

因此,

$$
\begin{aligned}
\int_0^{+\infty}\sin x^2\,\mathrm{d}x &= \int_0^{+\infty}\frac{\sin x}{2\sqrt{x}}\,\mathrm{d}x \\
&= \frac{1}{\sqrt{\pi}}\int_0^{+\infty}\mathrm{d}x\int_0^{+\infty}\mathrm{e}^{-t^2x}\sin x\,\mathrm{d}t.
\end{aligned}
$$

易得

$$
\begin{aligned}
\int_0^{+\infty}\mathrm{d}t\int_0^{+\infty}\mathrm{e}^{-t^2x}\sin x\,\mathrm{d}x &= \int_0^{+\infty}\frac{1}{1+t^4}\,\mathrm{d}t = \int_1^{+\infty}\frac{1+t^2}{1+t^4}\,\mathrm{d}t \\
&= \frac{1}{\sqrt{2}}\arctan\frac{t-t^{-1}}{\sqrt{2}}\bigg|_1^{+\infty} = \frac{\pi}{2\sqrt{2}}.
\end{aligned}
$$

为了说明第一式的累次积分可以交换次序, 我们需要利用本例积分的特殊性. 任取 $A>\varepsilon>0$, 由 Weierstrass 判别法, 含参变量积分 $\displaystyle\int_0^{+\infty}\mathrm{e}^{-t^2x}\sin x\,\mathrm{d}t$ 关于 $x\in[\varepsilon,A]$ 一致收敛, 因此,

$$
\left|\int_\varepsilon^A\mathrm{d}x\int_0^{+\infty}\mathrm{e}^{-t^2x}\sin x\,\mathrm{d}t - \int_0^{+\infty}\mathrm{d}t\int_0^{+\infty}\mathrm{e}^{-t^2x}\sin x\,\mathrm{d}x\right|
$$

① Fresnel, Augustin-Jean, 1788 年 5 月 10 日—1827 年 7 月 14 日, 法国物理学家和铁路工程师.

$$\begin{aligned}
&= \left|\int_0^{+\infty} \mathrm{d}t \int_\varepsilon^A \mathrm{e}^{-t^2x}\sin x\ \mathrm{d}x - \int_0^{+\infty} \mathrm{d}t \int_0^{+\infty} \mathrm{e}^{-t^2x}\sin x\ \mathrm{d}x\right| \\
&\leqslant \int_0^{+\infty} \left(\left|\int_A^{+\infty} \mathrm{e}^{-t^2x}\sin x\ \mathrm{d}x\right| + \left|\int_0^{\varepsilon} \mathrm{e}^{-t^2x}\sin x\ \mathrm{d}x\right|\right)\ \mathrm{d}t \\
&= \int_0^{+\infty} \frac{|t^2\mathrm{e}^{-t^2A}\sin A + \mathrm{e}^{-t^2A}\cos A| + |-t^2\mathrm{e}^{-t^2\varepsilon}\sin\varepsilon + 1 - \mathrm{e}^{-t^2\varepsilon}\cos\varepsilon|}{t^4+1}\ \mathrm{d}t \\
&\leqslant \int_0^{+\infty} \left(\mathrm{e}^{-t^2A} + |\sin\varepsilon| + |1-\mathrm{e}^{-t^2\varepsilon}\cos\varepsilon|\right) \frac{t^2+1}{t^4+1}\ \mathrm{d}t.
\end{aligned}$$

上式中令 $A \to +\infty, \varepsilon \to 0^+$, 由控制收敛定理, 即得

$$\int_0^{+\infty} \mathrm{d}x \int_0^{+\infty} \mathrm{e}^{-t^2x}\sin x\ \mathrm{d}t = \int_0^{+\infty} \mathrm{d}t \int_0^{+\infty} \mathrm{e}^{-t^2x}\sin x\ \mathrm{d}x.$$

最后得到

$$\int_0^{+\infty} \sin x^2\ \mathrm{d}x = \frac{\sqrt{2\pi}}{4}.$$ □

习题 20.3

1. 对应于定理 20.3.4, 给出并证明含参变量无穷积分被积函数关于参数仅在单点可微时的结果.

2. 对应于定理 20.3.4, 给出可能含有瑕点的含参变量积分可微性的结果并证明.

3. 证明 $\displaystyle\int_0^{\pi} \frac{\sin x}{x^\alpha(\pi-x)^{2-\alpha}}\ \mathrm{d}x$ 是 $(0,2)$ 区间内关于 α 的无界、连续函数.

4. 计算 $\displaystyle\lim_{n\to+\infty}\int_0^2 \frac{x^n\ln x}{1+x^n}\ \mathrm{d}x$, 并说明计算过程合理.

5. 设 $a,b>0$, 利用 Frullani 积分计算 $\displaystyle\int_0^1 \frac{x^b-x^a}{\ln x}\ \mathrm{d}x$.

6. 考察以下积分与例 20.3.5 的联系, 并尝试以各种方法计算这些积分:

(1) $\displaystyle\int_0^{\frac{\pi}{2}} \ln(a^2-\sin^2 x)\ \mathrm{d}x,\quad a\geqslant 1$;

(2) $\displaystyle\int_0^{\pi} \ln(1+a\cos x)\ \mathrm{d}x,\quad |a|\leqslant 1$;

(3) $\displaystyle\int_0^{\pi} \ln(a^2\cos^2 x+b^2\sin^2 x)\ \mathrm{d}x,\quad a^2+b^2>0$.

7. 证明 $\displaystyle\lim_{\alpha\to+\infty}\int_0^{+\infty} \frac{\sin x}{x\sqrt{x}}\mathrm{e}^{-\alpha x}\ \mathrm{d}x = 0$.

8. 计算 $\displaystyle\lim_{n\to+\infty}\int_0^1 \frac{\cos(\pi x)-\mathrm{e}^{-n^2x^2}}{n\arcsin x}\frac{\mathrm{d}x}{\ln(1+x)}$, 并说明计算过程成立的理由.

9. 计算 $\displaystyle\lim_{n\to+\infty}\sqrt{n}\int_0^{+\infty} \frac{\cos x}{(1+x^2)^n}\ \mathrm{d}x$, 并说明计算过程的正确性.

10. 证明或否定: $\lim\limits_{n\to+\infty}\int_0^{\pi} \mathrm{e}^{xt}\left[\dfrac{\cos\left(n+\dfrac{1}{2}\right)t}{\ln(1+t)}-\dfrac{\cos nt}{t}\right]\mathrm{d}t$ 关于 $x\in[0,1]$ 一致收敛于零.

11. 设 f 是 $[0,1)$ 上的连续可微函数, $f(0)=0$, $f'\in L^2(0,1)$. 证明: $\displaystyle\int_0^1 \frac{|f(x)|^2}{x^2}\,\mathrm{d}x \leqslant 4\int_0^1 |f'(x)|^2\,\mathrm{d}x$.

12. 设 f 为以 π 为周期且在 $[0,\pi]$ 上绝对可积的偶函数. 证明:

(1) $\displaystyle\int_0^{+\infty} f(x)\frac{\sin x}{x}\,\mathrm{d}x = \int_0^{\frac{\pi}{2}} f(x)\,\mathrm{d}x$;

(2) $\displaystyle\int_0^{+\infty} f(x)\left(\frac{\sin x}{x}\right)^2\,\mathrm{d}x = \int_0^{\frac{\pi}{2}} f(x)\,\mathrm{d}x$.

13. 设 f 为以 2π 为周期在 $[0,2\pi]$ 上绝对可积的偶函数. 证明:

$$\int_0^{+\infty} f(x)\frac{\sin x}{x}\,\mathrm{d}x = \frac{1}{2}\int_0^{\pi} f(x)(1+\cos x)\,\mathrm{d}x.$$

14. 证明公式 $\displaystyle\int_0^1 \frac{1}{x^x}\,\mathrm{d}x = \sum_{n=1}^{\infty}\frac{1}{n^n}$.

15. 试利用 $\displaystyle\frac{1}{2}+\sum_{k=1}^{n}\cos kx = \frac{\sin\left(n+\frac{1}{2}\right)x}{2\sin\frac{x}{2}}$ 证明:

$$\frac{\pi}{2} = \lim_{n\to+\infty}\int_0^{\pi}\frac{\sin\left(n+\frac{1}{2}\right)x}{2\sin\frac{x}{2}}\,\mathrm{d}x = \lim_{n\to+\infty}\int_0^{\pi}\frac{\sin\left(n+\frac{1}{2}\right)x}{x}\,\mathrm{d}x = \int_0^{+\infty}\frac{\sin x}{x}\,\mathrm{d}x.$$

16. 设 $a>0$, 求 $n\to+\infty$ 时 $\displaystyle\int_{n\pi}^{(n+1)\pi}\frac{x}{1+x^a\sin^2 x}\,\mathrm{d}x$ 的阶.

17. 计算 $\displaystyle\int_0^{+\infty}\frac{(1-x^2)\arctan x^2}{x^4+4x^2+1}\,\mathrm{d}x$.

18. 设 $a\in[0,1]$, 计算 $\displaystyle\int_0^{\frac{\pi}{2}}\ln|a^2-\sin^2 x|\,\mathrm{d}x$.

19. 在例 20.3.1 中, 当 $(x,y)\to\infty$ 时, $f(x,y)\not\to 0$. 试考虑如下问题:

(1) 设 $\{a_n\},\{b_n\}$ 是两个收敛于零的数列,

$$f(x,y) := \begin{cases} a_n, & (x,y)\in[n,n+1)\times[n,n+1),\ n\geqslant 0,\\ b_n, & (x,y)\in[n,n+1)\times[n+1,n+2),\ n\geqslant 0,\\ 0, & \text{其他} \end{cases}$$

使得 $\int_0^{+\infty} \mathrm{d}y \int_0^{+\infty} f(x,y)\, \mathrm{d}x$ 与 $\int_0^{+\infty} \mathrm{d}x \int_0^{+\infty} f(x,y)\, \mathrm{d}y$ 均收敛. 证明:

$$\int_0^{+\infty} \mathrm{d}y \int_0^{+\infty} f(x,y)\, \mathrm{d}x = \int_0^{+\infty} \mathrm{d}x \int_0^{+\infty} f(x,y)\, \mathrm{d}y.$$

(2) 构造 $f:[0,+\infty)\times[0,+\infty)\to\mathbb{R}$ 使得 $\lim\limits_{(x,y)\to\infty} f(x,y)=0$, 且 $\int_0^{+\infty} \mathrm{d}y \int_0^{+\infty} f(x,y)\, \mathrm{d}x$ 与 $\int_0^{+\infty} \mathrm{d}x \int_0^{+\infty} f(x,y)\, \mathrm{d}y$ 均收敛但不相等.

20. 设 $p>1$, $f\in\mathcal{R}^p(0,+\infty)$ 且 f 非负[①]. 证明 **Hardy**[②] **不等式**:

$$\int_0^{+\infty} \left(\frac{1}{x}\int_0^x f(t)\, \mathrm{d}t\right)^p \mathrm{d}x \leqslant \left(\frac{p}{p-1}\right)^p \int_0^{+\infty} f^p(x)\, \mathrm{d}x,$$

其中 $\left(\dfrac{p}{p-1}\right)^p$ 为最佳常数, 且等号成立当且仅当 $\int_0^{+\infty} f(x)\, \mathrm{d}x = 0$.

21. 设 $p>1$, $f\in\mathcal{R}^p(0,+\infty)$ 且 f 非负. 又设 $r>0$, $r\neq 1$. 证明 Hardy 不等式的推广:

若 $r>1$, 则

$$\int_0^{+\infty} x^{-r}\left(\int_0^x f(t)\, \mathrm{d}t\right)^p \mathrm{d}x \leqslant \left(\frac{p}{r-1}\right)^p \int_0^{+\infty} x^{p-r} f^p(x)\, \mathrm{d}x;$$

若 $0<r<1$, 则

$$\int_0^{+\infty} x^{-r}\left(\int_x^{+\infty} f(t)\, \mathrm{d}t\right)^p \mathrm{d}x \leqslant \left(\frac{p}{1-r}\right)^p \int_0^{+\infty} x^{p-r} f^p(x)\, \mathrm{d}x.$$

22. 设 $p,q>1$ 为对偶数, $f\in\mathcal{R}^q(0,+\infty)$ 且 f 非负. 令 $F(f)(x) := \int_x^{+\infty} \dfrac{f(t)}{t}\, \mathrm{d}t$. 利用 Hardy 不等式以及对偶关系证明: $\|F(f)\|_{\mathcal{R}^q(0,+\infty)} \leqslant \dfrac{p}{p-1}\|f\|_{\mathcal{R}^q(0,+\infty)}$.

20.4 Euler 积分

在一些具体积分的计算中, 时常会涉及两类重要的 Euler 积分——Γ (Gamma) 函数与 B (Beta) 函数.

Γ 函数的定义 首先, 引入 Γ 函数. 称函数

$$\Gamma(s) := \int_0^{+\infty} x^{s-1}\mathrm{e}^{-x}\, \mathrm{d}x, \qquad s>0 \tag{20.4.1}$$

---

① $\mathcal{R}^p$ 与 $\|\cdot\|_{\mathcal{R}^p}$ 等记号的含义, 请参看第二十一章 21.1 节.

② Hardy, Godfrey Harold, 1877 年 2 月 7 日 — 1947 年 12 月 1 日, 英国数学家.

为 Γ **函数**, 又称为**第二类 Euler 积分**.

易见对于任何整数 $k \geqslant 0$, 积分 $\int_0^{+\infty} x^{s-1}\mathrm{e}^{-x}\ln^k x\,\mathrm{d}x$ 关于 $s\in(0,+\infty)$ 内闭一致收敛, 因此, Γ 在 $(0,+\infty)$ 中有任意阶的导数, 且可以积分号下求导.

Γ 函数的递推公式 利用分部积分立即得到

$$\Gamma(s+1)=s\Gamma(s),\qquad \forall\, s>0. \tag{20.4.2}$$

特别地, 结合 $\Gamma(1)=1$ 可得

$$\Gamma(n+1)=n!,\qquad \forall\, n=0,1,\cdots. \tag{20.4.3}$$

利用 (20.4.2) 式, 还可以把 Γ 函数的定义域扩大到除了 0 和负整数以外的所有实数.

log–凸性 由 Hölder 不等式, 立即可得 Γ 是**严格 log–凸**的, 即 $\ln\Gamma$ 是严格凸函数:

$$\begin{aligned}\Gamma(\alpha x+(1-\alpha)y)&=\int_0^{+\infty} t^{\alpha x+(1-\alpha)y-1}\mathrm{e}^{-t}\,\mathrm{d}t\\&<\left(\int_0^{+\infty} t^{x-1}\mathrm{e}^{-t}\,\mathrm{d}t\right)^{\alpha}\left(\int_0^{+\infty} t^{y-1}\mathrm{e}^{-t}\,\mathrm{d}t\right)^{1-\alpha}\\&=\Gamma(x)^{\alpha}\Gamma(y)^{1-\alpha},\qquad \forall\,\alpha\in(0,1),x>y>0.\end{aligned} \tag{20.4.4}$$

自然, 也可以利用

$$(\ln\Gamma(x))''>0,\qquad \forall\, x>0. \tag{20.4.5}$$

利用 log–凸性, 我们有

$$\begin{cases}\Gamma(x+s)\leqslant\Gamma(x)^{1-s}\Gamma(x+1)^{s},\\ \Gamma(x+1)\leqslant\Gamma(x+s)^{s}\Gamma(x+s+1)^{1-s},\end{cases}\qquad \forall\, x>0,\ s\in[0,1]. \tag{20.4.6}$$

结合递推公式得到

$$\left(\frac{x}{x+s}\right)^{1-s}\leqslant\frac{\Gamma(x+s)}{\Gamma(x)x^{s}}\leqslant 1,\quad \forall\, x>0,s\in[0,1]. \tag{20.4.7}$$

因此

$$\lim_{x\to+\infty}\frac{\Gamma(x+s)}{\Gamma(x)x^{s}}=1 \tag{20.4.8}$$

对 $s\in[0,1]$ 成立, 进一步, 利用递推公式 (20.4.2) 可得对任何 $s\in\mathbb{R}$, (20.4.8) 式均成立.

注意到

$$\Gamma(x+s)=\int_0^{+\infty} t^{x+s-1}\mathrm{e}^{-t}\,\mathrm{d}t=x^{x+s}\int_0^{+\infty} t^{s-1}\left(t\mathrm{e}^{-t}\right)^{x}\,\mathrm{d}t,\qquad x>0,\,x+s>0,$$

我们也可以利用 te^{-t} 在 $(0,+\infty)$ 上恒正且最大值仅在 $t=1$ 处取得, 得到 (20.4.8) 式:

$$\lim_{x\to+\infty}\frac{\Gamma(x+s)}{\Gamma(x)x^s}=\lim_{x\to+\infty}\frac{\displaystyle\int_0^{+\infty}t^{s-1}\left(te^{-t}\right)^x\,\mathrm{d}t}{\displaystyle\int_0^{+\infty}t^{-1}\left(te^{-t}\right)^x\,\mathrm{d}t}=1. \tag{20.4.9}$$

Γ 函数在 0 点附近的阶 利用 Γ 函数的递推公式以及在 1 处的连续性可得

$$\lim_{s\to0^+}s\Gamma(s)=\lim_{s\to0^+}\Gamma(s+1)=\Gamma(1)=1,$$

从而得到 Γ 函数在 0 点附近的阶:

$$\Gamma(s)\sim\frac{1}{s},\qquad s\to0^+. \tag{20.4.10}$$

Stirling 公式, Γ 函数在无穷远处的阶 Γ 函数在正无穷远处, 有如下的 **Stirling**[①] **公式**:

$$\Gamma(s+1)\sim\left(\frac{s}{\mathrm{e}}\right)^s\sqrt{2\pi s},\quad s\to+\infty. \tag{20.4.11}$$

证明 对于 $s>0$, 依次作变量代换 $t=s(x+1)$, $x=\dfrac{y}{\sqrt{s}}$, 可得

$$\begin{aligned}\Gamma(s+1)&=\int_0^{+\infty}t^s\mathrm{e}^{-t}\,\mathrm{d}t=\frac{s^{s+1}}{\mathrm{e}^s}\int_{-1}^{+\infty}\mathrm{e}^{-s(x-\ln(1+x))}\,\mathrm{d}x\\&=\frac{s^s\sqrt{s}}{\mathrm{e}^s}\int_{-\sqrt{s}}^{+\infty}\mathrm{e}^{-sg\left(\frac{y}{\sqrt{s}}\right)}\,\mathrm{d}y,\end{aligned}$$

其中

$$g(x):=x-\ln(1+x),\qquad\forall\,x\in(-1,+\infty).$$

易见 g 在 $(-1,+\infty)$ 上非负, 且 $g(x)=0$ 当且仅当 $x=0$.

另一方面, $\displaystyle\lim_{x\to-1^+}\frac{g(x)(|x|+1)}{x^2}=+\infty$, $\displaystyle\lim_{x\to0}\frac{g(x)(|x|+1)}{x^2}=\frac{1}{2}$, 而 $\displaystyle\lim_{x\to+\infty}\frac{g(x)(|x|+1)}{x^2}=1$. 由此可得存在常数 $c>0$ 使得

$$g(x)\geqslant\frac{cx^2}{|x|+1},\qquad\forall\,x\in(-1,+\infty).$$

特别地, 对于 $s>1$, 有

$$sg\left(\frac{y}{\sqrt{s}}\right)\geqslant\frac{cy^2}{\dfrac{|y|}{\sqrt{s}}+1}\geqslant\frac{cy^2}{|y|+1},\qquad\forall\,y\in(-\sqrt{s},+\infty).$$

这样, 由控制收敛定理得到

① Stirling, James, 1692 年 5 月—1770 年 12 月 5 日, 苏格兰数学家.

$$\lim_{s\to+\infty}\frac{e^s}{s^s\sqrt{s}}\Gamma(s+1)=\lim_{s\to+\infty}\int_{-\infty}^{+\infty}\mathrm{e}^{-sg\left(\frac{y}{\sqrt{s}}\right)}\chi_{(-\sqrt{s},+\infty)}(y)\,\mathrm{d}y$$
$$=\int_{-\infty}^{+\infty}\mathrm{e}^{-\frac{y^2}{2}}\,\mathrm{d}y=\sqrt{2\pi}.$$

这就得到了 Stirling 公式 (20.4.11). □

作为特例, 我们有离散型的 Stirling 公式

$$n!\sim\left(\frac{n}{\mathrm{e}}\right)^n\sqrt{2\pi n},\quad n\to+\infty. \tag{20.4.12}$$

Euler 公式 由递推公式得到

$$\Gamma(s)=\frac{(n-1)!}{s(s+1)\cdots(s+n-1)}\frac{\Gamma(s+n)}{\Gamma(n)},\qquad s>0.$$

结合 (20.4.8) 式, 我们有如下的 **Euler 公式**:

$$\Gamma(s)=\lim_{n\to+\infty}n^s\cdot\frac{(n-1)!}{s(s+1)\cdots(s+n-1)}. \tag{20.4.13}$$

时常, 也用 (20.4.13) 式来定义 $\Gamma(s)$. 相比于 (20.4.1) 式, (20.4.13) 式的适用范围更广, 它对任何不是 0 或负整数的 s 都成立. 这里的 s 还可以是虚数.

Gauss 叠乘定理, 倍元公式 设 $k\geqslant 2$, 则 $\forall s>0$, 有如下的 **Gauss 叠乘定理**:

$$\Gamma(s)\Gamma\left(s+\frac{1}{k}\right)\cdots\Gamma\left(s+\frac{k-1}{k}\right)=(2\pi)^{\frac{k-1}{2}}k^{\frac{1}{2}-ks}\Gamma(ks). \tag{20.4.14}$$

当 $k=2$ 时, 又称 (20.4.14) 式为 **Legendre**[①] **公式、倍元公式**.

证明 考虑

$$\varphi(s):=\frac{\Gamma(s)\Gamma\left(s+\frac{1}{k}\right)\cdots\Gamma\left(s+\frac{k-1}{k}\right)}{(2\pi)^{\frac{k-1}{2}}k^{\frac{1}{2}-ks}\Gamma(ks)},\qquad\forall s>0,$$

则利用递推公式立即可得 φ 以 $\frac{1}{k}$ 为周期. 而利用 Stirling 公式, 可得 $\lim\limits_{s\to+\infty}\varphi(s)=1$. 从而 $\varphi\equiv 1$. 即 (20.4.14) 式成立. □

Bohr-Mollerup 定理 以下的 **Bohr**[②]**-Mollerup**[③] **定理**表明, Γ 函数是满足定理中三个条件的唯一解.

---

① Legendre, Adrien-Marie, 1752 年 9 月 18 日—1833 年 1 月 10 日, 法国数学家.

② Bohr, Harald August, 1887 年 4 月 22 日—1951 年 1 月 22 日, 丹麦数学家、足球运动员, 曾于 1908 年代表丹麦国家队参加夏季奥运会并获银牌.

③ Mollerup, Johannes, 1872 年 12 月 3 日—1937 年 6 月 27 日, 丹麦数学家.

定理 20.4.1 满足下述三个条件的函数唯一:

(1) $\psi(x+1) = x\psi(x)$;

(2) $\ln\psi$ 在 $(0,+\infty)$ 上为凸函数;

(3) $\psi(1) = 1$.

证明 首先, Γ 函数满足定理中的条件. 而把推导 (20.4.6)—(20.4.8) 式和 (20.4.13) 式时的 Γ 函数换成 ψ, 即得满足定理中条件的 ψ 等于 Γ 函数. □

Euler 余元公式 我们有如下重要的**余元公式**:

$$\Gamma(s)\Gamma(1-s) = \frac{\pi}{\sin s\pi}, \qquad \forall\, s \in (0,1). \tag{20.4.15}$$

证明 余元公式有很多证明, 其简捷与否同 Γ 函数采用何种方式定义有关.

对于 $s \in (0,1)$, 由 (20.4.13) 式以及如下的 Euler 公式 (参见例 12.3.13):

$$\sin \pi x = \pi x \prod_{n=1}^{\infty}\left(1 - \frac{x^2}{n^2}\right), \qquad \forall\, x \in \mathbb{R}, \tag{20.4.16}$$

即得余元公式.

$$\begin{aligned}
\Gamma(s)\Gamma(1-s) &= \lim_{n\to+\infty}\left[n \cdot \frac{(n-1)!}{s(s+1)\cdots(s+n-1)}\frac{(n-1)!}{(1-s)(2-s)\cdots(n-s)}\right] \\
&= \lim_{n\to+\infty}\frac{(n!)^2}{s(1-s^2)(2^2-s^2)\cdots(n^2-s^2)} \\
&= \frac{1}{s\prod\limits_{n=1}^{\infty}\left(1-\dfrac{s^2}{n^2}\right)} = \frac{\pi}{\sin s\pi}.
\end{aligned}$$

□

余元公式的其他证明可以参看 [41].

B 函数的定义 函数

$$\mathrm{B}(p,q) := \int_0^1 x^{p-1}(1-x)^{q-1}\,\mathrm{d}x, \qquad \forall\, p,q > 0 \tag{20.4.17}$$

称为 B 函数, 又称为**第一类 Euler 积分**.

易见对任何整数 $k, j \geqslant 0$, 积分 $\int_0^1 x^{p-1}(1-x)^{q-1}\ln^k x \ln^j(1-x)\,\mathrm{d}x$ 关于 $(p,q) \in (0,+\infty)\times(0,+\infty)$ 内闭一致收敛, 因此, $\mathrm{B}(p,q)$ 对任何 $p,q>0$ 均有定义, 且在定义域内的各阶偏导数均连续.

B 函数和 Γ 函数的关系 B 函数与 Γ 函数有如下的关系:

$$\mathrm{B}(p,q) = \frac{\Gamma(p)\Gamma(q)}{\Gamma(p+q)}, \qquad \forall\, p,q > 0. \tag{20.4.18}$$

利用这一关系式可以方便地研究 B 函数的其他性质.

为证明 (20.4.18) 式, 对 $\Gamma(p)=\int_0^{+\infty} t^{p-1}\mathrm{e}^{-t}\,\mathrm{d}t$ 作变量代换 $t=x^2$ 可得

$$\Gamma(p)=2\int_0^{+\infty} x^{2p-1}\mathrm{e}^{-x^2}\,\mathrm{d}x.$$

于是可得

$$\begin{aligned}\Gamma(p)\Gamma(q)&=4\int_0^{+\infty}\mathrm{d}x\int_0^{+\infty} x^{2p-1}y^{2q-1}\mathrm{e}^{-x^2-y^2}\,\mathrm{d}y\\&=4\iint\limits_{\mathbb{R}_+^2} x^{2p-1}y^{2q-1}\mathrm{e}^{-x^2-y^2}\,\mathrm{d}x\,\mathrm{d}y\\&=4\int_0^{\frac{\pi}{2}}\mathrm{d}\theta\int_0^{+\infty} r^{2p+2q-1}\mathrm{e}^{-r^2}\cos^{2p-1}\theta\sin^{2q-1}\theta\,\mathrm{d}r\\&=2\Gamma(p+q)\int_0^{\frac{\pi}{2}}\cos^{2p-1}\theta\sin^{2q-1}\theta\,\mathrm{d}\theta\\&=\mathrm{B}(p,q)\Gamma(p+q),\end{aligned}$$

其中最后一个等式通过变量代换 $\sin\theta=\sqrt{s}$ 得到 (参见例 20.4.1).

利用 Euler 积分计算

例 20.4.1 设 $p>-1,q>-1$, 则

$$\begin{aligned}\int_0^{\frac{\pi}{2}}\sin^p x\cos^q x\,\mathrm{d}x&=\int_0^1 t^p(1-t^2)^{\frac{q-1}{2}}\,\mathrm{d}t=\frac{1}{2}\int_0^1 s^{\frac{p-1}{2}}(1-s)^{\frac{q-1}{2}}\,\mathrm{d}s\\&=\frac{1}{2}\mathrm{B}\left(\frac{p+1}{2},\frac{q+1}{2}\right)=\frac{1}{2}\frac{\Gamma\left(\frac{p+1}{2}\right)\Gamma\left(\frac{q+1}{2}\right)}{\Gamma\left(\frac{p+q}{2}+1\right)}.\end{aligned}$$

结合余元公式可见, 在题设条件下, 若 $p+q$ 为偶数, 则积分可以用初等函数表示出来. 作为特例, 对于 $\alpha\in(0,1)$, 我们有 $\int_0^{\frac{\pi}{2}}\tan^\alpha x\,\mathrm{d}x=\frac{1}{2}\Gamma\left(\frac{1+\alpha}{2}\right)\Gamma\left(\frac{1-\alpha}{2}\right)=\dfrac{\pi}{2\cos\frac{\alpha\pi}{2}}$.

□

例 20.4.2 设 $p>-1;q,r>0;qr>p+1$, 则作变量代换 $t=\dfrac{1}{1+x^q}$ 得

$$\begin{aligned}\int_0^{+\infty}\frac{x^p}{(1+x^q)^r}\,\mathrm{d}x&=\int_0^1\left(\frac{1}{t}-1\right)^{\frac{p}{q}}t^r\left[\frac{1}{q}\left(\frac{1}{t}-1\right)^{\frac{1}{q}-1}\frac{1}{t^2}\right]\mathrm{d}t\\&=\frac{1}{q}\int_0^1\left(\frac{1}{t}-1\right)^{\frac{p+1}{q}-1}t^{r-2}\,\mathrm{d}t=\frac{1}{q}\int_0^1(1-t)^{\frac{p+1}{q}-1}t^{r-1-\frac{p+1}{q}}\,\mathrm{d}t\end{aligned}$$

$$= \frac{1}{q}\mathrm{B}\left(\frac{p+1}{q}, r-\frac{p+1}{q}\right) = \frac{1}{q}\frac{\Gamma\left(\frac{p+1}{q}\right)\Gamma\left(r-\frac{p+1}{q}\right)}{\Gamma(r)}.$$

结合余元公式可见, 在题设条件下, 若 r 为正整数, 则积分可以用初等函数表示出来. 作为特例, 对于 $a \in (0,1)$, 有

$$\int_0^{+\infty} \frac{1}{(1+x)x^a}\,\mathrm{d}x = \Gamma(a)\Gamma(1-a) = \frac{\pi}{\sin a\pi}. \tag{20.4.19}$$

□

例 20.4.3 对于 $\alpha > 0$, 用 Euler 积分表示 $\displaystyle\int_0^1 \frac{x^{\alpha-1}\ln x}{1-x}\,\mathrm{d}x$.

解 利用含参变量积分一致收敛性的性质, 以下计算过程是正确的:

$$\begin{aligned}
\int_0^1 \frac{x^{\alpha-1}\ln x}{1-x}\,\mathrm{d}x &= \lim_{\beta\to1^-}\int_0^1 \frac{x^{\alpha-1}\ln x}{(1-x)^\beta}\,\mathrm{d}x = \lim_{\beta\to1^-}\frac{\partial}{\partial\alpha}\int_0^1\frac{x^{\alpha-1}}{(1-x)^\beta}\,\mathrm{d}x \\
&= \lim_{\beta\to1^-}\frac{\partial}{\partial\alpha}\mathrm{B}(\alpha,1-\beta) = \lim_{\beta\to1^-}\frac{\partial}{\partial\alpha}\frac{\Gamma(\alpha)\Gamma(1-\beta)}{\Gamma(1+\alpha-\beta)} \\
&= \lim_{\beta\to1^-}\left(\frac{\Gamma'(\alpha)\Gamma(1-\beta)}{\Gamma(1+\alpha-\beta)} - \frac{\Gamma(\alpha)\Gamma(1-\beta)\Gamma'(1+\alpha-\beta)}{\Gamma^2(1+\alpha-\beta)}\right) \\
&= \lim_{\beta\to1^-}\frac{\Gamma'(\alpha)\Gamma(1+\alpha-\beta)-\Gamma(\alpha)\Gamma'(1+\alpha-\beta)}{1-\beta}\frac{\Gamma(2-\beta)}{\Gamma^2(1+\alpha-\beta)} \\
&= \lim_{\beta\to1^-}\left(\Gamma'(\alpha)\Gamma'(1+\alpha-\beta)-\Gamma(\alpha)\Gamma''(1+\alpha-\beta)\right)\frac{\Gamma(1)}{\Gamma^2(\alpha)} \\
&= \frac{(\Gamma'(\alpha))^2-\Gamma(\alpha)\Gamma''(\alpha)}{\Gamma^2(\alpha)}.
\end{aligned}$$

也可以这样计算:

$$\begin{aligned}
\int_0^1 \frac{x^{\alpha-1}\ln x}{1-x}\,\mathrm{d}x &= \frac{\mathrm{d}}{\mathrm{d}\alpha}\int_0^1\frac{x^{\alpha-1}-1}{1-x}\,\mathrm{d}x = \frac{\mathrm{d}}{\mathrm{d}\alpha}\lim_{\beta\to1^-}\int_0^1\frac{x^{\alpha-1}-1}{(1-x)^\beta}\,\mathrm{d}x \\
&= \frac{\mathrm{d}}{\mathrm{d}\alpha}\lim_{\beta\to1^-}\left(\mathrm{B}(\alpha,1-\beta)-\mathrm{B}(1,1-\beta)\right) \\
&= \frac{\mathrm{d}}{\mathrm{d}\alpha}\lim_{\beta\to1^-}\left(\frac{\Gamma(\alpha)\Gamma(1-\beta)}{\Gamma(\alpha+1-\beta)}-\frac{\Gamma(1)\Gamma(1-\beta)}{\Gamma(2-\beta)}\right) \\
&= \frac{\mathrm{d}}{\mathrm{d}\alpha}\lim_{\beta\to1^-}\frac{\Gamma(\alpha)\Gamma(2-\beta)-\Gamma(\alpha+1-\beta)}{1-\beta}\frac{\Gamma(2-\beta)}{\Gamma(\alpha+1-\beta)} \\
&= \frac{\mathrm{d}}{\mathrm{d}\alpha}\lim_{\beta\to1^-}\left(\Gamma(\alpha)\Gamma'(2-\beta)-\Gamma'(\alpha+1-\beta)\right)\frac{1}{\Gamma(\alpha)} \\
&= \frac{\mathrm{d}}{\mathrm{d}\alpha}\left(\Gamma'(1)-\frac{\Gamma'(\alpha)}{\Gamma(\alpha)}\right) \\
&= -\left(\ln\Gamma(\alpha)\right)''.
\end{aligned}$$

□

例 20.4.4　计算 $\displaystyle\int_0^1 \frac{\ln x}{1-x}\,\mathrm{d}x$.

解　**解法 1**　利用 $\displaystyle\sum_{n=1}^{\infty}\frac{1}{n^2}=\frac{\pi}{6}$ 可得

$$\begin{aligned}\int_0^1 \frac{\ln x}{1-x}\,\mathrm{d}x &= \int_0^1 \frac{\ln(1-x)}{x}\,\mathrm{d}x = -\int_0^1 \sum_{n=1}^{\infty}\frac{x^{n-1}}{n}\,\mathrm{d}x \\ &= -\sum_{n=1}^{\infty}\int_0^1 \frac{x^{n-1}}{n}\,\mathrm{d}x = -\sum_{n=1}^{\infty}\frac{1}{n^2} = -\frac{\pi^2}{6}.\end{aligned}$$

解法 2　利用例 20.4.3 的结果, 我们有

$$\begin{aligned}\int_0^1 \frac{\ln x}{1-x}\,\mathrm{d}x &= -(\ln\Gamma(\alpha))''\Big|_{\alpha=1} = -\frac{1}{2}(\ln\Gamma(1+\alpha)+\ln\Gamma(1-\alpha))''\Big|_{\alpha=0} \\ &= -\frac{1}{2}\lim_{\alpha\to 0}\left(\ln\frac{\alpha\pi}{\sin\alpha\pi}\right)'' = -\frac{\pi^2}{6}.\end{aligned}$$

□

例 20.4.5　设 $0<\alpha<1$, 计算 $\displaystyle\sum_{n=1}^{\infty}\frac{1}{n^2-\alpha^2}$.

解　**解法 1**　对于固定的 $\alpha\in(0,1)$, $\displaystyle\sum_{n=1}^{\infty}\left(x^{n-\alpha-1}-x^{n+\alpha-1}\right)$ 关于 $x\in[0,1]$ 一致收敛, 由此可得

$$\sum_{n=1}^{\infty}\int_0^1\left(x^{n-\alpha-1}-x^{n+\alpha-1}\right)\,\mathrm{d}x = \int_0^1\frac{x^{-\alpha}-x^{\alpha}}{1-x}\,\mathrm{d}x.$$

也可以利用控制收敛定理得到上式:

$$\begin{aligned}\sum_{n=1}^{\infty}\int_0^1\left(x^{n-\alpha-1}-x^{n+\alpha-1}\right)\,\mathrm{d}x &= \lim_{n\to+\infty}\int_0^1\sum_{k=1}^{n}\left(x^{k-\alpha-1}-x^{k+\alpha-1}\right)\,\mathrm{d}x \\ &= \lim_{n\to+\infty}\int_0^1\frac{(x^{-\alpha}-x^{\alpha})(1-x^{n+1})}{1-x}\,\mathrm{d}x \\ &= \int_0^1\frac{x^{-\alpha}-x^{\alpha}}{1-x}\,\mathrm{d}x.\end{aligned}$$

由此利用例 20.4.3 的结论可得

$$\begin{aligned}\sum_{n=1}^{\infty}\frac{1}{n^2-\alpha^2} &= \frac{1}{2\alpha}\sum_{n=1}^{\infty}\left(\frac{1}{n-\alpha}-\frac{1}{n+\alpha}\right) = \frac{1}{2\alpha}\sum_{n=1}^{\infty}\int_0^1\left(x^{n-\alpha-1}-x^{n+\alpha-1}\right)\,\mathrm{d}x \\ &= \frac{1}{2\alpha}\int_0^1\frac{x^{-\alpha}-x^{\alpha}}{1-x}\,\mathrm{d}x = \frac{1}{2\alpha}\int_0^1\mathrm{d}x\int_{\alpha}^{-\alpha}\frac{x^y\ln x}{1-x}\,\mathrm{d}y \\ &= \frac{1}{2\alpha}\int_{\alpha}^{-\alpha}\mathrm{d}y\int_0^1\frac{x^y\ln x}{1-x}\,\mathrm{d}x\end{aligned}$$

$$= \frac{1}{2\alpha}\int_{-\alpha}^{\alpha}\frac{\mathrm{d}^2}{\mathrm{d}y^2}\ln\Gamma(1+y)\,\mathrm{d}y = \frac{1}{2\alpha}\frac{\mathrm{d}}{\mathrm{d}\alpha}\left(\ln\Gamma(1+\alpha)+\ln\Gamma(1-\alpha)\right)$$

$$= \frac{1}{2\alpha}\frac{\mathrm{d}}{\mathrm{d}\alpha}\ln\frac{\alpha\pi}{\sin\alpha\pi} = \frac{1}{2\alpha^2}-\frac{\pi\cot(\alpha\pi)}{2\alpha}. \tag{20.4.20}$$

解法 2 利用 Euler 公式 (20.4.16), 我们有

$$\sum_{n=1}^{\infty}\frac{1}{n^2-\alpha^2} = -\frac{1}{2\alpha}\sum_{n=1}^{\infty}\left(\ln\left(1-\frac{\alpha^2}{n^2}\right)\right)' = -\frac{1}{2\alpha}\left(\sum_{n=1}^{\infty}\ln\left(1-\frac{\alpha^2}{n^2}\right)\right)'$$

$$= -\frac{1}{2\alpha}\left(\ln\prod_{n=1}^{\infty}\left(1-\frac{\alpha^2}{n^2}\right)\right)' = -\frac{1}{2\alpha}\left(\ln\frac{\sin\alpha\pi}{\alpha\pi}\right)' = \frac{1}{2\alpha^2}-\frac{\pi\cot(\alpha\pi)}{2\alpha}.$$

□

通过计算 $\int_0^{+\infty}\frac{1}{(1+x)x^a}\,\mathrm{d}x$ 得到余元公式 由例 20.4.2,

$$\int_0^{+\infty}\frac{1}{(1+x)x^a}\,\mathrm{d}x = \Gamma(a)\Gamma(1-a).$$

若能够直接计算得到 $\int_0^{+\infty}\frac{1}{(1+x)x^a}\,\mathrm{d}x$ 的值, 就可以给出余元公式的另一种证明. 事实上, 在例 12.3.14 中我们已经计算了这个积分. 我们也可以通过计算有理函数的不定积分 $\frac{x^{2m-1-n}}{1+x^{2m}}$ 来计算 $\int_0^{+\infty}\frac{1}{(1+x)x^{\frac{n}{2m}}}\,\mathrm{d}x$, 然后利用含参变量积分的连续性得到结果. 今后, 也可以用留数来计算它.

双 Γ 函数 定义双 Γ 函数 ψ 如下:

$$\psi(x) := (\ln\Gamma(x))', \qquad \forall x>0. \tag{20.4.21}$$

该函数也称为 ψ 函数①, 它具有如下性质:

(1) 利用 $\Gamma(x+1)=x\Gamma(x)$ 立即得到

$$\psi(x+1) = \psi(x)+\frac{1}{x}, \qquad x>0. \tag{20.4.22}$$

(2) 设 $x,y>0$, 则

$$\psi(x)-\psi(y) = \sum_{k=0}^{\infty}\left(\frac{1}{y+k}-\frac{1}{x+k}\right). \tag{20.4.23}$$

证明 利用 (1) 可得

$$\psi(x+1) = \frac{1}{x}+\psi(x), \qquad \forall x>0. \tag{20.4.24}$$

从而 $\forall n \geqslant 1$,

$$\psi(x)-\psi(y) = \psi(x+1)-\psi(y+1)-\left(\frac{1}{x}-\frac{1}{y}\right) = \cdots$$

① 另有多个函数也被称为 ψ 函数.

$$= \psi(x+n) - \psi(y+n) - \sum_{k=0}^{n-1}\left(\frac{1}{x+k} - \frac{1}{y+k}\right). \tag{20.4.25}$$

另一方面, 由于 Γ 是 log-凸的, 因此 ψ 单调增加, 所以当 $y \leqslant x \leqslant y+1$ 时,

$$\begin{aligned} 0 \leqslant & \psi(x+n) - \psi(y+n) \\ = & \frac{1}{x+n-1} + \psi(x+n-1) - \psi(y+n) \\ \leqslant & \frac{1}{x+n-1}, \qquad \forall n \geqslant 1. \end{aligned}$$

由此得到

$$\lim_{n \to +\infty} (\psi(x+n) - \psi(y+n)) = 0. \tag{20.4.26}$$

结合 (20.4.24) 式知 (20.4.26) 式对所有 $x, y > 0$ 成立. 于是, 在 (20.4.25) 式中令 $n \to +\infty$ 即得 (20.4.23) 式. □

(3) 对 (20.4.23) 式关于 x 求导即得

$$\psi'(x) = \sum_{n=0}^{\infty} \frac{1}{(n+x)^2}, \qquad x > 0. \tag{20.4.27}$$

(4) 对 (20.4.27) 式求导得

$$\psi''(x) = -\sum_{n=0}^{\infty} \frac{2}{(n+x)^3}, \qquad x > 0. \tag{20.4.28}$$

(5) 对余元公式 (20.4.15) 两边取对数后求导可得①

$$\psi(x) - \psi(1-x) = -\pi \cot \pi x, \qquad \forall x \in (0,1). \tag{20.4.29}$$

(6) 对 (20.4.14) 式两边取对数后求导可得: 对于 $k \geqslant 2$,

$$\sum_{j=0}^{k-1} \psi\left(x + \frac{j}{k}\right) = k(\psi(kx) - \ln k), \qquad \forall x > 0 \tag{20.4.30}$$

成立.

(7) $\Gamma'(1) = \psi(1) = -\gamma$, 其中 γ 为 Euler 常数 $\gamma := \lim\limits_{n \to +\infty}\left(\sum\limits_{k=1}^{n} \frac{1}{k} - \ln n\right)$.

证明 我们有

$$\Gamma'(1) = \psi(1) = \psi(n+1) - \sum_{k=1}^{n} \frac{1}{k}, \qquad \forall n \geqslant 1.$$

另一方面, 因为 $\ln \Gamma(x)$ 是凸函数, 可得

$$\ln \Gamma(x+1) - \ln \Gamma(x) \leqslant \psi(x+1) \leqslant \ln \Gamma(x+2) - \ln \Gamma(x+1), \qquad \forall x > 0.$$

---

① 通过其他方式, 比如利用 Fourier 级数得到 (20.4.29) 式, 即可得到余元公式的另一种证明.

由此可得

$$\ln n \leqslant \psi(n+1) \leqslant \ln(n+1).$$

因此,

$$\ln n - \sum_{k=1}^{n} \frac{1}{k} \leqslant \Gamma'(1) \leqslant \ln(n+1) - \sum_{k=1}^{n} \frac{1}{k}, \qquad \forall n \geqslant 1.$$

在上式中令 $n \to +\infty$ 即得 $\Gamma'(1) = -\gamma$. □

(8) 在 (20.4.30) 式取 $k=2$, $x=\dfrac{1}{2}$, 得到

$$\psi\left(\frac{1}{2}\right) = \psi(1) - 2\ln 2 = -2\ln 2 - \gamma.$$

在 (20.4.30) 式取 $k=3$, $x=\dfrac{1}{3}$, 得到 $\psi\left(\dfrac{1}{3}\right)+\psi\left(\dfrac{2}{3}\right) = -2\gamma - 3\ln 3$. 再在 (20.4.29) 式中取 $x=\dfrac{1}{3}$ 得到 $\psi\left(\dfrac{1}{3}\right)-\psi\left(\dfrac{2}{3}\right) = -\dfrac{\sqrt{3}\pi}{3}$. 解得

$$\begin{aligned}
\psi\left(\frac{1}{3}\right) &= -\gamma - \frac{3\ln 3}{2} - \frac{\sqrt{3}\pi}{6},\\
\psi\left(\frac{2}{3}\right) &= -\gamma - \frac{3\ln 3}{2} + \frac{\sqrt{3}\pi}{6}.
\end{aligned}$$

在 (20.4.30) 式取 $k=4$, $x=\dfrac{1}{4}$, 得到 $\psi\left(\dfrac{1}{4}\right)+\psi\left(\dfrac{3}{4}\right) = -3\gamma - 4\ln 4 - \psi\left(\dfrac{1}{2}\right)$. 再在 (20.4.29) 式中取 $x=\dfrac{1}{4}$ 得到 $\psi\left(\dfrac{1}{4}\right)-\psi\left(\dfrac{3}{4}\right) = -\pi$. 解得

$$\begin{aligned}
\psi\left(\frac{1}{4}\right) &= -\gamma - 3\ln 2 - \frac{\pi}{2},\\
\psi\left(\frac{3}{4}\right) &= -\gamma - 3\ln 2 + \frac{\pi}{2}.
\end{aligned}$$

在 (20.4.30) 式取 $k=6$, $x=\dfrac{1}{6}$, 得到 $\psi\left(\dfrac{1}{6}\right)+\psi\left(\dfrac{5}{6}\right) = -5\gamma - 6\ln 6 - \psi\left(\dfrac{1}{3}\right) - \psi\left(\dfrac{1}{2}\right) - \psi\left(\dfrac{2}{3}\right)$. 再在 (20.4.29) 式中取 $x=\dfrac{1}{6}$ 得到 $\psi\left(\dfrac{1}{6}\right)-\psi\left(\dfrac{5}{6}\right) = -\sqrt{3}\pi$. 解得

$$\begin{aligned}
\psi\left(\frac{1}{6}\right) &= -\gamma - 2\ln 2 - \frac{3\ln 3}{2} - \frac{\sqrt{3}\pi}{2},\\
\psi\left(\frac{5}{6}\right) &= -\gamma - 2\ln 2 - \frac{3\ln 3}{2} + \frac{\sqrt{3}\pi}{2}.
\end{aligned}$$

利用 ψ 函数的性质 (20.4.23), 例 20.4.5 中的级数也可以计算如下:

$$\begin{aligned}
\sum_{n=1}^{\infty} \frac{1}{n^2-\alpha^2} &= \frac{1}{2\alpha}\sum_{n=1}^{\infty}\left(\frac{1}{n-\alpha} - \frac{1}{n+\alpha}\right) = \frac{1}{2\alpha}\left(\psi(1+\alpha) - \psi(1-\alpha)\right)\\
&= \frac{1}{2\alpha}\left(\frac{1}{\alpha} + \psi(\alpha) - \psi(1-\alpha)\right) = \frac{1}{2\alpha^2} + \frac{1}{2\alpha}\frac{\mathrm{d}}{\mathrm{d}\alpha}\ln\left(\Gamma(\alpha)\Gamma(1-\alpha)\right)
\end{aligned}$$

$$= \frac{1}{2\alpha^2} - \frac{\pi\cot(\alpha\pi)}{2\alpha}.$$

复数域内的 Γ 函数　容易对实部为正的复数 z 定义 $\Gamma(z)$ 如下:

$$\Gamma(z) := \int_0^{+\infty} x^{z-1}\mathrm{e}^{-x}\,\mathrm{d}x, \qquad \forall\, z\in\mathbb{C},\ \mathrm{Re}\,z>0. \tag{20.4.31}$$

易见 Γ 函数是 $\{z\in\mathbb{C}|\,\mathrm{Re}\,z>0\}$ 内的解析函数[①]. 进一步, 递推公式 $\Gamma(z+1)=z\Gamma(z)$ 对任何满足 $\mathrm{Re}\,z>0$ 的 z 成立. 由此可以把 Γ 函数的定义域拓展到区域 $D_\Gamma := \{z\in\mathbb{C}|z\neq 0,-1,-2,\cdots\}$. 进而 Γ 函数是 D_Γ 内的解析函数. 另一方面, $z\mapsto \dfrac{\pi}{\sin(z\pi)}$ 也是 D_Γ 内的解析函数, 由解析函数的唯一性[②], 即得

$$\Gamma(z)\Gamma(1-z) = \frac{\pi}{\sin(z\pi)} \equiv \frac{2\mathrm{i}\pi}{\mathrm{e}^{\mathrm{i}z\pi}-\mathrm{e}^{-\mathrm{i}z\pi}}, \qquad \forall\, z\in D_\Gamma. \tag{20.4.32}$$

利用 (20.4.9) 式的证明方法, 同样可以得到

$$\lim_{s\to+\infty}\frac{\Gamma(s+z)}{\Gamma(s)s^z} = 1, \qquad \forall\, z\in\mathbb{C}. \tag{20.4.33}$$

例 20.4.6　试计算无穷乘积 $\displaystyle\prod_{n=1}^{\infty}\left(1+\frac{1}{n^4}\right)$.

解　记 $\omega=\mathrm{e}^{\frac{\pi\mathrm{i}}{4}}$, 由 (20.4.33) 式, 我们有

$$\begin{aligned}
\prod_{n=1}^{\infty}\left(1+\frac{1}{n^4}\right) &= \lim_{n\to+\infty}\prod_{k=1}^{n}\frac{(k-\omega)(k+\omega)(k-\mathrm{i}\omega)(k+\mathrm{i}\omega)}{k^4}\\
&= \lim_{n\to+\infty}\frac{\Gamma(n+1-\omega)\Gamma(n+1+\omega)\Gamma(n+1-\mathrm{i}\omega)\Gamma(n+1+\mathrm{i}\omega)}{(n!)^4\Gamma(1-\omega)\Gamma(1+\omega)\Gamma(1-\mathrm{i}\omega)\Gamma(1+\mathrm{i}\omega)}\\
&= \frac{1}{\Gamma(1-\omega)\Gamma(1+\omega)\Gamma(1-\mathrm{i}\omega)\Gamma(1+\mathrm{i}\omega)}\\
&= \frac{1}{\mathrm{i}\omega^2\Gamma(1-\omega)\Gamma(\omega)\Gamma(1-\mathrm{i}\omega)\Gamma(\mathrm{i}\omega)} = \frac{\sin(\omega\pi)\sin(\mathrm{i}\omega\pi)}{\mathrm{i}\omega^2\pi^2}\\
&= \frac{\cos((1-\mathrm{i})\omega\pi)-\cos((1+\mathrm{i})\omega\pi)}{-2\pi^2} = \frac{\cosh(\sqrt{2}\,\pi)-\cos(\sqrt{2}\,\pi)}{2\pi^2}.
\end{aligned}$$

习题 20.4

1. 求实数 a 的取值范围, 使得积分 $\displaystyle\int_0^{+\infty}\frac{1}{x^a(x+1)(x+2)(x+3)}\,\mathrm{d}x$ 收敛, 并计算该积分.

2. 试计算如下积分:

---

① 复区域 D 内的复值函数 g 为解析函数, 是指在每一点 $z_0\in D$, g 在 z_0 的一个小邻域内等于一个幂级数 $\displaystyle\sum_{n=0}^{\infty}c_n(z-z_0)^n$.

② 若 g,h 都是复区域 D 内的解析函数, 且 $\{z\in D|g(z)=h(z)\}$ 有聚点属于 D, 则易证 $g\equiv h$.

(1) $\displaystyle\int_0^1 \frac{\ln(1+x)}{x}\,\mathrm{d}x$;　　(2) $\displaystyle\int_0^1 \frac{\ln(1+x^2)}{x}\,\mathrm{d}x, \quad p, q > 0$;

(3) $\displaystyle\int_0^1 \frac{\ln(1+x+x^2)}{x}\,\mathrm{d}x$;　　(4) $\displaystyle\int_0^1 \frac{\ln(1-x+x^2)}{x}\,\mathrm{d}x$.

3. 设 $n \geqslant 2$, 试用多种方法证明 $\displaystyle\prod_{k=0}^{n-1} \sin\left(x+\frac{k\pi}{n}\right) = \frac{\sin nx}{2^{n-1}}$.

4. 设 $n \geqslant 2$, 证明: $\displaystyle\prod_{k=1}^{n-1} \sin\frac{k\pi}{n} = \frac{n}{2^{n-1}}$.

5. 设 $n \geqslant 2$, 证明: $\displaystyle\prod_{k=1}^{n-1} \Gamma\left(\frac{k}{n}\right) = \frac{1}{\sqrt{n}}(2\pi)^{\frac{n-1}{2}}$.

6. 计算 $\displaystyle\int_0^1 \ln\Gamma(x)\,\mathrm{d}x$.

7. 设 $f \in C^1(\mathbb{R})$ 以 1 为周期, $f(x)+f\left(x+\dfrac{1}{2}\right) = f(2x)$. 证明: $f \equiv 0$.

8. 给出 (20.4.9) 式、(20.4.33) 式的详细证明过程.

9. 证明: $\displaystyle\int_0^{+\infty} \frac{\mathrm{e}^{-x}-\cos x}{x}\,\mathrm{d}x = 0$.

10. 计算 $\displaystyle\int_0^{+\infty} \frac{\cos x - \cos x^2}{x}\,\mathrm{d}x$.

11. 计算 $\displaystyle\int_{-\infty}^{+\infty} \sin t^2\,\mathrm{d}t$.

12. 计算 $\displaystyle\lim_{x\to 0^+} \sum_{n=1}^{\infty} \frac{nx^2}{1+n^3x^3}$.

13. 计算 $\psi'\left(\dfrac{1}{2}\right)$.

14. 计算 $\displaystyle\int_0^{+\infty} \frac{\ln x \ln(1+x^2)}{1+x^2}\,\mathrm{d}x$.

15. 计算 $\displaystyle\int_0^{+\infty} \frac{\ln x}{x^2-1}\,\mathrm{d}x$.

第二十一章

Fourier 级数

21.1 三角级数与 Fourier 级数

设 $T>0$, 形为

$$\frac{a_0}{2}+\sum_{n=1}^{\infty}\left(a_n\cos\frac{n\pi x}{T}+b_n\sin\frac{n\pi x}{T}\right) \tag{21.1.1}$$

的函数项级数, 称为 (周期为 $2T$ 的) **三角级数**. 函数列

$$1,\ \cos\frac{\pi x}{T},\ \sin\frac{\pi x}{T},\ \cos\frac{2\pi x}{T},\ \sin\frac{2\pi x}{T},\ \cos\frac{3\pi x}{T},\ \sin\frac{3\pi x}{T},\cdots \tag{21.1.2}$$

称为 $[-T,T]$ 上的**基本三角函数系**.

对

$$f(x)=\frac{a_0}{2}+\sum_{n=1}^{\infty}\left(a_n\cos\frac{n\pi x}{T}+b_n\sin\frac{n\pi x}{T}\right)$$

形式上作逐项积分, 有

$$a_n=\frac{1}{T}\int_0^{2T}f(x)\cos\frac{n\pi x}{T}\,\mathrm{d}x,\quad b_n=\frac{1}{T}\int_0^{2T}f(x)\sin\frac{n\pi x}{T}\,\mathrm{d}x,\qquad n\geqslant 0. \tag{21.1.3}$$

为保证 (21.1.3) 式有意义, 一般我们假设 f 是 $[0,2T]$ 上的绝对可积函数. 在本章中, 我们对绝对可积函数的瑕点集作一个界定. 为方便起见, 我们把函数无定义的点也归入瑕点. 在定义广义积分时, 如果在任何有界区间内, 瑕点都只有有限个, 则可以方便地定义广义积分. 进一步, 若任何有界区间内瑕点集只有有限个聚点, 也可以方便地定义广义积分. 鉴于此, 在绝对可积函数的定义中, 我们要求 (允许) 在有界区间内, 瑕点集的导集是有限集, 即瑕点集的导集的导集 (本章中称之为两阶导集) 是空集. 此时, 瑕点集必然是至多可列的.

对于以 $2T$ 为周期且在 $[0,2T]$ 上绝对可积的函数 f, 可由 (21.1.3) 式给出一个三角级数 (21.1.1), 我们称之为 f 的 **Fourier 级数**①, 记作

$$f(x)\sim\frac{a_0}{2}+\sum_{n=1}^{\infty}\left(a_n\cos\frac{n\pi x}{T}+b_n\sin\frac{n\pi x}{T}\right). \tag{21.1.4}$$

此时, $\{a_n\}$ 和 $\{b_n\}$ 称为 f 的 **Fourier 系数**.

通过伸缩变换, 对周期为 $2T$ 的函数的研究可转化为对周期为 2π 的函数的研究. 因此, 以下主要考虑 $T=\pi$ 的情形. 此时, (21.1.3) 式与 (21.1.4) 式化为

$$a_n=\frac{1}{\pi}\int_0^{2\pi}f(x)\cos nx\,\mathrm{d}x,\quad b_n=\frac{1}{\pi}\int_0^{2T}f(x)\sin nx\,\mathrm{d}x,\qquad n\geqslant 0. \tag{21.1.5}$$

---

① 引入 Lebesgue 积分后, 可以把基于 Riemann 积分的绝对可积性减弱为基于 Lebesgue 积分的绝对可积性 (等价于 Lebesgue 可积). 具体地, 对于以 $2T$ 为周期且在 $[0,2T]$ 上 Lebesgue 可积的函数 f, 称由 (21.1.3) 式给出的三角级数 (21.1.1) 为 f 的 Fourier 级数.

$$f(x) \sim \frac{a_0}{2} + \sum_{n=1}^{\infty} (a_n \cos nx + b_n \sin nx). \tag{21.1.6}$$

由于只要给出一个周期上的函数值, 就能够确定周期函数在其他点的函数值, 所以我们经常只给出函数在一个周期的值. 习惯上, 人们在表达函数时, 会给出函数在闭区间 $[0, 2\pi]$ 上 (或 $[-\pi, \pi]$ 上) 的表达式. 若函数在端点的值不相等, 则与周期性矛盾. 我们忽略这一矛盾——因为 (在有界区间内) 改变有限个点上的函数值, 不影响函数的 Fourier 级数.

为方便起见, 对一些函数空间引入如下记号. 若 f 在区间 I 上绝对可积, 记 $f \in \mathcal{R}^1(I)$. 一般地, 对于 $p \in [1, +\infty)$, 若 $(f^+)^p, (f^-)^p \in \mathcal{R}^1(I)$, 则记 $f \in \mathcal{R}^p(I)$, 并称 f 在 I 上 p 次可积, 称 $\|f\|_{\mathcal{R}^p(I)} := \left(\int_I |f(x)|^p \,\mathrm{d}x\right)^{\frac{1}{p}}$ 为 f 在 I 上的 p–范数. 对应于 $p = +\infty$, 若 f 在 I 上有界, 且在 I 的有界子区间上 Riemann 可积, 则记 $f \in \mathcal{R}^\infty(I)$, 并定义

$$\|f\|_\infty \equiv \|f\|_{\mathcal{R}^\infty(I)} := \inf\left\{\sup_{x\in I} |g(x)| \,\middle|\, \int_I |f(x) - g(x)| \,\mathrm{d}x = 0, g \in \mathcal{R}^\infty(I)\right\}. \tag{21.1.7}$$

若 I 是有界区间, 则我们有

$$\|f\|_{\mathcal{R}^\infty(I)} = \lim_{p\to+\infty} \|f\|_{\mathcal{R}^p(I)}.$$

一般地,

$$\|f\|_{\mathcal{R}^\infty(I)} = \lim_{A\to+\infty} \lim_{p\to+\infty} \|f\|_{\mathcal{R}^p(I\cap[-A,A])}.$$

容易证明, 对于 $p \in [1, +\infty]$, 若 $f, g \in \mathcal{R}^p(I)$, $\alpha, \beta \in \mathbb{R}$, 则 $\alpha f + \beta g \in \mathcal{R}^p(I)$. 具体地, 对于 $p \in (1, +\infty)$, 设 $q = \dfrac{p}{p-1}$ 为其对偶数, 则利用 Young 不等式, 对于 $f \in \mathcal{R}^p(I), g \in \mathcal{R}^q(I)$, $\|f\|_{\mathcal{R}^p(I)} = \|g\|_{\mathcal{R}^p(I)} = 1$, 可得

$$\int_I |f(x)g(x)| \,\mathrm{d}x \leqslant \int_I \left(\frac{1}{p}|f(x)|^p + \frac{1}{q}|g(x)|^q\right) \mathrm{d}x = 1.$$

一般地, 得到积分型的 **Hölder 不等式**

$$\left|\int_I f(x)g(x) \,\mathrm{d}x\right| \leqslant \|f\|_{\mathcal{R}^p(I)} \|g\|_{\mathcal{R}^q(I)}, \qquad \forall f \in \mathcal{R}^p(I), g \in \mathcal{R}^q(I). \tag{21.1.8}$$

基于 Hölder 不等式, 对于 $f_k \in \|f\|_{\mathcal{R}^p(I)}\, (k = 1, 2, \cdots, n)$, 有

$$\int_I \left(\sum_{k=1}^n |f_k(x)|\right)^p \mathrm{d}x = \sum_{j=1}^n \int_I \left(\sum_{k=1}^n |f_k(x)|\right)^{p-1} |f_j(x)| \,\mathrm{d}x$$

$$\leqslant \sum_{j=1}^{n}\left(\int_I\left(\sum_{k=1}^{n}|f_k(x)|\right)^p\,\mathrm{d}x\right)^{\frac{p-1}{p}}\left(\int_I|f_j(x)|^p\,\mathrm{d}x\right)^{\frac{1}{p}}.$$

由此得到积分型的 **Minkowski 不等式**

$$\left\|\sum_{k=1}^{n}f_k\right\|_{\mathcal{R}^p(I)}\leqslant\sum_{k=1}^{n}\|f_k\|_{\mathcal{R}^p(I)},\qquad\forall\, f_k\in\mathcal{R}^p(I),\ 1\leqslant k\leqslant n. \tag{21.1.9}$$

易见 Minkowski 不等式中的和式也可以改为无穷级数. 另一方面, 它对于 $p=1,+\infty$ 也成立. Minkowski 不等式表明 $\|\cdot\|_{\mathcal{R}^p(I)}$ 确实是一个范数①.

进一步, 用 $C_{\#}^k(\mathbb{R})$ 表示 $\mathbb{R}$ 中以 2π 为周期且 k 阶连续可导的实函数全体, $C_{\#}^0(\mathbb{R})$ 简记为 $C_{\#}(\mathbb{R})$. 用 $\mathcal{R}_{\#}^p(\mathbb{R})$ 表示 $\mathbb{R}$ 中以 2π 为周期且限制在 $[0,2\pi]$ 上属于 $\mathcal{R}^p[0,2\pi]$ 的实函数全体②.

在不引起混淆的情况下, 我们把 $\mathcal{R}^p[0,2\pi]$ (或 $\mathcal{R}^p[-\pi,\pi]$) 视为 $\mathcal{R}_{\#}^p(\mathbb{R})$, 也用 $C_{\#}^k[0,2\pi]$ (或 $C_{\#}^k[-\pi,\pi]$) 表示 $C_{\#}^k(\mathbb{R})$. 例如, $f\in C_{\#}[0,2\pi]$ 本质上就是 $f\in C[0,2\pi]$ 且 $f(0)=f(2\pi)$.

类似地, 可引入 $C_{\#}^{k,\alpha}(\mathbb{R})$ 等记号.

由 Euler 公式, $\cos x=\dfrac{\mathrm{e}^{\mathrm{i}x}+\mathrm{e}^{-\mathrm{i}x}}{2}$, $\sin x=\dfrac{\mathrm{e}^{\mathrm{i}x}-\mathrm{e}^{-\mathrm{i}x}}{2\mathrm{i}}$, 这样, 形式上, 三角级数

$$\frac{a_0}{2}+\sum_{n=1}^{\infty}(a_n\cos nx+b_n\sin nx) \tag{21.1.10}$$

可以化为级数

$$\sum_{n=-\infty}^{+\infty}c_n\mathrm{e}^{\mathrm{i}nx}, \tag{21.1.11}$$

其中

$$c_0:=\frac{a_0}{2},\quad c_n:=\frac{a_n-b_n\mathrm{i}}{2},\quad c_{-n}:=\frac{a_n+b_n\mathrm{i}}{2},\qquad n\geqslant 1. \tag{21.1.12}$$

(21.1.11) 式称为三角级数 (21.1.10) 的**复形式**. 复形式具有幂级数形式, 因此, 我们有可能通过幂级数来研究三角级数. 但人们所讨论的三角级数的定义域时常对应相应的幂级数的 (复数域内的) 收敛域的边界, 而幂级数在边界的性质比较复杂, 因此, 直接利用幂级数来研究三角级数通常不是很便利.

当 $f\in\mathcal{R}_{\#}^1(\mathbb{R})$ 是偶函数时, 它的 Fourier 系数满足

$$a_n=\frac{2}{\pi}\int_0^{\pi}f(x)\cos nx\,\mathrm{d}x,\quad b_n=0,\qquad\forall\, n\geqslant 0. \tag{21.1.13}$$

---

① 对于 $f,g\in\mathcal{R}^p(I)$, 若 $\int_I|f(x)-g(x)|\,\mathrm{d}x=0$, 我们认为 f 与 g 在 $\mathcal{R}^p(I)$ 中是同一个元素.

② 将上述各定义中 (基于 Riemann 积分) 的绝对可积性改为 Lebesgue 可积, 则相应的空间记为 $L^p(I)$, $L_{\#}^p(\mathbb{R})$ 等.

当 $f \in L^1_{\#}(\mathbb{R})$ 是奇函数时, 它的 Fourier 系数满足

$$a_n = 0, \quad b_n = \frac{2}{\pi}\int_0^{\pi} f(x)\sin nx \, \mathrm{d}x, \qquad \forall n \geqslant 0. \tag{21.1.14}$$

对于 $f \in \mathcal{R}^1[0,\pi]$, 我们可以将它延拓成以 2π 为周期的偶函数

$$f_e(x) := f(|x|), \qquad \forall x \in [-\pi,\pi]. \tag{21.1.15}$$

函数 f_e 称为 f 的**偶延拓**. 它的 Fourier 级数就只含有余弦项. 当通过偶延拓将 $[0,\pi]$ 上的函数展开成 Fourier 级数时, 我们简称其为**将函数展开成余弦级数**. 我们也可以将 f 延拓成以 2π 为周期的奇函数

$$f_o(x) := \operatorname{sgn}(x) f(|x|), \qquad \forall x \in [-\pi,\pi]. \tag{21.1.16}$$

函数 f_o 称为 f 的**奇延拓**. 它的 Fourier 级数就只含有正弦项. 当通过奇延拓将 $[0,\pi]$ 上的函数展开成 Fourier 级数时, 我们简称其为**将函数展开成正弦级数**.

例 21.1.1 将 $f(x) := \dfrac{\pi - x}{2}$ $(x \in [0,2\pi])$ 展开成 Fourier 级数.

解 我们有

$$a_0 = \frac{1}{\pi}\int_0^{2\pi} \frac{\pi - x}{2}\,\mathrm{d}x = 0, \quad a_n = \frac{1}{\pi}\int_0^{2\pi}\frac{\pi - x}{2}\cos nx\,\mathrm{d}x = 0, \qquad n \geqslant 1,$$

$$b_n = \frac{1}{\pi}\int_0^{2\pi} x\sin nx\,\mathrm{d}x = \frac{1}{n}, \qquad n \geqslant 1.$$

因此,

$$f(x) \sim \sum_{n=1}^{+\infty}\frac{1}{n}\sin nx. \tag{21.1.17}$$

需要注意的是, 在 (21.1.17) 式中, f 默认为以 2π 为周期的函数, 其中 “$\sim$” 不能随便换成 “$=$”. 如果 $f(x)$ 用其在 $[0,2\pi]$ 上的表达式 $\dfrac{\pi - x}{2}$ 代替, 则宜写成

$$\frac{\pi - x}{2} \sim \sum_{n=1}^{\infty}\frac{1}{n}\sin nx, \qquad x \in [0,2\pi]. \tag{21.1.18}$$

□

例 21.1.2 将 $f(x) := -\ln\left(2\sin\dfrac{x}{2}\right)$ $(x \in (0,2\pi))$ 展开成 Fourier 级数.

解 由例 10.3.7 可得

$$a_0 = -\frac{1}{\pi}\int_0^{2\pi}\ln\left(2\sin\frac{x}{2}\right)\,\mathrm{d}x = -2\ln 2 - \frac{2}{\pi}\int_0^{\pi}\ln\sin x\,\mathrm{d}x = 0.$$

而对于自然数 n 易得

$$\int_0^{\pi}\frac{\sin(n+2)x - \sin nx}{\sin x}\,\mathrm{d}x = 2\int_0^{\pi}\cos(n+1)x\,\mathrm{d}x = 0.$$

于是归纳可得

$$\int_0^{\pi} \frac{\sin(2n+1)x}{\sin x}\,\mathrm{d}x = \pi, \qquad n \geqslant 0. \tag{21.1.19}$$

从而

$$\begin{aligned} a_n &= -\frac{1}{\pi}\int_0^{2\pi} \ln\left(2\sin\frac{x}{2}\right)\cos nx\,\mathrm{d}x = -\frac{2}{\pi}\int_0^{\pi} \ln(2\sin x)\cos 2nx\,\mathrm{d}x \\ &= \frac{2}{\pi}\int_0^{\pi} \frac{\sin 2nx\cos x}{2n\sin x}\,\mathrm{d}x = \frac{1}{2n\pi}\int_0^{\pi} \frac{\sin(2n+1)x+\sin(2n-1)x}{\sin x}\,\mathrm{d}x \\ &= \frac{1}{n}, \qquad n \geqslant 1. \end{aligned}$$

另一方面, 注意到 f (以 2π 为周期作延拓后) 是偶函数, 可得 $b_n = 0\,(n \geqslant 1)$. 因此,

$$f(x) \sim \sum_{n=1}^{\infty} \frac{\cos nx}{n}. \qquad \square$$

对于以 2π 为周期的复值函数, 同样可以用 (21.1.5) 式和 (21.1.6) 式定义其 Fourier 级数. 简单说来, 复值函数 f 的 Fourier 级数的实部和虚部就是 f 的实部与虚部的 Fourier 级数.

例 21.1.3　设 $\lambda \in \mathbb{C}$, $\lambda \neq 0$, 将 $f(x) := \mathrm{e}^{\lambda x}$ $(x \in [0, 2\pi])$ 展开成 Fourier 级数.

解　直接计算得到

$$\begin{aligned} a_n &= \frac{1}{\pi}\int_0^{2\pi} \mathrm{e}^{\lambda x}\cos nx\,\mathrm{d}x = \frac{\lambda(\mathrm{e}^{2\pi\lambda}-1)}{\pi(n^2+\lambda^2)}, \qquad n \geqslant 0, \\ b_n &= \frac{1}{\pi}\int_0^{2\pi} \mathrm{e}^{\lambda x}\sin nx\,\mathrm{d}x = -\frac{n(\mathrm{e}^{2\pi\lambda}-1)}{\pi(n^2+\lambda^2)}, \qquad n \geqslant 1. \end{aligned}$$

因此,

$$f(x) \sim \frac{\mathrm{e}^{2\pi\lambda}-1}{2\pi\lambda} + \sum_{n=1}^{\infty} \frac{\mathrm{e}^{2\pi\lambda}-1}{\pi(n^2+\lambda^2)}\left(\lambda\cos nx - n\sin nx\right). \tag{21.1.20}$$

特别地, 若 α 为非整的实数, $\lambda = \mathrm{i}\alpha$, 则得到

$$\cos(\alpha x) \sim \frac{\sin(2\pi\alpha)}{2\pi\alpha} + \sum_{n=1}^{\infty} \frac{2\sin(\pi\alpha)}{\pi(n^2-\alpha^2)}\left[-\alpha\cos(\pi\alpha)\cos nx + n\sin(\pi\alpha)\sin nx\right],$$

$$x \in [0, 2\pi],$$

$$\sin(\alpha x) \sim \frac{\sin^2(\pi\alpha)}{\pi\alpha} + \sum_{n=1}^{\infty} \frac{2\sin(\pi\alpha)}{\pi(n^2-\alpha^2)}\left[-\alpha\sin(\pi\alpha)\cos nx + n\cos(\pi\alpha)\sin nx\right],$$

$$x \in [0, 2\pi]. \qquad \square$$

例 21.1.4 将 $f(x) := \cos x\,(x \in [0,\pi])$ 展开成正弦级数.

解 直接计算得到

$$b_n = \frac{2}{\pi}\int_0^{\pi} \cos x \sin nx \, \mathrm{d}x = \begin{cases} \dfrac{4n}{(n^2-1)\pi}, & n\text{为偶数}, \\ 0, & n\text{为奇数}. \end{cases}$$

因此

$$f(x) \sim \sum_{n=1}^{\infty} \frac{8n}{(4n^2-1)\pi} \sin 2nx. \qquad \square$$

例 21.1.5 将 $f(x) := \sin x\,(x \in [0,\pi])$ 展开成余弦级数.

解 直接计算得到

$$a_n = \frac{2}{\pi}\int_0^{\pi} \sin x \cos nx \, \mathrm{d}x = \begin{cases} -\dfrac{4}{(n^2-1)\pi}, & n\text{为偶数}, \\ 0, & n\text{为奇数}. \end{cases}$$

因此

$$f(x) \sim \frac{2}{\pi} - \sum_{n=1}^{\infty} \frac{4}{(4n^2-1)\pi} \cos 2nx. \qquad \square$$

习题 21.1

1. 设 f 以 2π 为周期, 对于 $x \in [0,2\pi)$, $f(x) = \chi_{[a,b]}(x)$, 其中 $0 \leqslant a < b < 2\pi$. 试将 f 展开成 Fourier 级数.

2. 试将 $|\cos x|$ 和 $|\sin x|$ 展开成 Fourier 级数.

3. 设 p, q 为对偶数, $f \in \mathcal{R}_{\#}^{p}(\mathbb{R})$, $g \in \mathcal{R}_{\#}^{q}(\mathbb{R})$. 令

$$h(x) := \int_0^{2\pi} f(y)g(x-y) \, \mathrm{d}y, \qquad x \in \mathbb{R}.$$

证明: h 以 2π 为周期. 进一步有, 试用 f, g 的 Fourier 系数表示 h 的 Fourier 系数.

4. 设 $f \in \mathcal{R}_{\#}^{1}(\mathbb{R})$, $h_1(x) := f(-x)$, $h_2(x) := f(x+x_0)\,(x \in \mathbb{R})$, 其中 $x_0 \in \mathbb{R}$. 试用 f 的 Fourier 系数表示 h_1 和 h_2 的 Fourier 系数.

5. 设 $f(x) := x^2 - x\,(x \in [0,\pi])$. 试将 f 分别展开成以 2π 为周期的余弦级数和正弦级数.

6. 设 $k \geqslant 1$, a_n, b_n 为 $f \in C_{\#}^{k}(\mathbb{R})$ 的 Fourier 系数. 证明: $\lim\limits_{n\to+\infty} n^k a_n = \lim\limits_{n\to+\infty} n^k b_n = 0$.

7. 给定 $m \geqslant 1$.

(1) 证明: 当 $n \to +\infty$ 时, m 阶三角多项式列

$$T_n(x) = a_{n0} + \sum_{k=1}^{m} (a_{nk} \cos kx + b_{nk} \sin kx)$$

关于 $x \in [0, 2\pi]$ 一致收敛当且仅当对每个 k $(0 \leqslant k \leqslant m)$, $\{a_{nk}\}$ 和 $\{b_{nk}\}$ 均收敛.

(2) 设 $\mathcal{T}_m$ 表示以 2π 为周期的 m 阶三角多项式全体. 证明: $\forall f \in C_{\#}(\mathbb{R})$, 存在 $S \in \mathcal{T}_m$, 使得

$$\max_{x \in [0,2\pi]} |f(x) - S(x)| = \inf_{T(x) \in \mathcal{T}_m} \max_{x \in [0,2\pi]} |f(x) - T(x)|.$$

8. 试寻找比习题 6. 更一般的条件使得 f 的 Fourier 系数 a_n, b_n 满足

$$\lim_{n \to +\infty} n^k a_n = \lim_{n \to +\infty} n^k b_n = 0.$$

21.2　Fourier 级数的收敛性

本节主要介绍 Fourier 级数本身的收敛性以及 Cesáro 求和意义下的收敛性. 在此基础上, 进一步讨论逐项可积性, 逐项可微性以及一致收敛性.

21.2.1　Fourier 级数部分和的收敛性, Dirichlet 积分

对于 $f \in \mathcal{R}^1_{\#}(\mathbb{R})$, 设其 Fourier 级数为

$$f(x) \sim \frac{a_0}{2} + \sum_{n=1}^{\infty} (a_n \cos nx + b_n \sin nx). \tag{21.2.1}$$

则利用

$$\frac{1}{2} + \sum_{k=1}^{n} \cos nx = \frac{\sin\left(n + \dfrac{1}{2}\right)x}{2\sin\dfrac{x}{2}}, \qquad x \neq 2k\pi, \tag{21.2.2}$$

可得 f 的 Fourier 级数部分和的表达式. 具体地, 有

$$S_n(f;x) := a_0 + \sum_{k=1}^{n} (a_k \cos kx + b_k \sin kx)$$

$$= \frac{1}{2\pi}\int_0^{2\pi} f(\theta)\,\mathrm{d}\theta + \frac{1}{\pi}\sum_{k=1}^{n}\left(\int_0^{2\pi} f(\theta)\cos k\theta\,\mathrm{d}\theta\cos kx + \int_0^{2\pi} f(\theta)\sin k\theta\,\mathrm{d}\theta\sin kx\right)$$

$$= \frac{1}{\pi}\int_0^{2\pi} f(\theta)\left(\frac{1}{2} + \sum_{k=1}^{n}\cos k(\theta - x)\right)\,\mathrm{d}\theta = \frac{1}{\pi}\int_{-\pi}^{\pi} f(\theta + x)\left(\frac{1}{2} + \sum_{k=1}^{n}\cos k\theta\right)\,\mathrm{d}\theta$$

$$= \frac{1}{\pi}\int_{-\pi}^{\pi} f(\theta + x)\frac{\sin\left(n + \frac{1}{2}\right)\theta}{2\sin\frac{\theta}{2}}\,\mathrm{d}\theta \tag{21.2.3}$$

$$= \frac{1}{\pi}\int_0^{\pi}(f(x + \theta) + f(x - \theta))\frac{\sin\left(n + \frac{1}{2}\right)\theta}{2\sin\frac{\theta}{2}}\,\mathrm{d}\theta, \qquad \forall\, n \geqslant 0, x \in \mathbb{R}. \tag{21.2.4}$$

称 (21.2.3) 式中的积分为 **Dirichlet 积分**, 函数 $\dfrac{\sin\left(n + \frac{1}{2}\right)\theta}{2\pi\sin\frac{\theta}{2}}$ 称为 **Dirichlet 核**.

在 (21.2.4) 式中令 $f = 1$ (或对 (21.2.2) 式积分, 或利用 (21.1.19) 式) 可得

$$\frac{1}{\pi}\int_0^{\pi}\frac{\sin\left(n + \frac{1}{2}\right)\theta}{\sin\frac{\theta}{2}}\,\mathrm{d}\theta = 1, \qquad \forall\, n \geqslant 0. \tag{21.2.5}$$

于是, 对于 $A \in \mathbb{R}$, 我们有

$$S_n(f; x) - A = \frac{1}{\pi}\int_0^{\pi}(f(x + \theta) + f(x - \theta) - 2A)\frac{\sin\left(n + \frac{1}{2}\right)\theta}{2\sin\frac{\theta}{2}}\,\mathrm{d}\theta. \tag{21.2.6}$$

为处理 Dirichlet 积分, 我们将例 9.5.1 中的 Riemann-Lebesgue 引理推广到 $\mathcal{R}^1(\mathbb{R})$ 中.

引理 21.2.1 设 $f \in \mathcal{R}^1[a, b]$, 则

$$\lim_{p\to\infty}\int_{\mathbb{R}} f(x)\cos px\,\mathrm{d}x = \lim_{p\to\infty}\int_{\mathbb{R}} f(x)\sin px\,\mathrm{d}x = 0. \tag{21.2.7}$$

证明 不失一般性, 设 0 为 f 唯一可能的瑕点, 则由例 9.5.1,

$$\varlimsup_{p\to\infty}\left|\int_{\mathbb{R}} f(x)\cos px\,\mathrm{d}x\right|$$
$$\leqslant \int_A^{+\infty}|f(x)|\,\mathrm{d}x + \int_{-\infty}^{A}|f(x)|\,\mathrm{d}x + \int_{-\varepsilon}^{\varepsilon}|f(x)|\,\mathrm{d}x, \qquad \forall\, A > \varepsilon > 0.$$

令 $A \to +\infty, \varepsilon \to 0^+$ 即得 $\lim\limits_{p\to\infty}\int_{\mathbb{R}} f(x)\cos px\,\mathrm{d}x = 0$. 同理, $\lim\limits_{p\to\infty}\int_{\mathbb{R}} f(x)\sin px\,\mathrm{d}x = 0$. □

由 Riemann-Lebesgue 引理和 (21.2.6) 式, 立即可得如下的**局部性原理**.

定理 21.2.2 设 $f \in \mathcal{R}^1_{\#}(\mathbb{R})$, 则任取 $\delta \in (0,\pi)$, f 的 Fourier 级数在点 x 处是否收敛及级数的和均只与 f 在 $(x-\delta, x+\delta)$ 内的值有关.

证明 事实上, 我们要证明的就是对于任何 $A \in \mathbb{R}$, 成立

$$\lim_{n\to+\infty} \frac{1}{\pi}\int_\delta^\pi (f(x+\theta)+f(x-\theta)-2A)\frac{\sin\left(n+\dfrac{1}{2}\right)\theta}{2\sin\dfrac{\theta}{2}}\,\mathrm{d}\theta = 0. \tag{21.2.8}$$

注意到 $\theta \mapsto \dfrac{f(x+\theta)+f(x-\theta)-2A}{2\sin\dfrac{\theta}{2}}$ 在 $[\delta,\pi]$ 上绝对可积, (21.2.8) 式是 Riemann-Lebesgue 引理的直接推论. □

以下给出 Fourier 级数在给定点收敛的常用的两个判别法. 首先, 有如下的 **Dini-Lipschitz 判别法.**

定理 21.2.3 设 $f \in \mathcal{R}^1_{\#}(\mathbb{R})$, $x_0 \in \mathbb{R}$. 若 $f(x_0^+)$ 和 $f(x_0^-)$ 均存在, 且存在 $\alpha \in (0,1]$ 以及 $M>0$, $\delta \in (0,\pi)$, 使得 f 在 x_0 处满足如下的 "Hölder 条件":

$$\begin{cases} \left|f(x)-f(x_0^+)\right| \leqslant M\left|x-x_0\right|^\alpha, & \forall\, x \in (x_0, x_0+\delta), \\ \left|f(y)-f(x_0^-)\right| \leqslant M\left|y-x_0\right|^\alpha, & \forall\, y \in (x_0-\delta, x_0). \end{cases} \tag{21.2.9}$$

则

$$\lim_{n\to+\infty} S_n(f;x_0) = \frac{f(x_0^+)+f(x_0^-)}{2}. \tag{21.2.10}$$

证明 记

$$g(\theta) = \left(f(x_0+\theta)+f(x_0-\theta)-f(x_0^+)-f(x_0^-)\right)\frac{1}{2\sin\dfrac{\theta}{2}}, \qquad \theta \in (0,\pi].$$

则由定理假设, 可见 $g \in \mathcal{R}^1[0,\pi]$. 从而, 由 Riemann-Lebesgue 引理

$$\lim_{n\to+\infty}\int_0^\pi g(\theta)\sin\left(n+\frac{1}{2}\right)\theta\,\mathrm{d}\theta = 0.$$

因此,

$$\begin{aligned} \lim_{n\to+\infty} S_n(f;x_0) &= \lim_{n\to+\infty}\frac{1}{\pi}\int_0^\pi (f(x+\theta)+f(x-\theta))\frac{\sin\left(n+\dfrac{1}{2}\right)\theta}{2\sin\dfrac{\theta}{2}}\,\mathrm{d}\theta \\ &= \lim_{n\to+\infty}\frac{1}{\pi}\int_0^\pi (f(x_0^+)+f(x_0^-))\frac{\sin\left(n+\dfrac{1}{2}\right)\theta}{2\sin\dfrac{\theta}{2}}\,\mathrm{d}\theta = \frac{f(x_0^+)+f(x_0^-)}{2}. \end{aligned}$$

□

由积分第二中值定理 (参见定理 9.5.5), 我们可以利用单调性来得到 Fourier 级数收敛性的另一个常用判别法. 首先, 我们给出如下的 **Dirichlet 引理**.

引理 21.2.4 设 $a>0$, f 在 $[0,a]$ 上单调, 则

$$\lim_{p\to\infty}\int_0^a \frac{f(x)-f(0^+)}{x}\sin px\,\mathrm{d}x=0. \tag{21.2.11}$$

证明 由于 $\displaystyle\int_0^{+\infty}\frac{\sin x}{x}\,\mathrm{d}x$ 收敛. 因此, 存在常数 $C>0$ 使得

$$\left|\int_0^A \frac{\sin x}{x}\,\mathrm{d}x\right|\leqslant C,\qquad \forall\, A>0. \tag{21.2.12}$$

任取 $\delta\in(0,a)$, 由积分第二中值定理, 存在 $\xi\in[0,\delta]$ 使得

$$\begin{aligned}\left|\int_0^\delta \frac{f(x)-f(0^+)}{x}\sin px\,\mathrm{d}x\right| &= \left|(f(\delta)-f(0^+))\int_\xi^\delta \frac{\sin px}{x}\,\mathrm{d}x\right|\\ &= \left|(f(\delta)-f(0^+))\int_{|p|\xi}^{|p|\delta} \frac{\sin x}{x}\,\mathrm{d}x\right|\leqslant 2C|f(\delta)-f(0^+)|.\end{aligned} \tag{21.2.13}$$

于是, 注意到 $x\mapsto \dfrac{f(x)-f(0^+)}{x}$ 在 $[\delta,a]$ 上可积, 由 Riemann-Lebesgue 引理,

$$\begin{aligned}&\overline{\lim_{p\to\infty}}\left|\int_0^a \frac{f(x)-f(0^+)}{x}\sin px\,\mathrm{d}x\right|\\ =\ &\overline{\lim_{p\to\infty}}\left|\int_0^\delta \frac{f(x)-f(0^+)}{x}\sin px\,\mathrm{d}x\right|\leqslant 2C|f(\delta)-f(0^+)|.\end{aligned}$$

再令 $\delta\to 0^+$ 即得 (21.2.11) 式. □

基于上述引理, 立即可得如下的 **Dirichlet–Jordan 判别法.**

定理 21.2.5 $f\in\mathcal{R}^1_\#(\mathbb{R})$, $x_0\in\mathbb{R}$. 进一步, 存在 $\delta\in(0,\pi)$, 使得 f 在 $[x_0-\delta,x_0+\delta]$ 上是两个单调函数之和. 则 (21.2.10) 式成立.

证明 注意到 0 是 $\theta\mapsto \dfrac{1}{2\sin\dfrac{\theta}{2}}-\dfrac{1}{\theta}$ 的可去间断点, 由 (局部性原理和) Riemann-Lebesgue 引理以及 Dirichlet 引理, 可得

$$\begin{aligned}&\lim_{n\to+\infty}\left(S_n(f;x_0)-\frac{f(x_0^+)+f(x_0^-)}{2}\right)\\ =\ &\lim_{n\to+\infty}\frac{1}{\pi}\int_0^\delta \left(f(x_0+\theta)+f(x_0-\theta)-f(x_0^+)-f(x_0^-)\right)\frac{\sin\left(n+\dfrac12\right)\theta}{2\sin\dfrac{\theta}{2}}\,\mathrm{d}\theta\end{aligned}$$

$$= \lim_{n\to+\infty} \frac{1}{\pi}\int_0^{\delta} \left(f(x_0+\theta)+f(x_0-\theta)-f(x_0^+)-f(x_0^-)\right) \frac{\sin\left(n+\dfrac{1}{2}\right)\theta}{\theta}\, \mathrm{d}\theta = 0.$$

即 (21.2.10) 成立. □

我们看到, Fourier 级数在一点收敛的条件比较弱. 自然地, 人们提出这样的问题, 若 $f\in\mathcal{R}_{\#}(\mathbb{R})$ 在 x_0 处连续, 是否有 $\lim\limits_{n\to+\infty} S_n(f;x_0)=f(x_0)$? 这一问题的回答是否定的. du Bois-Reymond[①] 于 1876 年给出了连续周期函数的 Fourier 级数在某些点不收敛的例子 (参见 [23]).

21.2.2 Fourier 级数的 Cesáro 和的收敛性, Fejér 积分

由于 Cesáro 求和法可提升级数的收敛性, 我们考虑 Fourier 级数的 Cesáro 和. 对 Fourier 级数的部分和作平均, 可得

$$\sigma_n(f;x) := \frac{1}{n}\sum_{k=0}^{n-1} S_k(f;x) = \frac{1}{2n\pi}\int_{-\pi}^{\pi} f(x+t)\left(\frac{\sin\dfrac{nt}{2}}{\sin\dfrac{t}{2}}\right)^2 \mathrm{d}t, \qquad n\geqslant 1. \tag{21.2.14}$$

上式中的积分称为 **Fejér**[②] **积分**, 函数 $\dfrac{1}{2n\pi}\left(\dfrac{\sin\dfrac{nt}{2}}{\sin\dfrac{t}{2}}\right)^2$ 称为 **Fejér 核**. 在上式中令 $f\equiv 1$ 得到

$$\frac{1}{n\pi}\int_0^{\pi}\left(\frac{\sin\dfrac{nt}{2}}{\sin\dfrac{t}{2}}\right)^2 \mathrm{d}t = 1, \qquad \forall n\geqslant 1. \tag{21.2.15}$$

我们有如下结果.

定理 21.2.6 设 $f\in\mathcal{R}_{\#}^1(\mathbb{R})$, $x_0\in\mathbb{R}$. 若 $f(x_0^+)$ 与 $f(x_0^-)$ 存在, 则

$$\lim_{n\to+\infty}\sigma_n(f;x_0) = \frac{f(x_0^+)+f(x_0^-)}{2}. \tag{21.2.16}$$

证明 对于 $r>0$, 记 $\omega(r) := \sup\limits_{0<t\leqslant r}|g(t)|$, 其中

$$g(t) := f(x_0+t)+f(x_0-t)-f(x_0^+)-f(x_0^-), \qquad t\in[0,\pi].$$

则 $\lim\limits_{r\to 0^+}\omega(r)=0$. 任取 $\delta\in(0,\pi)$, 由 (21.2.14)—(21.2.15) 式可得

$$\left|\sigma_n(f;x_0)-\frac{f(x_0^+)+f(x_0^-)}{2}\right| = \frac{1}{2n\pi}\left|\int_0^{\pi} g(t)\left(\frac{\sin\dfrac{nt}{2}}{\sin\dfrac{t}{2}}\right)^2 \mathrm{d}t\right|$$

① du Bois-Reymond, Paul David Gustav, 1831 年 12 月 2 日—1889 年 4 月 7 日, 德国数学家.

② Fejér, Lipót (Leopold), 1880 年 2 月 9 日—1959 年 10 月 15 日, 匈牙利数学家.

$$\leqslant \frac{1}{2n\pi}\int_{\delta}^{\pi}\frac{|g(t)|}{\sin^2\frac{t}{2}}\,\mathrm{d}t+\frac{\omega(\delta)}{2n\pi}\int_0^{\delta}\left(\frac{\sin\frac{nt}{2}}{\sin\frac{t}{2}}\right)^2\,\mathrm{d}t$$
$$\leqslant \frac{1}{2n\pi}\int_{\delta}^{\pi}\frac{|g(t)|}{\sin^2\frac{t}{2}}\,\mathrm{d}t+\omega(\delta).$$

从而

$$\varlimsup_{n\to+\infty}\left|\sigma_n(f;x_0)-\frac{f(x_0^+)+f(x_0^-)}{2}\right|\leqslant\omega(\delta). \tag{21.2.17}$$

令 $\delta\to 0^+$ 即得定理结论. □

Fejér 积分之所以在收敛性方面有良好的表现, 在于其具有局部性以及 Fejér 核绝对值的积分的有界性. 即对任何 $\delta\in(0,\pi)$ 和可积函数 f,

$$\lim_{n\to+\infty}\frac{1}{2n\pi}\int_{\delta}^{\pi}f(\theta)\left(\frac{\sin\frac{n\theta}{2}}{\sin\frac{\theta}{2}}\right)^2\,\mathrm{d}\theta=0$$

以及

$$\sup_{n\geqslant1}\frac{1}{2n\pi}\int_0^{\pi}\left|\frac{\sin\frac{n\theta}{2}}{\sin\frac{\theta}{2}}\right|^2\,\mathrm{d}\theta<+\infty$$

成立.

而 Dirichlet 积分尽管也具有局部性, 其核的绝对值的积分却是无界的, 即

$$\sup_{n\geqslant1}\frac{1}{2\pi}\int_0^{\pi}\left|\frac{\sin\left(n+\frac{1}{2}\right)\theta}{\sin\frac{\theta}{2}}\right|\,\mathrm{d}\theta=+\infty.$$

这导致了 Dirichlet 积分在收敛性方面的表现不够好.

由定理 21.2.6 立即得到

推论 21.2.7 设 $f\in C_{\#}(\mathbb{R})$, 则

$$\lim_{n\to+\infty}\sigma_n(f;x)=f(x),\qquad\forall x\in\mathbb{R}. \tag{21.2.18}$$

从定理 21.2.6 可见, 对于 $f\in\mathcal{R}^1_{\#}(\mathbb{R})$, 以及 f 的连续点 x_0, 若在 x_0 处, $\{S_n(f;x_0)\}$ 收敛, 则其极限必为 $f(x_0)$.

那么, 当 $f\in C_{\#}(\mathbb{R})$ 时, 是否有可能在任何点 x 处, $\{S_n(f;x)\}$ 均不收敛? 这一问题的回答是否定的. 事实上, 对于任何 $f\in\mathcal{R}^1_{\#}(\mathbb{R})$, 可以证明, 使 $\{S_n(f;\cdot)\}$ 发散的点集是一个零测度集.

Luzin 猜想–Carleson 定理 Luzin[①]于 1913 年猜测, 平方可积函数[②] 的 Fourier 级数一定几乎处处收敛, 即不收敛点集是一个零测度集.

1922 年 6 月, 尚在上大学的 Kolmogorov[③] 给出了 Lebesgue 可积函数的 Fourier 级数几乎处处发散的例子, 1926 年他又给出了 Lebesgue 可积函数的 Fourier 级数处处发散的例子 (参见 [34], [35], [81]). 由于这些函数对于任何 $p>1$, 都不是 p 次可积的, 因此, Kolmogorov 的反例并没有否定 Luzin 猜想.

直到 1966 年, 才由 Carleson[④] 证明了 Luzin 猜想. 现称这一结果为 **Carleson 定理**. 其后, Hunt [29] 证明了对于 (Lebesgue 积分意义下的) p 次可积的函数 $(p>1)$, 其 Fourier 级数几乎处处收敛.

另一方面, 对于 $f\in L^p_{\#}(\mathbb{R})$ $(p\in[1,+\infty))$, 易证 $\sigma_n(f;\cdot)$ 在 $f\in L^p_{\#}(\mathbb{R})$ 中收敛于 $f(\cdot)$. 由此, 利用泛函分析的知识, 可以证明, 若 $\{S_n(f;\cdot)\}$ 在 $\mathbb{R}$ 上几乎处处收敛, 则一定几乎处处收敛到 $f(\cdot)$.

值得注意的是, Kolmogorov 的反例中的函数不属于 $\mathcal{R}^1_{\#}(\mathbb{R})$. 按我们的定义, $\mathcal{R}^1_{\#}(\mathbb{R})$ 中的元, 其瑕点集的两阶导集是空集, 由此可得, 对于 $f\in\mathcal{R}^1_{\#}(\mathbb{R})$, 存在可列个两两不交的区间 $\{I_k\}$ 使得 $[0,2\pi]\setminus\bigcup\limits_{k=1}^{\infty}I_k$ 是至多可列集且对任何 $k\geqslant 1$, f 在 I_k 上是有界的, 从而 $f\big|_{I_k}\in\mathcal{R}^2(I_k)$. 结合局部性原理以及 Carleson 定理, $\{S_n(f;\cdot)\}$ 在 I_k 上几乎处处收敛. 进而 $\{S_n(f;\cdot)\}$ 在 $\mathbb{R}$ 上几乎处处收敛.

另一方面, 根据 Lebesgue 判据, f 在每个 I_k 上几乎处处连续, 从而 f 在 $\mathbb{R}$ 上几乎处处连续. 因此, 此时可进一步由定理 21.2.6 直接得到 $\{S_n(f;\cdot)\}$ 在 $\mathbb{R}$ 上几乎处处收敛到 $f(\cdot)$.

21.2.3 Fourier 级数的逐项可积性

容易由定理 21.2.5 得到 Fourier 级数的逐项可积性.

定理 21.2.8 设 $f\in\mathcal{R}^1_{\#}(\mathbb{R})$, 其 Fourier 级数为 (21.2.1). 则 $\sum\limits_{n=1}^{\infty}\dfrac{b_n}{n}$ 收敛, 且对任何 $x\in\mathbb{R}$, 有

$$\int_0^x f(t)\ \mathrm{d}t=\frac{a_0x}{2}+\sum_{n=1}^{\infty}\int_0^x(a_n\cos nt+b_n\sin nt)\ \mathrm{d}t. \tag{21.2.19}$$

即

$$\int_0^x f(t)\ \mathrm{d}t=\frac{a_0x}{2}+\sum_{n=1}^{\infty}\frac{b_n}{n}+\sum_{n=1}^{\infty}\left(-\frac{b_n\cos nx}{n}+\frac{a_n\sin nx}{n}\right)\ \mathrm{d}t. \tag{21.2.20}$$

---

① Лузин, Николай Николаевич, 英文 Lusin (也拼作 Luzin), Nikolai Nikolaevich, 1883 年 12 月 9 日—1950 年 2 月 28 日, 苏联数学家.

② 这里指的是 $L^2_{\#}(\mathbb{R})$ 中的函数, $L^2_{\#}(\mathbb{R})$ 表示以 2π 为周期且在 $[0,2\pi]$ 上在 Lebesgue 积分意义下平方可积的函数. $\mathcal{R}^2_{\#}(\mathbb{R})$ 是 $L^2_{\#}(\mathbb{R})$ 的真子集.

③ Колмогоров, Андрей Николаевич, 英文 Kolmogorov, Andrey Nikolaevich, 1903 年 4 月 25 日—1987 年 10 月 20 日, 苏联数学家.

④ Carleson, Lennart, 1928 年 3 月 18 日— ，瑞典数学家.

证明 记 $g=f-\dfrac{a_0}{2}$,

$$F(x):=\int_0^x g(t)\ \mathrm{d}t, \qquad x\in\mathbb{R}.$$

则 F 为以 2π 为周期的连续函数. 进一步,

$$F(x)=\int_0^x g^+(t)\ \mathrm{d}t-\int_0^x g^-(t)\ \mathrm{d}t, \qquad x\in\mathbb{R}.$$

因此, F 是一个单调递增函数和一个单调递减函数之和. 于是, 由定理 21.2.5, F 的 Fourier 级数收敛到 F. 设 F 的 Fourier 级数为:

$$F(x)\sim\frac{A_0}{2}+\sum_{n=1}^{\infty}(A_n\cos nx+B_n\sin nx).$$

利用累次积分交换次序或利用分部积分, 直接计算可得当 $n\geqslant 1$ 时,

$$A_n=\frac{1}{\pi}\int_0^{2\pi}\mathrm{d}x\int_0^x f(t)\cos nx\ \mathrm{d}t=-\frac{b_n}{n},$$
$$B_n=\frac{1}{\pi}\int_0^{2\pi}\mathrm{d}x\int_0^x f(t)\sin nx\ \mathrm{d}t=\frac{a_n}{n}.$$

于是

$$\int_0^x g(t)\ \mathrm{d}t=\frac{A_0}{2}+\sum_{n=1}^{\infty}\left(-\frac{b_n}{n}\cos nx+\frac{a_n}{n}\sin nx\right), \quad \forall x\in\mathbb{R}. \tag{21.2.21}$$

上式中令 $x=0$ 可得 $\dfrac{A_0}{2}=\displaystyle\sum_{n=1}^{\infty}\frac{b_n}{n}$. 结合 (21.2.21) 式即得

$$\int_0^x g(t)\ \mathrm{d}t=\sum_{n=1}^{\infty}\int_0^x(a_n\cos nt+b_n\sin nt)\ \mathrm{d}t.$$

即 (21.2.19) 式及 (21.2.20) 式成立. □

由定理 21.2.8 易得存在处处收敛但不是 Fourier 级数的三角级数. 易见, 三角级数 $\displaystyle\sum_{n=2}^{\infty}\frac{\sin nx}{\ln n}$ 在 $\mathbb{R}$ 上处处收敛, 但由于 $\displaystyle\sum_{n=2}^{\infty}\frac{1}{n\ln n}$ 发散, $\displaystyle\sum_{n=2}^{\infty}\frac{\sin nx}{\ln n}$ 不是 Fourier 级数.

可以直接说明该级数的和函数 S 在 $[0,2\pi]$ 上不属于 $\mathcal{R}^1_{\#}(\mathbb{R})$. 否则, 对于 $x\in[0,\pi)$, 记 $F(x):=\displaystyle\int_x^{\pi}S(t)\ \mathrm{d}t+\sum_{n=2}^{\infty}\frac{(-1)^n}{n\ln n}$, 则由内闭一致收敛性, 对任何 $x\in(0,\pi)$, 有 $F(x)=\displaystyle\sum_{n=2}^{\infty}\frac{\cos nx}{n\ln n}$. 进一步, 当 $m>2$ 时,

$$\int_0^x F(t)\ \mathrm{d}t=\lim_{\varepsilon\to0+}\int_\varepsilon^x F(t)\ \mathrm{d}t=\lim_{\varepsilon\to0+}\sum_{n=2}^{\infty}\frac{\sin nx-\sin n\varepsilon}{n^2\ln n}=\sum_{n=2}^{\infty}\frac{\sin nx}{n^2\ln n},$$

$$\int_0^x \mathrm{d}t \int_0^t F(s)\ \mathrm{d}s = \sum_{n=2}^{\infty} \frac{1-\cos nx}{n^3 \ln n} \geqslant \sum_{n=2}^{m} \frac{1-\cos nx}{n^3 \ln n}.$$

由 L'Hôpital 法则可得

$$F(0) = \lim_{x\to 0+} \frac{2}{x^2} \int_0^x \mathrm{d}t \int_0^t F(s)\ \mathrm{d}s \geqslant \sum_{n=2}^{m} \frac{1}{n \ln n}.$$

令 $m \to +\infty$, 便有 $F(0) \geqslant +\infty$, 得到矛盾. 因此, $S \notin \mathcal{R}_{\#}^1(\mathbb{R})$.

那么, 能不能由 $S \notin \mathcal{R}_{\#}^1(\mathbb{R})$ 得出 $\sum\limits_{n=2}^{\infty} \dfrac{\sin nx}{\ln n}$ 不是 Fourier 级数? 由于给出的是具体的三角级数, 这问题的提法不是很恰当. 如果对于一般的三角级数来提相应的问题, 我们可以这样提: 设三角级数 $\dfrac{a_0}{2} + \sum\limits_{n=1}^{\infty}(a_n \cos nx + b_n \sin nx)$ 处处 (或除去一个两阶导集为空集的集合外) 收敛于 $S(x)$, 则 $S \notin \mathcal{R}_{\#}^1(\mathbb{R})$ 是否蕴涵该级数不是 (某个 $f \in \mathcal{R}_{\#}^1(\mathbb{R})$ 的) Fourier 级数? 这一问题并不是一个简单的问题.

首先我们给出一个类似问题的相关结果. 若三角级数 $\dfrac{a_0}{2} + \sum\limits_{n=1}^{\infty}(a_n \cos nx + b_n \sin nx)$ 几乎处处收敛于 $S(x)$ 而 $S \notin L_{\#}^1(\mathbb{R})$, 则该级数一定不是某个 $f \in L_{\#}^1(\mathbb{R})$ 的 Fourier 级数. 这是因为由 $f \in L_{\#}^1(\mathbb{R})$ 可得 $\lim\limits_{n\to+\infty} \displaystyle\int_0^{2\pi} \big|\sigma_n(f;x) - f(x)\big|\ \mathrm{d}x = 0$. 结合 $S_n(f;\cdot)$ 几乎处处收敛于 $S(\cdot)$ 得到 $S = f$ 几乎处处成立.

回到原问题, 若 $\dfrac{a_0}{2} + \sum\limits_{n=1}^{\infty}(a_n \cos nx + b_n \sin nx)$ 几乎处处收敛于 $S(x)$, 而对任何 $g \in \mathcal{R}_{\#}^1(\mathbb{R})$, S 几乎处处等于 g 都不成立, 则 $\dfrac{a_0}{2} + \sum\limits_{n=1}^{\infty}(a_n \cos nx + b_n \sin nx)$ 不是某个 $f \in \mathcal{R}_{\#}^1(\mathbb{R})$ 的 Fourier 级数.

21.2.4　Fourier 级数的逐项可微性

首先, 我们想到的问题是如下问题.

问题 1　对于 $f \in \mathcal{R}_{\#}^1(\mathbb{R})$ 以及相应的 Fourier 级数 (21.2.1), 若 f 在 x_0 处可导, 则 $f'(x_0)$ 是否可由 (21.2.1) 在 x_0 处逐项求导得到?

这一问题的回答是否定的. 在完整回答这个问题之前, 我们先讨论下一个问题.

问题 2　设 $f \in \mathcal{R}_{\#}^1(\mathbb{R})$, 且 f 处处可导, 或除去一个二阶导集为空集的集合外可导, 则 f' 的 Fourier 级数是否可由 f 的 Fourier 级数 (21.2.1) 逐项求导得到?

即使 $f \in \mathcal{R}_{\#}^1(\mathbb{R})$ 处处可导, 也不一定有 $f' \in \mathcal{R}_{\#}^1(\mathbb{R})$, 因此, f' 不一定有 Fourier 级数. 要使得问题有意义, 我们需要进一步假设 $f' \in \mathcal{R}_{\#}^1(\mathbb{R})$. 此时, 由定理 21.2.8 即得如下定理.

定理 21.2.9　*设 $f \in C_{\#}(\mathbb{R})$, $f' \in \mathcal{R}_{\#}^1(\mathbb{R})$, 其中 f' 可以在一个两阶导集为空的集合上不存在. 则 f' 的 Fourier 级数就是 f 的 Fourier 级数逐项求导得到的级数.*

回到问题 1, 取 $g \in C_{\#}(\mathbb{R})$ 使得 g 的 Fourier 级数在点 x_0 处不收敛. 不妨设 $\displaystyle\int_0^{2\pi} g(t)\ \mathrm{d}t = 0$. 令

$$f(x) := \int_0^x g(t)\ \mathrm{d}t, \qquad x \in \mathbb{R}.$$

则 $f \in \mathcal{R}_{\#}(\mathbb{R})$ 处处可导且导函数为 g. 此时, f 的 Fourier 级数逐项求导得到 g 的 Fourier 级数. 这表明 $f'(x_0)$ 不可以通过对 f 的 Fourier 级数在 x_0 处逐项求导得到.

我们指出, 可以构造 $g \in C_{\#}(\mathbb{R})$ 使得 g 的 Fourier 级数在事先任意指定的一个可列集上发散. 基于上述讨论, 我们自然地在如下的定理中提出了一个新的问题并给出结论.

定理 21.2.10 设 $f \in C_{\#}(\mathbb{R})$ 在一个二阶导集为空集的集合之外可导, 且 $f' \in \mathcal{R}^1_{\#}(\mathbb{R})$. 若 f 在 x_0 处可导且 $\lim\limits_{n\to+\infty} \sigma_n(f'; x_0) = A$, 则 $f'(x_0) = A$.

证明 不妨设: $x_0 = 0, f(0) = f'(0) = 0$. 此时有常数 $M > 0$ 使得 $|f(x)| \leqslant M|x|\,(\forall x \in [-\pi, \pi])$. 而由 Fejér 积分的性质, 有

$$\lim_{n\to+\infty} \frac{1}{2n\pi} \int_{-\pi}^{\pi} \left| \frac{f(t)}{\sin \frac{t}{2}} \right| \frac{\sin^2 \frac{nt}{2}}{\sin^2 \frac{t}{2}}\ \mathrm{d}t = \lim_{t\to 0} \left| \frac{f(t)}{\sin \frac{t}{2}} \right| = 0.$$

进而由夹逼准则, 有

$$\lim_{n\to+\infty} \frac{1}{2n\pi} \int_{-\pi}^{\pi} f(t) \frac{\sin^2 \frac{nt}{2}}{\sin^3 \frac{t}{2}} \cos \frac{t}{2}\ \mathrm{d}t = 0. \tag{21.2.22}$$

而由 $\lim\limits_{n\to+\infty} \sigma_n(f'; 0) = A$ 并利用分部积分, 可得

$$\begin{aligned}
&\lim_{n\to+\infty} \frac{1}{4\pi} \int_{-\pi}^{\pi} f(t) \frac{\sin nt}{\sin^2 \frac{t}{2}}\ \mathrm{d}t \\
=& \lim_{n\to+\infty} \frac{1}{2n\pi} \int_{-\pi}^{\pi} f(t) \left(\frac{n \sin nt}{2\sin^2 \frac{t}{2}} - \frac{\sin^2 \frac{nt}{2}}{\sin^3 \frac{t}{2}} \cos \frac{t}{2} \right) \mathrm{d}t \\
=& \lim_{n\to+\infty} \frac{1}{2n\pi} \int_{-\pi}^{\pi} f'(t) \left(\frac{\sin \frac{nt}{2}}{\sin \frac{t}{2}} \right)^2 \mathrm{d}t \\
=& \lim_{n\to+\infty} \sigma_n(f'; 0) = A.
\end{aligned} \tag{21.2.23}$$

从而由 Stolz 公式得到

$$\lim_{n\to+\infty} \frac{1}{4n\pi} \int_{-\pi}^{\pi} f(t) \sum_{k=1}^{n} \frac{\sin kt}{\sin^2 \frac{t}{2}}\ \mathrm{d}t = A.$$

即

$$\lim_{n\to+\infty} \frac{1}{4n\pi} \int_{-\pi}^{\pi} f(t) \frac{\sin \frac{(n+1)t}{2} \sin \frac{nt}{2}}{\sin^3 \frac{t}{2}}\ \mathrm{d}t = A.$$

这样, 将 $\sin\dfrac{(n+1)t}{2}$ 用和角公式展开, 并注意到 (21.2.23) 式或直接利用

$$\left|\frac{f(t)}{8n\pi}\frac{\sin nt}{\sin^2\dfrac{t}{2}}\right| \leqslant \frac{M|t|}{8n\pi}\frac{\sqrt{n|t|}}{\dfrac{4t^2}{\pi^2}} = \frac{M\pi}{32\sqrt{n|t|}}, \qquad \forall t\in[-\pi,\pi],$$

再结合 (21.2.22) 式可得

$$A=\lim_{n\to+\infty}\frac{1}{4n\pi}\int_{-\pi}^{\pi}f(t)\left(\frac{\sin^2\dfrac{nt}{2}}{\sin^3\dfrac{t}{2}}\cos\frac{t}{2}+\frac{\sin nt}{2\sin^2\dfrac{t}{2}}\right)\,\mathrm{d}t=0.$$

这就证明了定理. □

有趣的是, 上述定理中关于 f 可微性的条件可以大大减弱. 事实上, Fatou[①] 给出了如下的结果.

定理 21.2.11　设 $f\in\mathcal{R}^1_{\#}(\mathbb{R})$, 其 Fourier 级数为 $\dfrac{a_0}{2}+\sum\limits_{n=1}^{\infty}(a_n\cos nx+b_n\sin nx)$. 若 f 在 x_0 处可导, 则 $\lim\limits_{r\to1^-}\sum\limits_{n=1}^{\infty}nr^n(-a_n\sin nx+b_n\cos nx)=f'(x_0)$. 即 f 的 Fourier 级数形式求导后的级数在 x_0 处的 Abel 和为 $f'(x_0)$.

证明　不失一般性, 设 $x_0=0$. 由 Riemann 引理, $\{a_n\}$ 和 $\{b_n\}$ 均收敛于零. 因此, 固定 $r\in(0,1)$, 级数 $\dfrac{a_0}{2}+\sum\limits_{n=1}^{\infty}r^n(a_n\cos nx+b_n\sin nx)$ 关于 $x\in\mathbb{R}$ 一致收敛. 记

$$F(r,x):=\frac{a_0}{2}+\sum_{n=1}^{\infty}r^n(a_n\cos nx+b_n\sin nx), \qquad r\in(0,1),x\in\mathbb{R}. \tag{21.2.24}$$

则上式右端可以关于 x 逐项求导, 即

$$\frac{\partial F}{\partial x}(r,x):=\sum_{n=1}^{\infty}nr^n(-a_n\sin nx+b_n\cos nx), \qquad r\in(0,1),x\in\mathbb{R}. \tag{21.2.25}$$

我们要证的就是 $\lim\limits_{r\to1^-}\dfrac{\partial F}{\partial x}(r,0)=f'(0)$.

利用

$$\begin{aligned}\frac{1}{2}+\sum_{n=1}^{\infty}r^n\cos nt&=\frac{1}{2}+\mathrm{Re}\sum_{n=1}^{\infty}(r\mathrm{e}^{\mathrm{i}t})^n\\&=\frac{1-r^2}{2(1-2r\cos t+r^2)}, \qquad r\in(-1,1),t\in\mathbb{R},\end{aligned}$$

直接计算可得

$$F(r,x)=\frac{1}{\pi}\int_{-\pi}^{\pi}f(t)\left[\frac{1}{2}+\sum_{n=1}^{\infty}r^n\cos n(t-x)\right]f(t)\,\mathrm{d}t$$

---

① Fatou, Pierre Joseph Louis, 1878 年 2 月 28 日—1929 年 8 月 10 日, 法国数学家.

$$= \frac{1}{2\pi}\int_{-\pi}^{\pi} f(t)\frac{1-r^2}{1-2r\cos(t-x)+r^2}\,\mathrm{d}t, \qquad r\in(-1,1), x\in\mathbb{R}. \tag{21.2.26}$$

易见, (21.2.26) 式右端的积分可以对 x 在积分号下求导, 因此, 有

$$\begin{aligned}\frac{\partial F}{\partial x}(r,0) &= \frac{1}{2\pi}\int_{-\pi}^{\pi} f(t)\frac{2r(1-r^2)\sin(t-x)}{(1-2r\cos(t-x)+r^2)^2}\,\mathrm{d}t\Big|_{x=0}\\ &= \frac{1}{2\pi}\int_{-\pi}^{\pi} f(t)\frac{2r(1-r^2)\sin t}{(1-2r\cos t+r^2)^2}\,\mathrm{d}t\\ &= \frac{1}{2\pi}\int_{-\pi}^{\pi} (f(t)-f(0))\frac{2r(1-r^2)\sin t}{(1-2r\cos t+r^2)^2}\,\mathrm{d}t, \qquad r\in(-1,1).\end{aligned} \tag{21.2.27}$$

在 (21.2.27) 式中取 $f(x)=\sin x$, 则对应的 $F(r,x)=r\sin x$, 可得

$$r = \frac{1}{2\pi}\int_{-\pi}^{\pi} \frac{2r(1-r^2)\sin^2 t}{(1-2r\cos t+r^2)^2}\,\mathrm{d}t, \qquad r\in(-1,1).$$

因此,

$$\frac{\partial F}{\partial x}(r,0) - rf'(0) = \frac{r}{2\pi}\int_{-\pi}^{\pi}\left(\frac{f(t)-f(0)}{\sin t} - f'(0)\right)\frac{2(1-r^2)\sin^2 t}{(1-2r\cos t+r^2)^2}\,\mathrm{d}t, \qquad r\in(-1,1).$$

于是, 任取 $\delta\in(0,\pi)$, 由控制收敛定理,

$$\begin{aligned}\overline{\lim_{r\to1^-}}\left|\frac{\partial F}{\partial x}(r,0)-f'(0)\right| &= \overline{\lim_{r\to1^-}}\left|\frac{\partial F}{\partial x}(r,0)-rf'(0)\right|\\ &= \overline{\lim_{r\to1^-}}\frac{r}{2\pi}\left|\int_{-\delta}^{\delta}\left(\frac{f(t)-f(0)}{\sin t}-f'(0)\right)\frac{2(1-r^2)\sin^2 t}{(1-2r\cos t+r^2)^2}\,\mathrm{d}t\right|\\ &\leqslant \sup_{0<|t|<\delta}\left|\frac{f(t)-f(0)}{\sin t}-f'(0)\right|\lim_{r\to1^-}\frac{1}{2\pi}\int_{-\delta}^{\delta}\frac{2(1-r^2)\sin^2 t}{(1-2r\cos t+r^2)^2}\,\mathrm{d}t\\ &= \sup_{0<|t|<\delta}\left|\frac{f(t)-f(0)}{\sin t}-f'(0)\right|.\end{aligned}$$

上式中令 $\delta\to0^+$ 即得结论. □

注意到 Cesáro 可和蕴含 Abel 可和, 因此, 定理 21.2.11 蕴含定理 21.2.10.

21.2.5 Fourier 级数的一致收敛性

若 $f\in\mathcal{R}^1_{\#}(\mathbb{R})$ 的 Fourier 级数一致收敛, 则其和函数 g 连续. 由一致收敛级数的逐项可积性,

$$\int_0^x g(t)\,\mathrm{d}t = \int_0^x f(t)\,\mathrm{d}t, \qquad \forall\, x\in\mathbb{R}. \tag{21.2.28}$$

由此不难证明

$$\int_0^{2\pi}|f(x)-g(x)|\,\mathrm{d}x = 0.$$

这表明此时 f 本质上等于一个连续函数.

对定理 21.2.6 的证明略加修改, 可得连续周期函数 Fourier 级数的 Fejér 积分一致收敛到该函数.

定理 21.2.12 设 $f\in C_{\#}(\mathbb{R})$, 则 $\sigma_n(f;\cdot)$ 一致收敛到 $f(\cdot)$.

证明 记 ω 为 f 的连续模. 任取 $\delta\in(0,\pi)$, 我们有

$$
\begin{aligned}
|\sigma_n(f;x)-f(x)| &= \frac{1}{2n\pi}\left|\int_{-\pi}^{\pi}(f(x+t)-f(x))\left(\frac{\sin\dfrac{nt}{2}}{\sin\dfrac{t}{2}}\right)^2 \mathrm{d}t\right| \\
&\leqslant \frac{\omega(\pi)}{n\pi}\int_{\delta}^{\pi}\frac{1}{\sin^2\dfrac{t}{2}}\,\mathrm{d}t+\frac{\omega(\delta)}{n\pi}\int_0^{\delta}\left(\frac{\sin\dfrac{nt}{2}}{\sin\dfrac{t}{2}}\right)^2 \mathrm{d}t \\
&\leqslant \frac{\omega(\pi)}{n\pi}\int_{\delta}^{\pi}\frac{1}{\sin^2\dfrac{t}{2}}\,\mathrm{d}t+\omega(\delta).
\end{aligned}
$$

从而

$$
\varlimsup_{n\to+\infty}\sup_{x\in\mathbb{R}}|\sigma_n(f;x)-f(x)|\leqslant\omega(\delta). \tag{21.2.29}
$$

在上式中令 $\delta\to 0^+$ 即得定理结论. □

定理 21.2.12 蕴涵了如下的 **Weierstrass 第二逼近定理**.

定理 21.2.13 $\mathbb{R}$ 上的连续周期函数可用三角多项式一致逼近.

对定理 21.2.3 和 21.2.5 的证明略加修改, 可以建立 Fourier 级数部分和一致收敛性的结果. 首先, 我们来给出关于参变量具有一致性的 Riemann-Lebesgue 引理.

引理 21.2.14 设 g 是 $[a,b]\times[c,d]$ 上的连续函数, 则

$$
\lim_{p\to\infty}\sup_{x\in[a,b]}\left|\int_c^d g(x,t)\sin pt\,\mathrm{d}t\right|=0. \tag{21.2.30}
$$

证明 记 ω 为 g 的连续模. 任取 $m\geqslant 1$, 我们有

$$
\sup_{x\in[a,b]}\left|\int_c^d g(x,t)\sin pt\,\mathrm{d}t\right|\leqslant(d-c)\omega\left(\frac{b-a}{m}\right)+\sum_{k=1}^{m}\left|\int_c^d g\left(a+\frac{k(b-a)}{m},t\right)\sin pt\,\mathrm{d}t\right|.
$$

这样, 由 Riemann-Lebesgue 引理

$$
\varlimsup_{p\to\infty}\sup_{x\in[a,b]}\left|\int_c^d g(x,t)\sin pt\,\mathrm{d}t\right|\leqslant(d-c)\omega\left(\frac{b-a}{m}\right).
$$

最后, 令 $m\to+\infty$ 即得结论. □

定理 21.2.15 设 f 以 2π 为周期且 Hölder 连续, 则 f 的 Fourier 级数一致收敛到 f.

证明 设 $\alpha \in (0,1]$, $M > 0$ 使得

$$|f(x)-f(y)| \leqslant M|x-y|^{\alpha}, \qquad \forall x, y \in \mathbb{R}.$$

则任取 $\delta \in (0,\pi)$, 由引理 21.2.14,

$$\begin{aligned}
&\varlimsup_{n\to+\infty} \sup_{x\in[-\pi,\pi]} \left|S_n(f;x)-f(x)\right| \\
=& \varlimsup_{n\to+\infty} \sup_{x\in[-\pi,\pi]} \frac{1}{\pi}\left|\int_0^{\pi} (f(x+\theta)+f(x-\theta)-2f(x)) \frac{\sin\left(n+\dfrac{1}{2}\right)\theta}{2\sin\dfrac{\theta}{2}}\,\mathrm{d}\theta\right| \\
=& \varlimsup_{n\to+\infty} \sup_{x\in[-\pi,\pi]} \frac{1}{\pi}\left|\int_0^{\delta} (f(x+\theta)+f(x-\theta)-2f(x)) \frac{\sin\left(n+\dfrac{1}{2}\right)\theta}{2\sin\dfrac{\theta}{2}}\,\mathrm{d}\theta\right| \\
\leqslant& \int_0^{\delta} \sup_{x\in[-\pi,\pi]} \frac{|f(x+\theta)+f(x-\theta)-2f(x)|}{2\theta}\,\mathrm{d}\theta \leqslant M\int_0^{\delta}\theta^{\alpha-1}\,\mathrm{d}\theta = \frac{M\delta^{\alpha}}{\alpha}.
\end{aligned}$$

令 $\delta \to 0^+$ 即得结论. □

定理 21.2.16 设 $f \in C_{\#}(\mathbb{R})$, 且 f 为两个单调函数之和. 则 f 的 Fourier 级数一致收敛到 f.

证明 此时 f 必可以表示为一个连续单增函数 f_1 与一个连续单减函数 f_2 之和. 记

$$\omega(r) := \sup_{\substack{|x-y|\leqslant r\\ x,y\in[-2\pi,2\pi]}} \max_{1\leqslant k\leqslant 2} |f_k(x)-f_k(y)|, \quad M = \sup_{X>0}\left|\int_0^X \frac{\sin x}{x}\,\mathrm{d}x\right|.$$

任取 $\delta \in (0,\pi)$, 由积分第二中值定理, 对于 $x \in [-\pi,\pi]$,

$$\left|\int_0^{\delta} (f_k(x+\varepsilon\theta)-f_k(x)) \frac{\sin\left(n+\dfrac{1}{2}\right)\theta}{\theta}\,\mathrm{d}\theta\right| \leqslant 2M\omega(\delta), \qquad k=1,2; \varepsilon=\pm 1 \tag{21.2.31}$$

成立 (参见 (21.2.13) 式).

于是, 由引理 21.2.14 以及 (21.2.31) 式, 有

$$\varlimsup_{n\to+\infty} \sup_{x\in[-\pi,\pi]} \left|S_n(f;x)-f(x)\right|$$

$$= \varlimsup_{n\to+\infty} \sup_{x\in[-\pi,\pi]} \frac{1}{\pi}\left|\int_0^{\pi}(f(x+\theta)+f(x-\theta)-2f(x))\frac{\sin\left(n+\frac{1}{2}\right)\theta}{2\sin\frac{\theta}{2}}\,\mathrm{d}\theta\right|$$

$$= \varlimsup_{n\to+\infty} \sup_{x\in[-\pi,\pi]} \frac{1}{\pi}\left|\int_0^{\pi}(f(x+\theta)+f(x-\theta)-2f(x))\frac{\sin\left(n+\frac{1}{2}\right)\theta}{\theta}\,\mathrm{d}\theta\right|$$

$$= \varlimsup_{n\to+\infty} \sup_{x\in[-\pi,\pi]} \frac{1}{\pi}\left|\int_0^{\delta}(f(x+\theta)+f(x-\theta)-2f(x))\frac{\sin\left(n+\frac{1}{2}\right)\theta}{\theta}\,\mathrm{d}\theta\right|$$

$$\leqslant \varlimsup_{n\to+\infty} \sup_{x\in[-\pi,\pi]} \sum_{k=1}^{2}\sum_{\varepsilon\in\{-1,1\}} \frac{1}{\pi}\left|\int_0^{\delta}(f_k(x+\varepsilon\theta)-f_k(x))\frac{\sin\left(n+\frac{1}{2}\right)\theta}{\theta}\,\mathrm{d}\theta\right|$$

$$\leqslant 8M\omega(\delta).$$

令 $\delta\to 0^+$ 即得结论. □

不难看到, 利用定理 21.2.15 和定理 21.2.16 都可以得到 Weierstrass 第二逼近定理.

犹如 du Bois Reymond 指出连续函数的 Fourier 级数不见得在每一点都收敛, Lebesgue 于 1906 年给出了一个连续函数的例子, 其 Fourier 级数处处收敛, 但不一致收敛. Fourier 级数的此类性质称为 Fourier 级数的奇异性. 有兴趣的读者可以参看 [41] 及该书所列文献.

21.2.6 Gibbs 现象

设 $f\in\mathcal{R}^1_{\#}(\mathbb{R})$ 分段连续可微, 在 x_0 处, $a=f(x_0^-)\leqslant f(x_0^+)=b$. 若 $\varlimsup\limits_{\substack{n\to+\infty\\ x\to x_0^+}} S_n(f;x)=B>b$, $\varliminf\limits_{\substack{n\to+\infty\\ x\to x_0^-}} S_n(f;x)=A<a$, 则称 f 的 Fourier 级数在 x_0 处存在 **Gibbs**[①]**现象**.

Gibbs 现象由 Wilbraham[②] 发现[③]. 但当时未引起注意. 其后 Gibbs 重新发现了这一现象[④].

在 f 分段连续可微的假设之下, 若 $f(x_0^-)=f(x_0^+)$, 则类似定理 21.2.15 的证明, 可得存在 $\delta>0$ 使得 $\{S_n(f;x)\}$ 关于 $x\in[x_0-\delta,x_0+\delta]$ 一致收敛. 因此, 此时不会发生 Gibbs 现象. 当 $f(x_0^-)\neq f(x_0^+)$ 时, 则会发生 Gibbs 现象. 具体地有如下结果.

---

① Gibbs, Josiah Willard, 1839 年 2 月 11 日— 1903 年 4 月 28 日, 美国物理学家.

② Wilbraham, Henry, 1825 年 7 月 25 日—1883 年 2 月 13 日, 英国数学家.

③ H. Wilbraham, On a certain periodic function. The Cambridge and Dublin Mathematical Journal, 3(1848), pp.198–201.

④ J. W. Gibbs, Fourier's Series. Nature 59(1899), pp. 606.

定理 21.2.17 设 $f \in \mathcal{R}^1_{\#}(\mathbb{R})$ 分段连续可微, 在 x_0 处, $a = f(x_0^-) < f(x_0^+) = b$. 记 $B = \varlimsup\limits_{\substack{n\to+\infty\\x\to x_0^+}} S_n(f;x)$, $A = \varliminf\limits_{\substack{n\to+\infty\\x\to x_0^-}} S_n(f;x)$. 则 $B > b > a > A$, 且 $\dfrac{B-A}{b-a} = 2\ell$, 其中

$$\ell = \frac{1}{\pi}\int_0^{\pi} \frac{\sin x}{x}\,\mathrm{d}x - \frac{1}{2} \approx 0.089\,489\,872\,236\,083\,6\cdots. \tag{21.2.32}$$

证明 不妨设 $x_0 = 0$, $f(0) = b$. 记 $g := f - (b-a)\chi_{[0,\pi]}$. 则 $g(0^-) = g^+(0) = g(0) = a$. 由定理假设, g 分段连续可微且存在 $\delta \in (0,1)$ 使得 g 在 $[-2\delta, 2\delta]$ 上连续. 从而易得 $\{S_n(g;x)\}$ 关于 $x \in [-\delta,\delta]$ 一致收敛到 $g(x)$. 我们有

$$\begin{aligned}
\varlimsup_{\substack{n\to+\infty\\x\to0^+}} S_n(\chi_{[0,\pi]};x) &= \varlimsup_{\substack{n\to+\infty\\x\to0^+}} \frac{1}{\pi}\int_{-\pi}^{\pi} \chi_{[0,\pi]}(\theta+x)\frac{\sin\frac{(2n+1)\theta}{2}}{2\sin\frac{\theta}{2}}\,\mathrm{d}\theta \\
&= \varlimsup_{\substack{n\to+\infty\\x\to0^+}} \frac{1}{\pi}\int_{-x}^{\pi-x} \frac{\sin\frac{(2n+1)\theta}{2}}{2\sin\frac{\theta}{2}}\,\mathrm{d}\theta = \varlimsup_{\substack{n\to+\infty\\x\to0^+}} \frac{1}{\pi}\int_{-x}^{\pi-x} \frac{\sin\frac{(2n+1)\theta}{2}}{\theta}\,\mathrm{d}\theta \\
&= \varlimsup_{\substack{n\to+\infty\\x\to0^+}} \frac{1}{\pi}\left(\int_0^{\frac{(2n+1)x}{2}} \frac{\sin\theta}{\theta}\,\mathrm{d}\theta + \int_0^{\frac{(2n+1)(\pi-x)}{2}} \frac{\sin\theta}{\theta}\,\mathrm{d}\theta\right) \\
&= \varlimsup_{\substack{n\to+\infty\\x\to0^+}} \frac{1}{\pi}\int_0^{\frac{(2n+1)x}{2}} \frac{\sin\theta}{\theta}\,\mathrm{d}\theta + \lim_{\substack{n\to+\infty\\x\to0^+}} \frac{1}{\pi}\int_0^{\frac{(2n+1)(\pi-x)}{2}} \frac{\sin\theta}{\theta}\,\mathrm{d}\theta \\
&= \frac{1}{\pi}\int_0^{\pi} \frac{\sin\theta}{\theta}\,\mathrm{d}\theta + \frac{1}{\pi}\int_0^{+\infty} \frac{\sin\theta}{\theta}\,\mathrm{d}\theta = 1 + \ell.
\end{aligned}$$

进而

$$\begin{aligned}
B = \varlimsup_{\substack{n\to+\infty\\x\to0^+}} S_n(f;x) &= \lim_{\substack{n\to+\infty\\x\to0^+}} S_n(g;x) + (b-a)\varlimsup_{\substack{n\to+\infty\\x\to0^+}} S_n(\chi_{[0,\pi]};x) \\
&= a + (b-a)(1+\ell) = b + (b-a)\ell.
\end{aligned}$$

同理,

$$\begin{aligned}
\varliminf_{\substack{n\to+\infty\\x\to0^-}} S_n(\chi_{[0,\pi]};x) &= \varliminf_{\substack{n\to+\infty\\x\to0^-}} \frac{1}{\pi}\int_{-\frac{(2n+1)x}{2}}^{\frac{(2n+1)(\pi-x)}{2}} \frac{\sin\theta}{\theta}\,\mathrm{d}\theta \\
&= \frac{1}{\pi}\int_{\pi}^{+\infty} \frac{\sin\theta}{\theta}\,\mathrm{d}\theta = \frac{1}{2} - \frac{1}{\pi}\int_0^{\pi} \frac{\sin\theta}{\theta}\,\mathrm{d}\theta = -\ell,
\end{aligned}$$

$$A = \varliminf_{\substack{n\to+\infty\\x\to0^+}} S_n(f;x) = a - (b-a)\ell.$$

因此, $B > b > a > A$, 且 $\dfrac{B-A}{b-a} = 2\ell$. □

21.2.7 例题

例 21.2.1 利用例 21.1.1 及定理 21.2.5 或定理 21.2.3, 我们有

$$\sum_{n=1}^{\infty}\frac{\sin nx}{n}=\frac{\pi-x}{2},\qquad x\in(0,2\pi). \tag{21.2.33}$$

□

例 21.2.2 利用例 21.1.2 及定理 21.2.5 或定理 21.2.3, 我们有

$$\sum_{n=1}^{\infty}\frac{\cos nx}{n}=-\ln\left(2\sin\frac{x}{2}\right),\qquad x\in(0,2\pi). \tag{21.2.34}$$

□

例 21.2.3 利用 Fourier 级数计算 $\sum\limits_{n=1}^{\infty}\frac{1}{n^2}, \sum\limits_{n=1}^{\infty}\frac{1}{n^4}$.

解 对于 $x\in[0,2\pi]$, 对 (21.2.33) 式利用逐项可积性在 $[0,x]$ 上积分得到

$$\frac{2\pi x-x^2}{4}=\sum_{n=1}^{\infty}\frac{1-\cos nx}{n^2},\qquad x\in[0,2\pi].$$

上式在 $[0,2\pi]$ 上积分得到 $\sum\limits_{n=1}^{\infty}\frac{1}{n^2}=\frac{\pi^2}{6}$. 于是又有

$$\sum_{n=1}^{\infty}\frac{\cos nx}{n^2}=\frac{\pi^2}{6}-\frac{x(2\pi-x)}{4},\qquad x\in[0,2\pi]. \tag{21.2.35}$$

上式积分两次得到

$$\sum_{n=1}^{\infty}\frac{1-\cos nx}{n^4}=\frac{x^2(2\pi-x)^2}{48},\qquad x\in[0,2\pi]. \tag{21.2.36}$$

对上式在 $[0,2\pi]$ 上积分得到[①] $\sum\limits_{n=1}^{\infty}\frac{1}{n^4}=\frac{\pi^4}{90}$. □

例 21.2.4 设 $\alpha\neq 0$, 利用 Fourier 级数计算 $\sum\limits_{n=1}^{\infty}\frac{1}{n^2+\alpha^2}$.

解 由例 21.1.3 以及 Fourier 级数的收敛性, 我们有

$$\frac{e^{2\pi\alpha}-1}{2\pi\alpha}+\sum_{n=1}^{\infty}\frac{\alpha(e^{2\pi\alpha}-1)}{\pi(n^2+\alpha^2)}=\frac{1+e^{2\alpha\pi}}{2}.$$

即

$$\sum_{n=1}^{\infty}\frac{1}{n^2+\alpha^2}=-\frac{1}{2\alpha^2}+\frac{\pi}{2\alpha\tanh(\alpha\pi)}.$$

□

① 自然, 也可以在相应公式中代入具体的 x 得到上述结果. 今后, 也可以分别对 (21.2.33) 式和 (21.2.35) 式运用 Parseval 等式得到结果.

例 21.2.5 设 α 非整, 利用 Fourier 级数计算 $\displaystyle\sum_{n=1}^{\infty}\frac{1}{n^2-\alpha^2}$.

解 由例 21.1.3 以及 Fourier 级数的收敛性, 我们有

$$\frac{\sin(2\pi\alpha)}{2\pi\alpha}+\sum_{n=1}^{\infty}\frac{-2\alpha\cos(\pi\alpha)\sin(\pi\alpha)}{\pi(n^2-\alpha^2)}=\frac{1+\cos(2\alpha\pi)}{2}=\cos^2(\alpha\pi).$$

于是

$$\sum_{n=1}^{\infty}\frac{1}{n^2-\alpha^2}=\frac{1}{2\alpha^2}-\frac{\pi\cot(\alpha\pi)}{2\alpha}.$$

在例 20.4.5 中, 我们曾经得到上式对 $\alpha\in(0,1)$ 成立. □

例 21.2.6 设 $f\in C(\mathbb{R})$ 以 1 为周期, 求解热传导方程

$$\begin{cases} u_t(t,x)=u_{xx}(t,x), & t\geqslant 0,\ x\in\mathbb{R}, \\ u(0,x)=f(x), & x\in\mathbb{R} \end{cases} \tag{21.2.37}$$

关于 x 的周期解①.

解 我们引入分离变量的思想, 尝试寻找形为 $u(t,x)=\displaystyle\sum_{n=0}^{\infty}\psi_n(t)\varphi_n(x)$ 这样的解, 其中, 对于每一个 $n\geqslant 0$, $\psi_n(t)\varphi_n(x)$ 均满足 (21.2.37) 式中的微分方程, 且 φ_n 以 1 为周期. 对于每一个非平凡的 $\psi(t)\varphi(x)=\psi_n(t)\varphi_n(x)$, 我们有

$$\psi'(t)\varphi(x)=\psi(t)\varphi''(x),\qquad t\geqslant 0,\ x\in[0,1].$$

于是有常数 C 使得 $\psi'(t)=C\psi(t)$ 以及 $\varphi''(x)=C\varphi(x)$.

易见 $\varphi''(x)=C\varphi(x)$ 有周期为 1 的非平凡解的充要条件是 $C=-4n^2\pi^2$, 相应地, 有 $\varphi(x)=C_1\cos 2n\pi x+C_2\sin 2n\pi x$ 以及 $\psi(t)=C_3\mathrm{e}^{-4n^2\pi^2t}$.

因此, 我们有方程 (21.2.37) 的形式解:

$$u(t,x)=a_0+\sum_{n=1}^{\infty}\mathrm{e}^{-4n^2\pi^2t}(a_n\cos 2n\pi x+b_n\sin 2n\pi x), \tag{21.2.38}$$

其中, 根据初值条件,

$$f(x)=u(0,x)=a_0+\sum_{n=1}^{\infty}(a_n\cos 2n\pi x+b_n\sin 2n\pi x). \tag{21.2.39}$$

接下来, 我们需要讨论的是在何种条件下, (21.2.38)—(21.2.39) 式给出了方程 (21.2.37) 的唯一解. 对于这一问题, 我们不在本教材中展开讨论.

① Fourier 级数理论正是在研究此类问题时发展起来的.

习题 21.2

1. 设 f 在 $[0,+\infty)$ 上单调且 $\lim\limits_{x\to+\infty} f(x)=0$. 证明: $\lim\limits_{n\to+\infty}\int_0^{+\infty} f(x)\sin nx\ \mathrm{d}x=0$.

2. 设 $n\geqslant 1$, 证明: $\int_0^{\frac{\pi}{2}} x\left(\dfrac{\sin nx}{\sin x}\right)^4\ \mathrm{d}x<\dfrac{n^2\pi^2}{4}$.

3. 设 $f\in C(\mathbb{R})$ 以 1 为周期, $f(x)+f\left(x+\dfrac{1}{2}\right)=f(2x)$. 若存在 $g\in L^1[0,1]$ 使得 $f(x)=f(0)+\int_0^x g(t)\ \mathrm{d}t$, 证明: $f\equiv 0$.

4. 试推广引理 21.2.14.

5. 推广 Riemann-Lebesgue 引理: 设 $p,q\in[1,+\infty]$ 为对偶数, 即 $\dfrac{1}{p}+\dfrac{1}{q}=1$, $f\in\mathcal{R}^p(\mathbb{R})$. 又设 $T>0$, g 以 T 为周期, 且 $g\in\mathcal{R}^q[0,T]$. 证明:

$$\lim_{p\to\infty}\int_{\mathbb{R}} f(x)g(px)\ \mathrm{d}x=\frac{1}{T}\int_0^T g(x)\ \mathrm{d}x\int_{\mathbb{R}} f(x)\ \mathrm{d}x.$$

6. 试考察函数 $f(x):=\sum\limits_{n=2}^{\infty}\dfrac{\cos nx}{\ln n}$ 在 $[-\pi,\pi]$ 上的可积性.

7. 设 $\alpha\in(0,1)$, 考察函数 $f(x):=\sum\limits_{n=1}^{\infty}\dfrac{\sin nx}{n^\alpha}$ 和 $g(x):=\sum\limits_{n=1}^{\infty}\dfrac{\cos nx}{n^\alpha}$ 在 $x\to 0^+$ 时的阶.

8. 设 $f\in C_\#[0,2\pi]$ 的 Fourier 级数为 $\sum\limits_{n=1}^{\infty}(a_n\cos nx+b_n\sin nx)$. 问: $\sum\limits_{n=1}^{\infty}(b_n\cos nx-a_n\sin nx)$ 是不是某个 $g\in C_\#[0,2\pi]$ 的 Fourier 级数?

9. 试讨论如何定义方程 (21.2.37) 的解, 以及在何种条件下, 方程 (21.2.37) 有唯一解, 而 (21.2.38)—(21.2.39) 式给出了方程的解.

10. 设 $f\in\mathcal{R}^1_\#(\mathbb{R})$ 在 $[0,2\pi]$ 上可以表示为两个单调函数之和, $\{a_n\},\{b_n\}$ 为 f 的 Fourier 系数. 证明: $\{na_n\}$ 与 $\{nb_n\}$ 有界.

11. 设 $f\in C_\#(\mathbb{R})$ 在 $[0,2\pi]$ 上可以表示为两个凸函数之差, $\{a_n\},\{b_n\}$ 为 f 的 Fourier 系数. 证明:

$$\lim_{n\to+\infty} na_n=\lim_{n\to+\infty} nb_n=0.$$

21.3 平方可积周期函数的 Fourier 级数

对于 $f,g\in\mathcal{R}^2[0,2\pi]$, 定义

$$\langle f,g\rangle:=\int_0^{2\pi} f(x)g(x)\ \mathrm{d}x, \tag{21.3.1}$$

称为 f, g (在 $\mathcal{R}^2[0,2\pi]$ 中) 的**内积**. 此时, $\mathcal{R}^2[0,2\pi]$ 构成一个**内积空间**. 我们把 $\|f\|_2 \equiv \|f\|_{\mathcal{R}^2[0,2\pi]} := \sqrt{\langle f, f\rangle}$ 称为 f (在 $\mathcal{R}^2[0,2\pi]$ 中) 的**范数**.

现考虑 $\mathcal{R}^2[0,2\pi]$ 中的函数列 $\{\psi_n\}_{n=0}^{\infty}$. 若

$$\langle \psi_k, \psi_j\rangle = \delta_{kj} \equiv \begin{cases} 1, & k = j, \\ 0, & k \neq j, \end{cases} \qquad k, j \geqslant 0, \tag{21.3.2}$$

则称 $\{\psi_n\}_{n=0}^{\infty}$ 为 $\mathcal{R}^2[0,2\pi]$ 中的**标准正交 (函数) 系**.

对于 $f \in \mathcal{R}^2[0,2\pi]$, 令

$$c_n = \langle f, \psi_n\rangle, \qquad n = 0, 1, 2, \cdots, \tag{21.3.3}$$

则称 $\sum\limits_{n=0}^{\infty} c_n\psi_n$ 为 f 对应于 $\{\psi_n\}_{n=0}^{\infty}$ 的 Fourier 级数, $\{c_n\}$ 称为 f 的 Fourier 系数. 对于 $n \geqslant 0$, 记 $T_n(f; x) = \sum\limits_{k=0}^{n} c_k\psi_k(x)$.

直接计算, 得到

$$\int_0^{2\pi} \left|f(x)\right|^2 \mathrm{d}x = \int_0^{2\pi} \left|f(x) - \sum_{k=0}^{n} c_k\psi_k(x)\right|^2 \mathrm{d}x + \sum_{k=0}^{n} |c_k|^2. \tag{21.3.4}$$

从而

$$\sum_{k=0}^{n} |c_k|^2 \leqslant \int_0^{2\pi} |f(x)|^2 \,\mathrm{d}x. \tag{21.3.5}$$

即

$$\int_0^{2\pi} \left|T_n(f; x)\right|^2 \mathrm{d}x \leqslant \int_0^{2\pi} |f(x)|^2 \,\mathrm{d}x. \tag{21.3.6}$$

在 (21.3.5) 式中令 $n \to +\infty$ 即得 **Bessel**① **不等式**:

$$\sum_{n=0}^{\infty} |c_n|^2 \leqslant \int_0^{2\pi} |f(x)|^2 \,\mathrm{d}x. \tag{21.3.7}$$

另一方面, 对于任何数列 $\{\beta_n\}_{n=0}^{\infty}$, 在 (21.3.4) 式中用 $f - \sum\limits_{k=0}^{n} \beta_k\psi_k(x)$ 代替 f, 我们有

$$\int_0^{2\pi} \left|f(x) - \sum_{k=0}^{n} \beta_k\psi_k(x)\right|^2 \mathrm{d}x$$

---

① Bessel, Friedrich Wilhelm, 1784 年 7 月 22 日—1846 年 3 月 17 日, 德国天文学家、数学家、天体测量学家.

$$
\begin{aligned}
&= \int_0^{2\pi} \left|f(x)-\sum_{k=0}^{n} c_k\psi_k(x)\right|^2 \mathrm{d}x+\sum_{k=0}^{n}\left|c_k-\beta_k\right|^2 \\
&\geqslant \int_0^{2\pi} \left|f(x)-\sum_{k=0}^{n} c_k\psi_k(x)\right|^2 \mathrm{d}x. \qquad (21.3.8)
\end{aligned}
$$

这就是说, 若固定 f 以及 $\{\psi_k\}_{k=0}^{\infty}$, 则 $\left\|f-\sum\limits_{k=0}^{n}\beta_k\psi_k\right\|_2$ 当且仅当 $\beta_k=c_k\ (k=0,1,2,\cdots,n)$ 时取得最小值. 我们称这一性质为 Fourier 级数具有的**最佳均方逼近**性质.

现取 $\psi_0(x),\psi_1(x),\psi_2(x),\cdots$ 为

$$
\frac{1}{\sqrt{2\pi}},\frac{\sin x}{\sqrt{\pi}},\frac{\cos x}{\sqrt{\pi}},\frac{\sin 2x}{\sqrt{\pi}},\frac{\cos 2x}{\sqrt{\pi}},\cdots,
$$

则 (21.3.6) 式和 (21.3.7) 式成为

$$
\int_0^{2\pi}\left|S_n(f;x)\right|^2 \mathrm{d}x \leqslant \int_0^{2\pi}|f(x)|^2\,\mathrm{d}x, \qquad (21.3.9)
$$

$$
\frac{a_0^2}{2}+\sum_{n=1}^{\infty}\left(a_n^2+b_n^2\right)\leqslant\frac{1}{\pi}\int_0^{2\pi}|f(x)|^2\,\mathrm{d}x. \qquad (21.3.10)
$$

进一步, 可得如下定理.

定理 21.3.1 设 $f,g\in\mathcal{R}^2[0,2\pi]$, 其 Fourier 级数依次为

$$
f(x)\sim\frac{a_0}{2}+\sum_{n=1}^{\infty}\left(a_n\cos nx+b_n\sin nx\right), \qquad (21.3.11)
$$

$$
g(x)\sim\frac{\alpha_0}{2}+\sum_{n=1}^{\infty}\left(\alpha_n\cos nx+\beta_n\sin nx\right). \qquad (21.3.12)
$$

则

$$
\lim_{n\to+\infty}\int_0^{2\pi}|S_n(f;x)-f(x)|^2\,\mathrm{d}x=0, \qquad (21.3.13)
$$

$$
\frac{1}{\pi}\int_0^{2\pi}f(x)g(x)\,\mathrm{d}x=\frac{a_0\alpha_0}{2}+\sum_{n=1}^{\infty}\left(a_n\alpha_n+b_n\beta_n\right). \qquad (21.3.14)
$$

特别地, 以下的 **Parseval**[①] 等式

$$
\frac{a_0^2}{2}+\sum_{n=1}^{\infty}\left(a_n^2+b_n^2\right)=\frac{1}{\pi}\int_0^{2\pi}|f(x)|^2\,\mathrm{d}x \qquad (21.3.15)
$$

成立.

---

① Parseval des Chénes, Marc-Antoine, 1755 年 4 月 27 日—1836 年 8 月 16 日, 法国数学家.

证明 任取 $\varepsilon>0$, 易见有 $F\in C_{\#}[0,2\pi]$ 使得 $\|f-F\|_2\leqslant\varepsilon$.

由 Weierstrass 第二逼近定理, 存在以 2π 为周期的三角多项式 P 使得 $\max\limits_{x\in[0,2\pi]}|F(x)-P(x)|\leqslant\dfrac{\varepsilon}{\sqrt{2\pi}}$. 从而 $\|F-P\|_2\leqslant\varepsilon$. 利用 Minkowski 不等式, 得到 $\|f-P\|_2\leqslant 2\varepsilon$.

设 P 的次数为 m, 则结合最佳均方逼近性质 (参见 (21.3.8)), 当 $n\geqslant m$ 时, 有

$$\|S_n(f;\cdot)-f(\cdot)\|_2\leqslant\|P-f\|_2\leqslant 2\varepsilon.$$

由此可得 (21.3.13) 式. 不难看到 (21.3.15) 式与 (21.3.13) 式等价 (参见 (21.3.4) 式). 最后, 依次用 $f+g$ 和 $f-g$ 代替 f 代入 (21.3.15) 式, 再将两式相减得到 (21.3.14) 式. □

逐项积分公式的一般化

公式 (21.3.14) 相当于说, 对于 $f,g\in\mathcal{R}^2[0,2\pi]$, 有

$$\int_0^{2\pi}f(x)g(x)\,\mathrm{d}x=\frac{a_0}{2}\int_0^{2\pi}g(t)\,\mathrm{d}t+\sum_{n=1}^{\infty}\int_0^{2\pi}(a_n\cos nt+b_n\sin nt)\,g(t)\,\mathrm{d}t.$$

对于 $[a,b]\subseteq[0,2\pi]$, 在上式中以 $g\chi_{[a,b]}$ 代替 g 即得

$$\int_a^b f(t)g(t)\,\mathrm{d}t=\frac{a_0}{2}\int_a^b g(t)\,\mathrm{d}t+\sum_{n=1}^{\infty}\int_a^b(a_n\cos nt+b_n\sin nt)\,g(t)\,\mathrm{d}t. \tag{21.3.16}$$

一般地, 我们希望对于对偶数 p,q 以及 $f\in\mathcal{R}^p_{\#}(\mathbb{R})$, $g\in\mathcal{R}^q_{loq}(\mathbb{R})$, 同样有逐项积分公式 (21.3.16). 为此, 我们指出, 对于 $1<p<+\infty$, 有

$$\lim_{n\to+\infty}\|S_n(f;\cdot)-f(\cdot)\|_p=0,\qquad\forall f\in\mathcal{R}^p_{\#}(\mathbb{R}), \tag{21.3.17}$$

其中

$$\|f\|_p\equiv\|f\|_{\mathcal{R}^p[0,2\pi]}=\left(\int_0^{2\pi}|f(x)|^p\,\mathrm{d}x\right)^{\frac{1}{p}},\qquad\forall f\in\mathcal{R}^p_{\#}(\mathbb{R}). \tag{21.3.18}$$

可以证明 (21.3.17) 式等价于存在常数 $C_p>0$ 使得

$$\|S_n(f;\cdot)\|_p\leqslant C_p\|f\|_p,\qquad\forall f\in\mathcal{R}^p_{\#}(\mathbb{R}). \tag{21.3.19}$$

基于上述结果, 可得如下定理.

定理 21.3.2 设 $p,q>1$ 为对偶数, $f\in\mathcal{R}^p_{\#}(\mathbb{R})$, 它的 Fourier 级数为 (21.3.11) 式. 又设 $g\in\mathcal{R}^q[a,b]$, 则 (21.3.16) 式成立.

证明 不妨设 $[a,b]\subseteq[0,2\pi]$. 则

$$\left|\frac{a_0}{2}\int_a^b g(t)\,\mathrm{d}t+\sum_{k=1}^{n}\int_a^b(a_k\cos kt+b_k\sin kt)\,g(t)\,\mathrm{d}t-\int_a^b f(t)g(t)\,\mathrm{d}t\right|$$

$$=\left|\int_a^b(f(t)-S_n(f;t))\,g(t)\,\mathrm{d}t\right|\leqslant\|f(\cdot)-S_n(f;\cdot)\|_{\mathcal{R}^p[0,2\pi]}\|g\|_{\mathcal{R}^q[a,b]}.$$

令 $n\to+\infty$ 即得 (21.3.16) 式成立. □

对于 $p=1$ (以及 $+\infty$), (21.3.17) 式与 (21.3.19) 式不成立. 但我们可以建立如下结果.

定理 21.3.3 (1) 设 $f\in\mathcal{R}^1_{\#}(\mathbb{R})$ 的 Fourier 级数为 (21.3.11). 又设 g 在 $[a,b]$ 上单调, 或存在 $\alpha\in(0,1)$ 使得 $g\in C^\alpha[a,b]$, 则 (21.3.16) 式成立.

(2) 设 $f\in C^\alpha_{\#}(\mathbb{R})$ 或 f 在 $[0,2\pi]$ 上可以表示为两个单调函数之和, f 的 Fourier 级数为 (21.3.11) 式. 又设 $g\in\mathcal{R}^1[a,b]$, 则 (21.3.16) 式成立.

证明 (1) 不妨设 f 非负. 对于 $x>b$; 补充定义 $g(x)=g(b)$, 对于 $x<a$, 补充定义 $g(x)=g(a)$. 我们有

$$\begin{aligned}&\int_a^b (S_n(f;x)-f(x))\,g(x)\,\mathrm{d}x\\&=\frac{1}{\pi}\int_a^b\mathrm{d}x\int_{-\pi}^{\pi}(f(x+\theta)-f(x))\,g(x)\frac{\sin\left(n+\dfrac{1}{2}\right)\theta}{2\sin\dfrac{\theta}{2}}\,\mathrm{d}\theta\\&=\frac{1}{\pi}\int_{-\pi}^{\pi}F(\theta)\frac{\sin\left(n+\dfrac{1}{2}\right)\theta}{2\sin\dfrac{\theta}{2}}\,\mathrm{d}\theta=S_n(F;0),\end{aligned}$$

其中

$$F(\theta):=\int_a^b (f(x+\theta)-f(x))\,g(x)\,\mathrm{d}x,\qquad \theta\in\mathbb{R}.$$

易见 F 是以 2π 为周期的连续函数. 当 $|\theta|<1$ 时,

$$\begin{aligned}F(\theta)&=\int_{a+\theta}^{b+\theta}f(x)g(x-\theta)\,\mathrm{d}x-\int_a^b f(x)g(x)\,\mathrm{d}x\\&=\int_{a-1}^{b+1}f(x)g(x-\theta)\,\mathrm{d}x-g(b)\int_{b+\theta}^{b+1}f(x)\,\mathrm{d}x-g(a)\int_{a-1}^{a+\theta}f(x)\,\mathrm{d}x-\int_a^b f(x)g(x)\,\mathrm{d}x,\end{aligned}$$

最后一式的第二、第三项关于 θ 单调, 第四项为常数. 而第一项当 g 单调时单调, 当 $g\in C^\alpha[a,b]$ 时, 是 C^α 函数. 因此, 由 Dirichlet-Jordan 判别法和 Dini-Lipschitz 判别法, 得到

$$\lim_{n\to+\infty}\int_a^b (S_n(f;x)-f(x))\,g(x)\,\mathrm{d}x=\lim_{n\to+\infty}S_n(F;0)=F(0)=0.$$

即 (21.3.16) 式成立.

(2) 易见, 只需对 $[a,b]=[0,2\pi]$ 的情形加以证明. 此时, 设 g 的 Fourier 级数为 (21.3.12) 式, 则由 (1) 的结论可得

$$\begin{aligned}\int_0^{2\pi}f(x)g(x)\,\mathrm{d}x&=\frac{\alpha_0}{2}\int_0^{2\pi}f(t)\,\mathrm{d}t+\sum_{n=1}^{\infty}\int_0^{2\pi}(\alpha_n\cos nt+\beta_n\sin nt)\,f(t)\,\mathrm{d}t\\&=\frac{a_0\alpha_0\pi}{2}+\pi\sum_{n=1}^{\infty}(a_n\alpha_n+b_n\beta_n)\\&=\frac{a_0}{2}\int_0^{2\pi}g(t)\,\mathrm{d}t+\sum_{n=1}^{\infty}\int_0^{2\pi}(a_n\cos nt+b_n\sin nt)\,g(t)\,\mathrm{d}t.\end{aligned}$$

结论得证. □

例 21.3.1 设 $f \in C^1_\#[0,2\pi]$, 证明存在与 f 无关的常数 C 使得

$$\int_0^{2\pi} \left|f(x) - \frac{1}{2\pi}\int_0^{2\pi} f(t)\,\mathrm{d}t\right|^2 \leqslant C\int_0^{2\pi} |f'(x)|^2\,\mathrm{d}x,$$

其中最佳常数为 $C=1$.

证明 设 f 的 Fourier 级数为

$$f(x) \sim \frac{a_0}{2} + \sum_{n=1}^{\infty}(a_n\cos nx + b_n\sin nx).$$

则

$$f'(x) \sim \sum_{n=1}^{\infty}(nb_n\cos nx - na_n\sin nx).$$

由 Parseval 等式,

$$\begin{aligned}\int_0^{2\pi} \left|f(x) - \frac{1}{2\pi}\int_0^{2\pi} f(t)\,\mathrm{d}t\right|^2 &= \pi\sum_{n=1}^{\infty}\left(a_n^2+b_n^2\right)\\ &\leqslant \pi\sum_{n=1}^{\infty}n^2\left(a_n^2+b_n^2\right) = \int_0^{2\pi}|f'(x)|^2\,\mathrm{d}x,\end{aligned}$$

其中等式成立当且仅当对任何 $n\geqslant 2$, $a_n=b_n=0$. 因此结论成立. □

例 21.3.2 设 $f \in C^1_\#[0,2\pi]$, $f(0)=0$, 证明存在与 f 无关的常数 C 使得

$$\int_0^{2\pi}\left|f(x)\right|^2\mathrm{d}x \leqslant C\int_0^{2\pi}|f'(x)|^2\,\mathrm{d}x,$$

其中最佳常数为 $C=4$.

证明 令

$$g(x) = \begin{cases} f(2x), & x\in[0,\pi],\\ -f(-2x), & x\in[-\pi,0].\end{cases}$$

则 $g\in C^1_\#[0,2\pi]$, $\displaystyle\int_{-\pi}^{\pi} g(t)\,\mathrm{d}t = 0$. 由上例的结论,

$$\int_0^{2\pi}\left|f(x)\right|^2\mathrm{d}x = \int_{-\pi}^{\pi}\left|g(x)\right|^2\mathrm{d}x \leqslant \int_{-\pi}^{\pi}\left|g'(x)\right|^2\mathrm{d}x = 4\int_0^{2\pi}\left|f'(x)\right|^2\mathrm{d}x.$$

另一方面, 取 $f(x)=\sin\dfrac{x}{2}$ $(x\in[0,2\pi])$ 可见 4 是最佳常数. □

例 21.3.3 计算 $\displaystyle\int_0^{\pi}\ln^2\sin x\,\mathrm{d}x$.

解　利用例 21.1.2 及 Parseval 等式, 我们有

$$\int_0^{2\pi} \ln^2\left(2\sin\frac{x}{2}\right)\,\mathrm{d}x = \pi\sum_{n=1}^{\infty}\frac{1}{n^2} = \frac{\pi^3}{6}.$$

即

$$\int_0^{\pi} (\ln 2 + \ln\sin x)^2\,\mathrm{d}x = \frac{\pi^3}{12}.$$

结合 $\int_0^{\pi} \ln\sin x\,\mathrm{d}x = -\pi\ln 2$ 得到

$$\int_0^{\pi} \ln^2\sin x\,\mathrm{d}x = \frac{\pi^3}{12} + \pi\ln^2 2.$$

完备性与完全性

我们引入如下定义.

定义 21.3.1　设 X 是内积空间, $\mathcal{M} \subseteq X$. 称 $\mathcal{M}$ 是 X 中的**完备系**, 是指 $\operatorname{span}\mathcal{M}$ 在 X 中稠密, 即对任何 $x \in X$, 以及 $\varepsilon > 0$, 存在 $\mathcal{M}$ 中元 $x_1, x_2, \cdots, x_n$ 的线性组合 $\sum\limits_{k=1}^{n}\alpha_k x_k$ 使得 $\left\|\sum\limits_{k=1}^{n}\alpha_k x_k - x\right\|_X < \varepsilon.$

称 $\mathcal{M}$ 是 X 中的**完全系**, 是指 $\mathcal{M}^{\perp} = \{0\}$, 即若 $x \in X$ 使得 $\langle x, y\rangle = 0$ 对任何 $y \in \mathcal{M}$ 成立, 则必有 $x = 0$.

我们主要关心 X 是无限维空间且 $\mathcal{M}$ 为可列集的情形. 设 $\mathcal{M} = \{\varphi_n | n \geqslant 0\}$. 不失一般性, 可设 $\mathcal{M}$ 中任何有限个元是线性无关的. 利用 **Gram**[①]**-Schmidt**[②] **正交化**, 可将 $\{\varphi_n | n \geqslant 0\}$ 标准正交化为 $\{\psi_n | n \geqslant 0\}$.

首先有如下定理.

定理 21.3.4　设 X 是内积空间, $\mathcal{M} \equiv \{\psi_n | n \geqslant 0\}$ 是 X 中的标准正交系. 则 $\mathcal{M}$ 是完备系当且仅当对任何 $f \in X$, Parseval 等式 (21.3.1) 成立.

证明　必要性的证明同定理 21.3.1 的证明. 细节留给读者.

为证明充分性, 任取 $f \in X$, 设其 Fourier 级数为 $\sum\limits_{n=0}^{\infty} c_n\psi_n$. 则由 Parseval 等式,

$$\|f\|_X^2 = \sum_{k=0}^{\infty}|c_k|^2.$$

而类似于 (21.3.4) 式, 有

$$\|f - \sum_{k=0}^{n} c_k\psi_k\|_X^2 = \|f\|_X^2 - \sum_{k=0}^{n}|c_k|^2.$$

令 $n \to +\infty$, 即得 $\lim\limits_{n\to+\infty}\|f - \sum\limits_{k=0}^{n} c_k\psi_k\|_X^2 = 0$. 这就表明 $\mathcal{M}$ 是完备系. □

① Gram, Jorgen Pedersen, 1850 年 6 月 27 日—1916 年 4 月 29 日, 丹麦数学家.

② Schmidt, Erhard, 1876 年 1 月 13 日—1959 年 12 月 16 日, 德国数学家.

完备性与完全性有如下关系.

定理 21.3.5 设 X 是内积空间, $\mathcal{M} \subseteq X$. 若 $\mathcal{M}$ 是完备系, 则 $\mathcal{M}$ 是完全系.

证明 设 $\mathcal{M}$ 是完备系. 设 $f \in X$ 使得对任何 $g \in \mathcal{M}$, 有 $\langle f, g\rangle = 0$. 任取 $\varepsilon > 0$, 根据 $\mathcal{M}$ 是完备系, 有 $g_1, g_2, \cdots, g_n \in \mathcal{M}$ 以及 $\alpha_1, \alpha_2, \cdots, \alpha_n \in \mathbb{R}$ 使得 $\left\| f - \sum\limits_{k=1}^{n} \alpha_k g_k \right\|_X < \varepsilon$. 不妨设 $g_1, g_2, \cdots, g_n$ 标准正交. 此时对 $1 \leqslant k \leqslant n$, $c_k = \langle f, g_k\rangle = 0$. 于是由最佳均方逼近性质 (参见 (21.3.8) 式), 有

$$\|f\|_X^2 = \left\| f - \sum_{k=0}^{n} c_k g_k \right\|_X^2 \leqslant \left\| f - \sum_{k=0}^{n} \alpha_k g_k \right\|_X^2 < \varepsilon^2.$$

由 $\varepsilon > 0$ 的任意性, 得到 $\|f\|_X = 0$. 即 $f = 0$. 因此, $\mathcal{M}$ 是完全系. □

由上述定理可见, 标准正交系

$$\frac{1}{\sqrt{2\pi}}, \frac{\sin x}{\sqrt{\pi}}, \frac{\cos x}{\sqrt{\pi}}, \frac{\sin 2x}{\sqrt{\pi}}, \frac{\cos 2x}{\sqrt{\pi}}, \cdots$$

是 $\mathcal{R}^2[0, 2\pi]$ 中的完备系, 从而也是完全系. 等价地,

$$1, \sin x, \cos x, \sin 2x, \cos 2x, \cdots$$

是 $\mathcal{R}^2[0, 2\pi]$ 中的完备系, 从而也是完全系.

如果 X 是完备的, 即 X 中的 Cauchy 列都有极限, 则有

定理 21.3.6 设 X 是完备的内积空间, $\mathcal{M} \subseteq X$. 若 $\mathcal{M}$ 是完全系, 则 $\mathcal{M}$ 是完备系.

证明 任取 $f \in X$. 令 $\{f_n\}$ 为 $\inf\limits_{g \in \overline{\operatorname{span} \mathcal{M}}} \|f - g\|_X$ 的极小化序列, 即 $f_n \in \overline{\operatorname{span} \mathcal{M}}$, 且

$$\lim_{n \to +\infty} \|f - f_n\|_X = d \equiv \inf_{g \in \overline{\operatorname{span} \mathcal{M}}} \|f - g\|_X.$$

易见在内积空间中有如下的**平行四边形公式**

$$\|x - y\|_X^2 + \|x + y\|_X^2 = 2\|x\|_X^2 + 2\|y\|_X^2, \qquad \forall\, x, y \in X.$$

特别, 注意到 $\dfrac{f_n + f_k}{2} \in \overline{\operatorname{span} \mathcal{M}}$,

$$\begin{aligned}\|f_n - f_k\|_X^2 &= 2\|f_n\|_X^2 + 2\|f_k\|_X^2 - 4\left\| \frac{f_n + f_k}{2} \right\|_X^2 \\ &\leqslant 2\|f_n\|_X^2 + 2\|f_k\|_X^2 - 4d^2, \qquad \forall\, n, k \geqslant 1.\end{aligned}$$

因此, $\{f_n\}$ 是 X 中的 Cauchy 列, 进而它有极限, 设为 $\bar{f}$. 则 $\bar{f} \in \overline{\operatorname{span} \mathcal{M}}$, 进而

$$\|f - \bar{f}\|_X = d \leqslant \|f - g\|_X, \qquad \forall\, g \in \operatorname{span} \mathcal{M}.$$

特别地, 对任何 $\alpha \in \mathbb{R}$,

$$\|f - \bar{f}\|_X \leqslant \|f - (\bar{f} + \alpha g)\|_X, \qquad \forall\, g \in \mathcal{M}.$$

因此,

$$\langle f-\bar{f},g\rangle=-\lim_{\alpha\to 0}\frac{\|f-(\bar{f}+\alpha g)\|_X^2-\|f-\bar{f}\|_X^2}{2\alpha}=0,\qquad \forall\, g\in\mathcal{M}.$$

由于 $\mathcal{M}$ 为完全系, 因此 $f-\bar{f}=0$, 即 $f=\bar{f}\in\overline{\operatorname{span}\mathcal{M}}$.

总之, $\mathcal{M}$ 必为完备系. □

另一方面, 我们有以下结果.

例 21.3.4 证明: 在 $\mathcal{R}^2[0,2\pi]$ 中存在不是完备系的完全系.

证明 证明的思想/本质是寻找一个 $f\in L^2[0,2\pi]\setminus\mathcal{R}^2[0,2\pi]$, 则

$$\mathcal{M}:=\left\{g\in\mathcal{R}^2[0,2\pi]\,\middle|\,\int_0^{2\pi}f(x)g(x)\,\mathrm{d}x=0\right\}$$

是 $\mathcal{R}^2[0,2\pi]$ 中的完全系, 但不是完备系. 这里 $\mathcal{M}$ 定义中的积分应该理解为 Lebesgue 积分, 而 $f\notin\mathcal{R}^2[0,2\pi]$ 理解为不存在一个仅在一个零测度集上与 f 不相等的 g, 使得 $g\in\mathcal{R}^2[0,2\pi]$. 相关讨论在 Lebesgue 积分意义下比较容易. 但要限制在 $\mathcal{R}^2[0,2\pi]$ 中讨论, 就显得比较麻烦.

可以证明, 存在 $f\in C_{\#}[0,2\pi]$ 使得 f 处处可导, 导数有界, 但 f' 的间断点全体不是零测度集, 且

$$\delta\equiv\underline{\int_0^{2\pi}}\left|f'(x)\right|^2\,\mathrm{d}x>0.$$

不妨设 $\displaystyle\int_0^{2\pi}f(x)\,\mathrm{d}x=0$, $\|f\|_2=1$. 考虑

$$\mathcal{M}:=\left\{g\in C_{\#}^1[0,2\pi]\,\middle|\,\int_0^{2\pi}g'(x)f(x)\,\mathrm{d}x=0\right\}.$$

易见 $\mathcal{M}$ 是线性空间.

(i) 我们要证 $\mathcal{M}$ 不是 $\mathcal{R}^2[0,2\pi]$ 中的完备系.

对于 $n\geqslant 1$ 以及 $h\in\mathcal{R}_{\#}^1(\mathbb{R})$, 记

$$\Delta_n h(x)=n\left(h\left(x+\frac{1}{n}\right)-h(x)\right),\qquad x\in\mathbb{R}.$$

则函数列 $\{\Delta_n f(x)\}$ 一致有界. 由引理 20.1.1 及 Arzelá 有界收敛定理可得

$$\lim_{n\to+\infty}\underline{\int_0^{2\pi}}\left|\left(f'(x)\right)^2-\left(\Delta_n f(x)\right)^2\right|\,\mathrm{d}x=0,\tag{21.3.20}$$

$$\lim_{\substack{m\to+\infty\\ n\to+\infty}}\int_0^{2\pi}\left|\Delta_n f(x)-\Delta_m f(x)\right|^2\,\mathrm{d}x=0\tag{21.3.21}$$

由 (21.3.20) 式得到

$$\underline{\int_0^{2\pi}}\left|f'(x)\right|^2\,\mathrm{d}x\leqslant\varliminf_{n\to+\infty}\int_0^{2\pi}|\Delta_n f(x)|^2\,\mathrm{d}x.\tag{21.3.22}$$

于是有 $N\geqslant 1$, 使得

$$\int_0^{2\pi}|\Delta_N f(x)|^2\,\mathrm{d}x\geqslant\frac{\delta}{2},$$

$$\int_0^{2\pi} \left|\Delta_N f(x) - \Delta_m f(x)\right|^2 \,\mathrm{d}x \leqslant \frac{\delta}{4}, \qquad \forall\, m \geqslant N.$$

任取 $\varphi \in \mathcal{M}$, $\|\varphi\|_2 > 0$, 我们有

$$\begin{aligned}
\left|\int_0^{2\pi} \varphi(x)\Delta_N f(x) \,\mathrm{d}x\right| &= \left|\int_0^{2\pi} \left(\varphi(x)\Delta_N f(x) + \varphi'(x)f(x)\right) \,\mathrm{d}x\right| \\
&= \lim_{m\to+\infty} \left|\int_0^{2\pi} \left(\varphi(x)\Delta_N f(x) + f(x)\Delta_m\varphi\left(x - \frac{1}{m}\right)\right) \,\mathrm{d}x\right| \\
&= \lim_{m\to+\infty} \left|\int_0^{2\pi} \varphi(x)\left(\Delta_N f(x) - \Delta_m f(x)\right) \,\mathrm{d}x\right| \\
&\leqslant \varliminf_{m\to+\infty} \left\|\Delta_N f - \Delta_m f\right\|_2 \left\|\varphi\right\|_2 \\
&\leqslant \frac{\sqrt{\delta}}{2}\left\|\varphi\right\|_2.
\end{aligned}$$

于是由 Fourier 级数的最佳均方逼近性质,

$$\begin{aligned}
&\left\|\Delta_N f - \varphi\right\|_2^2 \\
\geqslant{}& \left\|\Delta_N f\right\|_2^2 - \frac{1}{\left\|\varphi\right\|_2^2}\left(\int_0^{2\pi} \varphi(x)\Delta_N f(x) \,\mathrm{d}x\right)^2 \\
\geqslant{}& \frac{\delta}{2} - \frac{\delta}{4} = \frac{\delta}{4}.
\end{aligned}$$

这表明 $\Delta_N f$ 不属于 $\overline{\mathcal{M}}$. 即 $\mathcal{M}$ 不是 $\mathcal{R}^2[0, 2\pi]$ 中的完备系.

(ii) 接下来, 要证明 $\mathcal{M}$ 是完全系. 设 $g \in \mathcal{R}^2[0, 2\pi]$ 满足: 对任何 $\varphi \in \mathcal{M}$, 有

$$\int_0^{2\pi} g(x)\varphi(x) \,\mathrm{d}x = 0.$$

注意到常值函数均属于 $\mathcal{M}$, 可得 $\displaystyle\int_0^{2\pi} g(x) \,\mathrm{d}x = 0$. 记

$$G(x) := \int_0^x g(t) \,\mathrm{d}t, \qquad x \in \mathbb{R},$$

则 $G \in C_{\#}(\mathbb{R})$. 记 $\alpha = \dfrac{1}{2\pi}\displaystyle\int_0^{2\pi} G(t) \,\mathrm{d}t$,

$$\psi(x) := \int_0^x \left(G(t) - \alpha - \langle G - \alpha, f\rangle f(t)\right) \,\mathrm{d}t, \qquad x \in \mathbb{R},$$

则 $\psi \in C_{\#}^1(\mathbb{R})$, $\langle \psi', f\rangle = 0$. 因此, $\psi \in \mathcal{M}$. 从而

$$\begin{aligned}
0 = \int_0^{2\pi} g(x)\psi(x) \,\mathrm{d}x &= \int_0^{2\pi} \left(G(x) - \alpha\right)\psi'(x) \,\mathrm{d}x \\
&= \int_0^{2\pi} \left(G(x) - \alpha - \langle G - \alpha, f\rangle f(x)\right)\psi'(x) \,\mathrm{d}x \\
&= \int_0^{2\pi} \left(G(x) - \alpha - \langle G - \alpha, f\rangle f(x)\right)^2 \,\mathrm{d}x.
\end{aligned}$$

这意味着

$$G(x)-\alpha-\langle G-\alpha,f\rangle f(x)=0,\qquad \forall x\in\mathbb{R}.$$

从而

$$g(x)=\langle G-\alpha,f\rangle f'(x),\qquad \forall x\in\mathbb{R}.$$

由于 $f'\notin\mathcal{R}^2[0,2\pi]$, $g\in\mathcal{R}^2[0,2\pi]$. 因此, 必有 $\langle G-\alpha,f\rangle=0$. 从而 $g=0$. 即 $\mathcal{M}$ 是完全系. □

在例题中, $\mathcal{M}$ 不是可列集, 容易取到 $\mathcal{M}$ 中的点列 $\{\varphi_n|n\geqslant 0\}$ 在 $\mathcal{M}$ 中稠密, 此时, $\{\varphi_n|n\geqslant 0\}$ 仍然是完全系, 但不是完备系.

例 21.3.4 的结论事实上对于一般的不完备内积空间都成立. 即有

定理 21.3.7 设 X 是不完备的内积空间, 则 X 中存在不是完备系的完全系.

习题 21.3

1. 按以下步骤对 C^1 平面上的简单闭曲线 C, 证明等周不等式 $4\pi S\leqslant L^2$, 其中 L,S 分别为 C 的周长与所围区域的面积. 依次证明:

(1) 设 s 为弧长参数, 令 $t=\dfrac{2\pi s}{L}$, C 的参数方程为 $x=x(t),y=y(t)\,(t\in[0,2\pi])$. 则 $L^2=2\pi\displaystyle\int_0^{2\pi}\left(|x'(t)|^2+|y'(t)|^2\right)\,\mathrm{d}t$.

(2) $S=\dfrac{1}{2}\displaystyle\int_0^{2\pi}\left(x(t)y'(t)-x'(t)y(t)\right)\,\mathrm{d}t$.

(3) $4\pi S\leqslant L^2$.

2. 设 $1\leqslant p<+\infty$, $f\in\mathcal{R}^p[0,2\pi]$, 证明: $\lim\limits_{n\to+\infty}\|\sigma_n(f;\cdot)-f(\cdot)\|_{\mathcal{R}^p[0,2\pi]}=0$.

3. 对于 $p\in[1,+\infty)$, 证明 (21.3.17) 式与 (21.3.19) 式的等价性.

4. 计算 $\displaystyle\int_0^{\frac{\pi}{2}}x\ln(\sin x)\ln(\cos x)\,\mathrm{d}x$.

21.4 Fourier 变换

Fourier 级数理论告诉我们可以把一个波 (周期函数) 看成是简谐振动的组合. 通过 Fourier 级数展开, 我们可以把一个波当中某个频率的波给分解出来.

而通过周期延拓, 我们可以把任何有界区间上的函数看作周期函数, 并进行 Fourier 级数展开.

现在, 考虑 $f\in\mathcal{R}^1(\mathbb{R})$, 考察当 $T\to+\infty$ 时, $f|_{[-T,T]}$ (视为以 $2T$ 为周期的函数) 的 Fourier 级数与 $f|_{[-T,T]}$ 间的关系. 为简单起见, 以下假设 $f\in C_c^2(\mathbb{R})$.

将 $f|_{[-T,T]}$ 作以 $2T$ 为周期的延拓, 则其 Fourier 级数的复形式为

$$\sum_{n=-\infty}^{+\infty}\left(\frac{1}{2T}\int_{-T}^{T}f(y)\mathrm{e}^{\frac{-\mathrm{i}n\pi y}{T}}\,\mathrm{d}y\right)\mathrm{e}^{\frac{\mathrm{i}n\pi x}{T}}. \tag{21.4.1}$$

当 $T>0$ 满足 $\operatorname{supp} f\subset[-T,T]$ 时, 以上级数在 $[-T,T]$ 上收敛到 $f|_{[-T,T]}$:

$$f(x)=\sum_{n=-\infty}^{+\infty}\frac{1}{2T}\widehat{f}\left(\frac{n}{2T}\right)\mathrm{e}^{2\pi\mathrm{i}x\frac{n}{2T}},\qquad \forall\, x\in[-T,T], \tag{21.4.2}$$

其中

$$\widehat{f}(x)\equiv\mathscr{F}(f)(x):=\int_{\mathbb{R}}f(y)\mathrm{e}^{-2\pi\mathrm{i}xy}\,\mathrm{d}y,\qquad x\in\mathbb{R}. \tag{21.4.3}$$

重写 (21.4.2) 式, 有

$$\begin{aligned}f(x)&=\sum_{n=-\infty}^{+\infty}\int_{\frac{n}{2T}}^{\frac{n+1}{2T}}\widehat{f}\left(\frac{[2Ty]}{2T}\right)\mathrm{e}^{2\pi\mathrm{i}x\frac{[2Ty]}{2T}}\,\mathrm{d}y\\&=\int_{\mathbb{R}}\widehat{f}\left(\frac{[2Ty]}{2T}\right)\mathrm{e}^{2\pi\mathrm{i}x\frac{[2Ty]}{2T}}\,\mathrm{d}y,\qquad \forall\, x\in[-T,T].\end{aligned} \tag{21.4.4}$$

另一方面, 易见 $\widehat{f}$ 连续, 且利用分部积分, 有

$$\widehat{f}(x)=-\frac{1}{4\pi^2x^2}\int_{\mathbb{R}}f''(y)\mathrm{e}^{-2\pi\mathrm{i}xy}\,\mathrm{d}y,\qquad \forall\, x\neq 0.$$

由此, 立即可得存在常数 $C>0$ 使得

$$\left|\widehat{f}(x)\right|\leqslant\frac{C}{1+x^2},\qquad \forall\, x\in\mathbb{R}.$$

于是在 (21.4.4) 式中令 $T\to+\infty$, 由控制收敛定理可得

$$f(x)=\int_{\mathbb{R}}\widehat{f}(y)\mathrm{e}^{2\pi\mathrm{i}xy}\,\mathrm{d}y,\qquad \forall\, x\in\mathbb{R}. \tag{21.4.5}$$

基于上述讨论, 我们引入如下定义.

定义 21.4.1 设 $f\in\mathcal{R}^1(\mathbb{R};\mathbb{C})$, 称由 (21.4.3) 式定义的 $\widehat{f}\equiv\mathscr{F}(f)$ 为 f 的 **Fourier 变换**. 称下式定义的 $\check{f}\equiv\mathscr{F}^{-1}(f)$ 为 f 的 **Fourier 逆变换**:

$$\check{f}(x)=\mathscr{F}^{-1}(f)(x):=\int_{\mathbb{R}}f(y)\mathrm{e}^{2\pi\mathrm{i}xy}\,\mathrm{d}y. \tag{21.4.6}$$

Fourier 变换有着重要的应用, 但完整地介绍 Fourier 变换的性质难以避开 L^2 空间, 这就有待于引入 Lebesgue 积分理论. 本节中, 我们把讨论的范围限制在速降函数空间内, 则可以方便地介绍 Fourier 变换的主要性质. 今后很容易将这些在速降函数空间建

立的结果推广到一般情形. 自然, 某些特定的性质目前也可以在比速降函数类更广的范围内加以建立.

我们称 $\mathbb{R}$ 上无穷次可微的 (复值) 函数 φ 为**速降函数**, 又称为 **Schwarz 函数**, 是指

$$\sup_{x\in\mathbb{R}}|x^m\varphi^{(n)}(x)|<+\infty,\qquad \forall\, m,n\geqslant 0. \tag{21.4.7}$$

这等价于

$$\lim_{x\to\infty}x^m\varphi^{(n)}(x)=0,\qquad \forall\, m,n\geqslant 0. \tag{21.4.8}$$

记速降函数的全体为 $\mathscr{S}\equiv\mathscr{S}(\mathbb{R})$.

速降函数就是其各阶导数乘任何多项式后, 在无穷远处仍然趋于零的光滑函数. 易见 $C_c^\infty(\mathbb{R};\mathbb{C})\subset\mathscr{S}$. 而 $f(x):=\mathrm{e}^{-x^2}$ 所定义的函数 f 是一个没有紧支集的速降函数. 又速降函数的各阶导数是速降函数, 速降函数乘多项式是速降函数.

类似地可以在 $\mathbb{R}^n$ 中定义 Fourier 变换以及速降函数. 为简单起见, 本节仅介绍一维情形的结果. 读者完全可以把它们推广到高维情形.

以下定理给出了 Fourier 变换的导数以及导数的 Fourier 变换.

定理 21.4.1　设 $f\in\mathscr{S}$, 则 $\widehat{f}\in\mathscr{S}$, 且对于自然数 n 成立

$$\frac{\mathrm{d}^n}{\mathrm{d}x^n}\widehat{f}(x)=(-2\pi\mathrm{i})^n\int_{\mathbb{R}}y^nf(y)\mathrm{e}^{-2\pi\mathrm{i}xy}\,\mathrm{d}y,\qquad \forall\, x\in\mathbb{R}, \tag{21.4.9}$$

$$\mathscr{F}(f^{(n)})(x)=(2\pi\mathrm{i})^nx^n\widehat{f}(x),\qquad \forall\, x\in\mathbb{R}. \tag{21.4.10}$$

一般地, 对自然数 m,n, 有

$$x^m\frac{\mathrm{d}^n}{\mathrm{d}x^n}\widehat{f}(x)=\frac{(-2\pi\mathrm{i})^n}{(2\pi\mathrm{i})^m}\int_{\mathbb{R}}\frac{\mathrm{d}^m}{\mathrm{d}y^m}\left(y^nf(y)\right)\mathrm{e}^{-2\pi\mathrm{i}xy}\,\mathrm{d}y,\qquad \forall\, x\in\mathbb{R}. \tag{21.4.11}$$

证明　由于 $f\in\mathscr{S}$, 易得存在 $M>0$ 使得

$$|2\pi\mathrm{i}xf(x)|\leqslant\frac{M}{x^2+1},\qquad \forall\, x\in\mathbb{R}. \tag{21.4.12}$$

这样, $\displaystyle\int_{\mathbb{R}}(-2\pi\mathrm{i}y)f(y)\mathrm{e}^{-2\pi\mathrm{i}xy}\,\mathrm{d}y$ 关于 $x\in\mathbb{R}$ 一致收敛, 从而可得

$$\frac{\mathrm{d}}{\mathrm{d}x}\widehat{f}(x)=\int_{\mathbb{R}}-2\pi\mathrm{i}yf(y)\mathrm{e}^{-2\pi\mathrm{i}xy}\,\mathrm{d}y. \tag{21.4.13}$$

归纳可得 (21.4.9) 式. 同样, 利用分部积分, 可得

$$\mathscr{F}(f')(x)=2\pi\mathrm{i}x\widehat{f}(x). \tag{21.4.14}$$

归纳可得 (21.4.10) 式. 结合 (21.4.9)—(21.4.10) 式得到 (21.4.11) 式. 由 $f\in\mathscr{S}$, 在 (21.4.11) 式右端的被积函数中, $\dfrac{\mathrm{d}^m}{\mathrm{d}y^m}\left(y^nf(y)\right)$ 也是速降函数, 从而绝对可积. 因此, $x^m\dfrac{\mathrm{d}^n}{\mathrm{d}x^m}\widehat{f}(x)$ 有界. 从而 $\widehat{f}\in\mathscr{S}$. □

接下来, 我们来证明 (21.4.6) 式确实定义了 $\mathscr{F}$ 的逆变换, 即 (21.4.5) 式对于 $f\in\mathscr{S}$ 成立.

定理 21.4.2 设 $f\in\mathscr{S}$, 则 (21.4.5) 式成立.

证明 前面在 $f\in C_c^2(\mathbb{R};\mathbb{C})$ 情形下对 (21.4.5) 式的证明过程, 完全可以搬过来用在 $f\in\mathscr{S}$ 的情形. 以下, 给出另一个证明.

任取 $A>0$,

$$\begin{aligned}\int_{-A}^{A}\widehat{f}(y)\mathrm{e}^{2\pi\mathrm{i}xy}\,\mathrm{d}y&=\int_{-A}^{A}\mathrm{d}y\int_{\mathbb{R}}f(u)\mathrm{e}^{2\pi\mathrm{i}(x-u)y}\,\mathrm{d}u\\&=\int_{-A}^{A}\mathrm{d}y\int_{\mathbb{R}}f(x-u)\mathrm{e}^{2\pi\mathrm{i}uy}\,\mathrm{d}u=\int_{\mathbb{R}}\mathrm{d}u\int_{-A}^{A}f(x-u)\mathrm{e}^{2\pi\mathrm{i}uy}\,\mathrm{d}y\\&=\int_{\mathbb{R}}f(x-u)\frac{\sin(2\pi Au)}{\pi u}\,\mathrm{d}u\\&=\int_{\mathbb{R}}f'(x-u)\left(\int_0^{2\pi Au}\frac{\sin t}{\pi t}\,\mathrm{d}t\right)\mathrm{d}u.\end{aligned}\tag{21.4.15}$$

在 (21.4.15) 式两端令 $A\to+\infty$, 由控制收敛定理即得

$$\int_{\mathbb{R}}\widehat{f}(y)\mathrm{e}^{2\pi\mathrm{i}xy}\,\mathrm{d}y=\int_{\mathbb{R}}f'(x-u)\frac{\operatorname{sgn}(u)}{2}\,\mathrm{d}u=f(x).\tag{21.4.16}$$

定理得证. □

对于 $f\in\mathcal{R}^p(\mathbb{R};\mathbb{C})$, $g\in\mathcal{R}^q(\mathbb{R};\mathbb{C})$, 其中 p,q 为对偶数, 可以定义 f 和 g 的**卷积**为

$$(f*g)(x):=\int_{\mathbb{R}}f(x-y)g(y)\,\mathrm{d}y,\qquad\forall\,x\in\mathbb{R}.\tag{21.4.17}$$

以下定理给出了卷积与 Fourier 变换间的联系.

定理 21.4.3 设 $f,g\in\mathscr{S}$, 则

$$(f*g)^\wedge(x)=\widehat{f}(x)\widehat{g}(x),\quad\forall\,x\in\mathbb{R},\tag{21.4.18}$$

$$(fg)^\wedge(x)=(\widehat{f}*\widehat{g})(x),\quad\forall\,x\in\mathbb{R}.\tag{21.4.19}$$

证明 证明是简单的. 特别, 容易证明以下过程中的积分交换次序是正确的:

$$\begin{aligned}(f*g)^\wedge(x)&=\int_{\mathbb{R}}(f*g)(y)\mathrm{e}^{-2\pi\mathrm{i}x\cdot y}\,\mathrm{d}y=\int_{\mathbb{R}}\mathrm{d}y\int_{\mathbb{R}}f(y-u)g(u)\mathrm{e}^{-2\pi\mathrm{i}x\cdot y}\,\mathrm{d}u\\&=\int_{\mathbb{R}}\mathrm{d}u\int_{\mathbb{R}}f(y-u)g(u)\mathrm{e}^{-2\pi\mathrm{i}x\cdot y}\,\mathrm{d}y=\int_{\mathbb{R}}\mathrm{d}u\int_{\mathbb{R}}f(y)g(u)\mathrm{e}^{-2\pi\mathrm{i}x\cdot(y+u)}\,\mathrm{d}y\\&=\widehat{f}(x)\widehat{g}(x).\end{aligned}$$

注意到 $\overset{\vee}{f}(x)=\widehat{f}(-x)$, 我们有

$$(f*g)^\vee(x)=\overset{\vee}{f}(x)\,\overset{\vee}{g}(x),\quad\forall\,x\in\mathbb{R}.\tag{21.4.20}$$

在 (21.4.20) 式中分别用 $\widehat{f},\widehat{g}$ 代替 f,g, 并取 Fourier 变换, 可得 (21.4.19) 式. □

利用上述定理, 可得如下定理. 我们用 $\bar{z}$ 表示复数 z 的共轭复数.

定理 21.4.4　设 $f,g\in\mathscr{S}$, 则

$$\int_{\mathbb{R}} f(x)\overline{g(x)}\,\mathrm{d}x=\int_{\mathbb{R}}\widehat{f}(x)\overline{\widehat{g}(x)}\,\mathrm{d}x. \tag{21.4.21}$$

证明　令

$$h(x):=\overline{g(-x)},\quad \forall x\in\mathbb{R}.$$

我们有

$$\begin{aligned}\int_{\mathbb{R}} f(x)\overline{g(x)}\,\mathrm{d}x&=\int_{\mathbb{R}} f(x)h(-x)\,\mathrm{d}x=(f*h)(0)\\&=\left((f*h)^{\wedge}\right)^{\vee}(0)=\left(\widehat{f}\,\widehat{h}\right)^{\vee}(0)=\int_{\mathbb{R}}\widehat{f}(x)\,\widehat{h}\,(x)\,\mathrm{d}x\\&=\int_{\mathbb{R}}\widehat{f}(x)\overline{\widehat{g}\,(x)}\,\mathrm{d}x.\end{aligned}$$ □

在上述定理中取 g 为 f 即得 **Plancherel**[①] **定理**:

定理 21.4.5　设 $f\in\mathscr{S}$, 则

$$\int_{\mathbb{R}}|f(x)|^2\,\mathrm{d}x=\int_{\mathbb{R}}|\widehat{f}(x)|^2\,\mathrm{d}x. \tag{21.4.22}$$

利用卷积的 Young 不等式 (参见定理 21.4.8), 可得

推论 21.4.6　设整数 $n\geqslant 1$, $f\in\mathscr{S}$, 则

$$\|\widehat{f}\|_{2n}\leqslant\|f\|_{\frac{2n}{2n-1}}. \tag{21.4.23}$$

证明　反复利用 (21.4.31) 式, 我们有

$$\begin{aligned}\|\widehat{f}\|_{2n}&=\|\widehat{f}^{n}\|_2^{\frac{1}{n}}=\|(\overbrace{f*f*\cdots*f}^{n\text{个}})^{\wedge}\|_2^{\frac{1}{n}}=\|\overbrace{f*f*\cdots*f}^{n\text{个}}\|_2^{\frac{1}{n}}\\&\leqslant\|f\|_{\frac{2n}{n-1}}^{\frac{1}{n}}\|\overbrace{f*f*\cdots*f}^{n-1\text{个}}\|_{\frac{2n}{n+1}}^{\frac{1}{n}}\leqslant\cdots\leqslant\|f\|_{\frac{2n}{2n-1}}.\end{aligned}$$ □

易见,

$$\|\widehat{f}\|_\infty\leqslant\|f\|_1,\qquad\forall f\in\mathcal{R}^1(\mathbb{R};\mathbb{C}). \tag{21.4.24}$$

利用 (21.4.22) 式与 (21.4.24) 式, 以及插值定理可推广推论 21.4.6 的结果, 得到如下的 **Hausdorff**[②]**-Young 不等式**.

① Plancherel, Michel, 1885 年 1 月 16 日—1967 年 3 月 4 日, 瑞士数学家.

② Hausdorff, Felix, 1868 年 11 月 8 日—1942 年 1 月 26 日, 德国数学家.

定理 21.4.7 设 $p\in[1,2]$, q 为其对偶数, 则对于任何 $f\in\mathscr{S}$, 有

$$\|\widehat{f}\|_q\leqslant\|f\|_p. \tag{21.4.25}$$

例 21.4.1 计算 $\left(\chi_{[-\frac{1}{2},\frac{1}{2}]}\right)^{\wedge}$.

解

$$\left(\chi_{[-\frac{1}{2},\frac{1}{2}]}\right)^{\wedge}(x)=\int_{-\frac{1}{2}}^{\frac{1}{2}}\mathrm{e}^{-2\pi\mathrm{i}xy}\,\mathrm{d}y=\frac{\sin\pi x}{\pi x}.\qquad\square$$

例 21.4.2 设 $f(x):=\mathrm{e}^{-\pi x^2}$ $(x\in\mathbb{R})$, 计算 $\widehat{f}$.

解 **解法 1**

$$\frac{\mathrm{d}}{\mathrm{d}x}\widehat{f}(x)=-2\pi\mathrm{i}\int_{\mathbb{R}}y\mathrm{e}^{-\pi y^2}\mathrm{e}^{-2\pi\mathrm{i}xy}\,\mathrm{d}y=-2\pi x\widehat{f}(x),\qquad\forall x\in\mathbb{R}.$$

因此, 有复常数 C 使得

$$\widehat{f}(x)=C\mathrm{e}^{-\pi x^2},\qquad\forall x\in\mathbb{R}.$$

结合 $\widehat{f}(0)=1$ 得到 $C=1$. 从而 $\widehat{f}=f$.

解法 2 考虑

$$g(z):=\int_{-\infty}^{+\infty}\mathrm{e}^{-\pi y^2}\mathrm{e}^{-2\pi yz}\,\mathrm{d}y,\qquad z\in\mathbb{C}.$$

则 g 是 $\mathbb{C}$ 上的解析函数. 当 $z=x$ 为实数时,

$$g(x)=\int_{-\infty}^{+\infty}\mathrm{e}^{-\pi(y+x)^2+\pi x^2}\,\mathrm{d}y=\int_{-\infty}^{+\infty}\mathrm{e}^{-\pi y^2+\pi x^2}\,\mathrm{d}y=\mathrm{e}^{x^2},\qquad\forall x\in\mathbb{R}.$$

于是, 结合 e^{z^2} 为 $\mathbb{C}$ 上的解析函数以及解析函数的唯一性得到 $g(\mathrm{i}x)=\mathrm{e}^{-\pi x^2}$ $(x\in\mathbb{R})$. 最后, 可得 $\widehat{f}(x)=\mathrm{e}^{-\pi|x|^2}$. 即 $\widehat{f}=f$. $\square$

例 21.4.3 (热传导方程的求解) 设 $f\in\mathscr{S}$, 求解热传导方程

$$\begin{cases}u_t(t,x)=u_{xx}(t,x), & t\geqslant 0,\ x\in\mathbb{R},\\ u(0,x)=f(x), & x\in\mathbb{R}.\end{cases} \tag{21.4.26}$$

解 形式上, 对空间变量作 Fourier 变换, 得到

$$\begin{cases}\widehat{u}_t(t,x)=-4\pi^2x^2\widehat{u}(t,x), & t\geqslant 0,\ x\in\mathbb{R},\\ \widehat{u}(0,x)=\widehat{f}(x), & x\in\mathbb{R}.\end{cases}$$

上式本质上是一个常微分方程, 解得

$$\widehat{u}(t,x)=\widehat{f}(x)\mathrm{e}^{-4\pi^2tx^2},\qquad t\geqslant 0,\ x\in\mathbb{R}.$$

作 Fourier 逆变换并利用例 21.4.2 的结果得到

$$u(t,x)\int_{\mathbb{R}} f(x-2\sqrt{\pi t}\,y)\mathrm{e}^{-\pi y^2}\ \mathrm{d}y,\qquad t\geqslant 0,\ x\in\mathbb{R}. \tag{21.4.27}$$

进一步, 可以证明上式确实给出了方程 (21.4.26) 的唯一解. 在此, 我们不展开讨论. □

例 21.4.4 设 $0<a<1$, $ba\geqslant 1$, 证明级数 $W(x):=\sum\limits_{n=1}^{\infty}a^n\cos b^n x$ 与 $S(x):=\sum\limits_{n=1}^{\infty}a^n\sin b^n x$ 在 $\mathbb{R}$ 上处处连续无处可微. 特别地, $\sum\limits_{n=1}^{\infty}\dfrac{\cos 2^n x}{2^n}$ 与 $\sum\limits_{n=1}^{\infty}\dfrac{\sin 2^n x}{2^n}$ 在 $\mathbb{R}$ 上处处连续无处可微.

证明 由函数项级数的一致收敛性的性质, 易见 W, S 在 $\mathbb{R}$ 上处处连续.

任取 C_c^∞ 函数 ψ 使得 $\psi(1)=1$, $\operatorname{supp}\psi\subseteq\left[\dfrac{1}{b},b\right]$. 令 $\varphi=\check{\psi}$, 则 ψ,φ 都是速降函数.

如果对某个 $x_0\in\mathbb{R}$, W 在 x_0 可导, 则由控制收敛定理,

$$\begin{aligned}&\lim_{\varepsilon\to0^+}\int_{\mathbb{R}}\frac{W(x_0+2\pi\varepsilon x)-W(x_0)}{2\pi\varepsilon x}\cdot x\varphi(x)\ \mathrm{d}x\\&=W'(x_0)\int_{\mathbb{R}}x\varphi(x)\ \mathrm{d}x=-\frac{1}{2\pi\mathrm{i}}W'(x_0)\widehat{\varphi}\,'(0)=0.\end{aligned} \tag{21.4.28}$$

另一方面,

$$\begin{aligned}&\int_{\mathbb{R}}\frac{W(x_0+2\pi\varepsilon x)-W(x_0)}{2\pi\varepsilon x}\cdot x\varphi(x)\ \mathrm{d}x\\&=\frac{1}{2\pi\varepsilon}\int_{\mathbb{R}}W(x_0+2\pi\varepsilon x)\varphi(x)\ \mathrm{d}x-\frac{1}{2\pi\varepsilon}W(x_0)\widehat{\varphi}(0)\\&=\frac{1}{2\pi\varepsilon}\sum_{n=1}^{\infty}\int_{\mathbb{R}}a^n\varphi(x)\cos\left(b^n(x_0+2\pi\varepsilon x)\right)\ \mathrm{d}x\\&=\frac{1}{4\pi\varepsilon}\sum_{n=1}^{\infty}\int_{\mathbb{R}}a^n\left[\mathrm{e}^{\mathrm{i}b^n(x_0+2\pi\varepsilon x)}+\mathrm{e}^{-\mathrm{i}b^n(x_0+2\pi\varepsilon x)}\right]\varphi(x)\ \mathrm{d}x\\&=\frac{1}{4\pi\varepsilon}\sum_{n=1}^{\infty}a^n\left(\mathrm{e}^{\mathrm{i}b^n x_0}\widehat{\varphi}\left(-b^n\varepsilon\right)+\mathrm{e}^{-\mathrm{i}b^n x_0}\widehat{\varphi}\left(b^n\varepsilon\right)\right).\end{aligned}$$

上式中对于 $k\geqslant 1$, 取 $\varepsilon=b^{-k}$, 则得到

$$\int_{\mathbb{R}}\frac{W(x_0+2\pi b^{-k}x)-W(x_0)}{2\pi b^{-k}x}\cdot x\varphi(x)\ \mathrm{d}x=\frac{b^k}{4\pi}a^k\mathrm{e}^{-\mathrm{i}b^k x_0}. \tag{21.4.29}$$

结合 (21.4.28) 式和 (21.4.29) 式得到 $\lim\limits_{k\to+\infty}\dfrac{b^k}{4\pi}a^k\mathrm{e}^{-\mathrm{i}b^k x_0}=0$.

这与 $ab\geqslant 1$ 矛盾. 因此 W 无处可微. 同理可证 S 无处可微. □

例中的函数 $\varphi\in\mathscr{S}$ 不恒为零, 但满足

$$\int_{\mathbb{R}} x^n\varphi(x)\,\mathrm{d}x=0,\quad \forall n\geqslant 0.$$

这与有界区间上的情形不同.

同样可以构造出处处连续但无处 Hölder 连续的函数.

例 21.4.5 证明 $g(x):=\sum\limits_{n=1}^{\infty}\dfrac{\cos 2^n x}{n^2}$ 处处连续但处处不 Hölder 连续.

证明 易证 g 处处连续. 若对某个 $x_0\in\mathbb{R}$, 存在 $\alpha\in(0,1)$ 使得函数 g 在 x_0 点满足 α 阶 Hölder 条件, 即存在 $\delta>0$ 以及常数 $C>0$ 使得

$$|g(x)-g(x_0)|\leqslant C|x-x_0|^{\alpha},\qquad \forall x\in(x_0-\delta,x_0+\delta).$$

取 C_c^{∞} 函数 ψ 使得 $\psi(1)=1$, $\operatorname{supp}\psi\subseteq\left[\dfrac{1}{2},2\right]$, $\varphi=\check{\psi}$.. 则当 ε 在 $(0,1)$ 中变化时,

$$\int_{\mathbb{R}}\frac{g(x_0+2\pi\varepsilon x)-g(x_0)}{|2\pi\varepsilon x|^{\alpha}}\cdot|x|^{\alpha}\varphi(x)\,\mathrm{d}x$$

有界. 而另一方面, 当 k 充分大时,

$$\begin{aligned}
&\int_{\mathbb{R}}\frac{g(x_0+2\pi\cdot 2^{-k}x)-g(x_0)}{|2\pi\cdot 2^{-k}x|^{\alpha}}\cdot|x|^{\alpha}\varphi(x)\,\mathrm{d}x\\
=&\frac{2^{(k-1)\alpha}}{\pi^{\alpha}}\int_{\mathbb{R}}g(x_0+2\pi\cdot 2^{-k}x)\varphi(x)\,\mathrm{d}x-\frac{2^{(k-1)\alpha}}{\pi^{\alpha}}g(x_0)\widehat{\varphi}(0)\\
=&\frac{2^{(k-1)\alpha}}{\pi^{\alpha}}\sum_{n=1}^{\infty}\int_{\mathbb{R}}\frac{\cos\left(2^n(x_0+2\pi\cdot 2^{-k}x)\right)}{n^2}\varphi(x)\,\mathrm{d}x\\
=&\frac{2^{(k-1)\alpha}}{2\pi^{\alpha}}\sum_{n=1}^{\infty}\int_{\mathbb{R}}\frac{1}{n^2}\left[\mathrm{e}^{\mathrm{i}2^n(x_0+2\pi\cdot 2^{-k}x)}+\mathrm{e}^{-\mathrm{i}2^n(x_0+2\pi\cdot 2^{-k}x)}\right]\varphi(x)\,\mathrm{d}x\\
=&\frac{2^{(k-1)\alpha}}{2\pi^{\alpha}}\sum_{n=1}^{\infty}\frac{1}{n^2}\left(\mathrm{e}^{\mathrm{i}2^n x_0}\widehat{\varphi}(-2^{n-k})+\mathrm{e}^{-\mathrm{i}2^n x_0}\widehat{\varphi}(2^{n-k})\right)\\
=&\frac{2^{(k-1)\alpha}}{2k^2\pi^{\alpha}}\mathrm{e}^{-\mathrm{i}2^k x_0}
\end{aligned}$$

无界. 得到矛盾. 因此, g 处处连续无处 Hölder 连续. □

在推论 21.4.6 的证明中, 用到了如下关于卷积的 **Young 不等式**. 为简单起见, 我们仅在速降函数内考虑该不等式.

定理 21.4.8 设 $q,p,r\in[1,+\infty]$ 满足

$$\frac{1}{q}=\frac{1}{p}+\frac{1}{r}-1,\tag{21.4.30}$$

$f,g\in\mathscr{S}$, 则有

$$\|f*g\|_q\leqslant\|f\|_p\|g\|_r.\tag{21.4.31}$$

证明 记 q', p', r' 为 q, p, r 的对偶数.

由于当 q, p, r 之一为 1 或 $+\infty$ 时证明是简单的, 不妨设 $q, p, r \in (1, +\infty)$. 要证明 (21.4.31) 式, 只要对 $h \in L^{q'}(\mathbb{R}^n)$ 证明

$$\int_{\mathbb{R}} (f * g)(x)h(x)\,\mathrm{d}x \leqslant \|f\|_p \|g\|_r \|h\|_{q'}.$$

即

$$\int_{\mathbb{R}} \mathrm{d}x \int_{\mathbb{R}} f(y-x)g(y)h(x)\,\mathrm{d}y \leqslant \|f\|_p \|g\|_r \|h\|_{q'}. \tag{21.4.32}$$

不妨设 $\|f\|_p = \|g\|_r = \|h\|_{q'} = 1$. 若

$$\alpha, \beta, \gamma, u, v, w \in (0,1), \qquad u + v + w = 1, \tag{21.4.33}$$

则

$$\begin{aligned}
&f(y-x)g(y)h(x)\\
=\ &f^{\alpha}(y-x)g^{\beta}(y)f^{1-\alpha}(y-x)h^{\gamma}(x)g^{1-\beta}(y)h^{1-\gamma}(x)\\
\leqslant\ &u|f(y-x)|^{\frac{\alpha}{u}}|g(y)|^{\frac{\beta}{u}} + v|f(y-x)|^{\frac{1-\alpha}{v}}|h(x)|^{\frac{\gamma}{v}} + w|g(y)|^{\frac{1-\beta}{w}}|h(x)|^{\frac{1-\gamma}{w}}.
\end{aligned} \tag{21.4.34}$$

进一步, 若

$$\frac{\alpha}{u} = \frac{1-\alpha}{v} = p, \quad \frac{\beta}{u} = \frac{1-\beta}{w} = r, \quad \frac{\gamma}{v} = \frac{1-\gamma}{w} = q', \tag{21.4.35}$$

则对 (21.4.34) 式积分即得 (21.4.32) 式. 不难解得 (21.4.33) 式和 (21.4.35) 式的解为

$$\alpha = \frac{p}{q}, \quad \beta = \frac{r}{q}, \quad \gamma = \frac{q'}{r'}, \quad u = \frac{1}{q}, \quad v = \frac{1}{r'}, \quad w = \frac{1}{p'}. \tag{21.4.36}$$

定理由此得证. □

习题 21.4

1. 设 $f \in \mathcal{R}^1(\mathbb{R})$, 试用 f 的 Fourier 变换表示以下函数的 Fourier 变换.

(1) $g(x) := f(x + x_0)$, 其中 $x_0 \in \mathbb{R}$;

(2) $g(x) := f(rx)$, 其中 $r \neq 0$ 为给定实数.

2. 设 $f \in C_c^2(\mathbb{R})$, 证明 $\lim\limits_{x\to\infty} |x^2 \widehat{f}(x)| = 0$. 进而对于任何 $g \in \mathcal{R}^{\infty}(\mathbb{R})$, 有

$$\lim_{T\to+\infty} \sum_{n=-\infty}^{\infty} \frac{1}{T}\widehat{f}\left(\frac{n}{T}\right) g\left(\frac{n}{T}\right) = \int_{\mathbb{R}} \widehat{f}(x)g(x)\,\mathrm{d}x.$$

3. 对于

$$f \in X_a := \left\{ f \middle| f\,\text{为非负偶函数, }\operatorname{supp} f = \left[-\frac{a}{2}, \frac{a}{2}\right],\ f\,\text{在}\,(-a/2, a/2)\,\text{内 Lipschitz 连续} \right\},$$

证明: $\displaystyle\int_{\mathbb{R}} \widehat{f}(x)\,\mathrm{d}x = f(0)$.

4. 设 $f(x) := \pi \mathrm{e}^{-2\pi|x|}$ $(x \in \mathbb{R})$. 试求 f 的 Fourier 变换.

5. 设 $f \in C^1(\mathbb{R})$, 且 $\displaystyle\int_{\mathbb{R}} \left(f^2(x) + \left(f'(x)\right)^2\right)\mathrm{d}x = 1$. 证明: $\displaystyle\lim_{x\to\infty} f(x) = 0$, 且 $\|f\|_\infty < \dfrac{\sqrt{2}}{2}$.

6. 设 $\alpha \in \mathbb{R}$, 计算含参变量积分 $\displaystyle\int_0^{+\infty} \frac{\cos(\alpha\pi x)}{1+x^2}\,\mathrm{d}x$, $\displaystyle\int_0^{+\infty} \frac{x\sin(\alpha\pi x)}{1+x^2}\,\mathrm{d}x$.

21.5 Fourier 级数的唯一性

设 $f \in \mathcal{R}^1_{\#}(\mathbb{R})$,

$$\begin{aligned} f(x) &= \frac{a_0}{2} + \sum_{n=1}^{\infty}(a_n \cos nx + b_n \sin nx) \qquad (21.5.1)\\ &= \frac{\alpha_0}{2} + \sum_{n=1}^{\infty}(\alpha_n \cos nx + \beta_n \sin nx), \qquad x \in \mathbb{R}. \end{aligned}$$

自然地, 产生一个问题, 即是否有

$$a_0 = \alpha_0, \quad a_n = \alpha_n, \quad b_n = \beta_n, \qquad \forall\, n \geqslant 1? \qquad (21.5.2)$$

这一问题体现了周期函数展开成三角级数的唯一性问题. 若上述问题的答案是肯定的, 那就产生第二个问题, 即该三角级数是否就是 f 的 Fourier 级数, 即

$$a_n = \frac{1}{\pi}\int_0^{2\pi} f(x)\cos nx\,\mathrm{d}x, \qquad n = 0, 1, 2, \cdots, \qquad (21.5.3)$$

$$b_n = \frac{1}{\pi}\int_0^{2\pi} f(x)\sin nx\,\mathrm{d}x, \qquad n = 1, 2, \cdots \qquad (21.5.4)$$

是否成立? 我们称之为 Fourier 级数的唯一性问题.

如果 $f \in \mathcal{R}^1_{\#}(\mathbb{R})$ 的 Fourier 级数处处收敛到 f, 那么第一个问题的回答就包含了第二个问题的回答.

然而, 对于一般的 $f \in \mathcal{R}^1_{\#}(\mathbb{R})$, 其 Fourier 级数并不一定处处收敛, 而且即使收敛, 也不一定收敛到 f. 因此, (在得到第一个问题的肯定回答后) 第二个问题远非平凡.

注意到当 f 缺乏光滑性的时候, 很难做到 (21.5.1) 式处处成立, 因此, 要使得问题更有意义, 对于这两个问题, 我们需要在更弱的条件下来讨论. 另一方面, 为了更好地看清楚问题, 我们来引

入容易与前两个问题混淆的第三个问题: 若 $f \in \mathcal{R}^1_{\#}(\mathbb{R})$ 的 Fourier 级数 (除个别点外) 处处收敛到 g, 则 g 是否本质上就是 f? 确切地讲, 是否就有 $\displaystyle\int_0^{2\pi} |g(x) - f(x)|\,\mathrm{d}x = 0$?

从上面的讨论可见, Fourier 级数的唯一性问题远比函数展开成幂级数的唯一性来得复杂. 本节我们简要介绍相关结果, 有兴趣的读者可以进一步参看文献 [23] 第二十章第三节以及文献 [36].

对于第一个问题, 可以由如下 **Cantor-Lebesgue 定理**[①]得到解决.

定理 21.5.1 设 $E \subset [0, 2\pi]$ 是一个闭的可列集,

$$\frac{a_0}{2} + \sum_{n=1}^{\infty}(a_n \cos nx + b_n \sin nx) = 0, \qquad \forall x \in [0, 2\pi] \setminus E, \tag{21.5.5}$$

则

$$a_n = b_n = 0, \qquad \forall n = 1, 2, \cdots. \tag{21.5.6}$$

易见, 上述定理是以下的 **du Bois Reymond-Vallée Poussin**[②] **定理**的特例.

定理 21.5.2 设 $f \in \mathcal{R}^1_{\#}(\mathbb{R})$, E 为可列闭集, f 在 $\mathbb{R} \setminus E$ 中局部有界. 如果等式 (21.5.1) 对任何 $x \notin E$ 成立, 则 (21.5.1) 式右端必为 f 的 Fourier 级数.

定理的证明颇为复杂, 我们先介绍大致的证明思路. 证明的关键困难自然在于不能直接对 (21.5.1) 式逐项积分.

顺便指出, 若集合的二阶导集为空, 则其闭包一定是至多可列的闭集. 但可列闭集的二阶导集不一定为空集.

若定理结论成立, 则由 Riemann-Lebesgue 引理, $\{a_n\}$ 和 $\{b_n\}$ 均趋于零. 因此, 我们首先应该证明这一点.

接下来, 考虑

$$G(x) \equiv \sum_{n=1}^{\infty}\left(\frac{a_n}{n}\sin nx - \frac{b_n}{n}\cos nx\right), \qquad x \in \mathbb{R}$$

和

$$F(x) \equiv -\sum_{n=1}^{\infty}\left(\frac{a_n}{n^2}\cos nx + \frac{b_n}{n^2}\sin nx\right), \qquad x \in \mathbb{R}. \tag{21.5.7}$$

若定理结论成立, 则 G 的 Fourier 系数是 $\left\{-\dfrac{b_n}{n}\right\}$ 和 $\left\{\dfrac{a_n}{n}\right\}$, F 的 Fourier 系数是 $\left\{-\dfrac{a_n}{n^2}\right\}$ 和 $\left\{-\dfrac{b_n}{n^2}\right\}$. 且有常数 C_1, C_2 使得

$$G(x) = \int_0^x f(t)\,\mathrm{d}t + C_1 - \frac{a_0}{2}x, \qquad x \in \mathbb{R} \tag{21.5.8}$$

和

$$F(x) = \int_0^x \mathrm{d}t \int_0^t f(s)\,\mathrm{d}s + C_2 + C_1 x - \frac{a_0}{4}x^2, \qquad x \in \mathbb{R}. \tag{21.5.9}$$

---

① 值得注意的是, Cantor 正是在研究上述问题时, 发现处理无穷集的重要性, 进而建立了集合论.

② de la Vallée Poussin, Charles Jean, 1866 年 8 月 14 日—1962 年 3 月 2 日, 比利时数学家.

另一方面, 若能够证明 (21.5.8) 式成立且 G 的 Fourier 系数是 $\left\{-\frac{b_n}{n}\right\}$ 和 $\left\{\frac{a_n}{n}\right\}$, 则自然可得 $\{a_n\}$ 和 $\{b_n\}$ 是 f 的 Fourier 系数.

或者, 如果能够证明 (21.5.9) 式成立且 F 的 Fourier 系数是 $\left\{-\frac{a_n}{n^2}\right\}$ 和 $\left\{-\frac{b_n}{n^2}\right\}$, 则同样可得 $\{a_n\}$ 和 $\{b_n\}$ 是 f 的 Fourier 系数.

在 $\{a_n\}$ 和 $\{b_n\}$ 均趋于零的前提下, 由级数 $\sum\limits_{n=1}^{\infty}\left(\frac{a_n}{n^2}\cos nx+\frac{b_n}{n^2}\sin nx\right)$ 的一致收敛性, 可得 F 的 Fourier 系数是 $\left\{-\frac{a_n}{n^2}\right\}$ 和 $\left\{-\frac{b_n}{n^2}\right\}$. 但要直接证明 G 的 Fourier 系数是 $\left\{-\frac{b_n}{n}\right\}$ 和 $\left\{\frac{a_n}{n}\right\}$ 要困难许多. 同样, 直接证明 (21.5.8) 式也要比直接证明 (21.5.9) 式更困难. 因此, 我们将选择证明 (21.5.9) 式. 对此, 若能够通过 (21.5.7) 式得到 $F''=f$, 就可以得到 (21.5.9) 式. 但这在一般情况下是不能指望的. 幸运的是, 可以用二阶的广义导数在代替二阶导数, 然后得到 (21.5.7) 式. 这是证明的关键. 最后, 由于 (21.5.1) 式在 E 上不一定成立, 因此, 一开始不能直接整体地得到 (21.5.7) 式. 我们需要先在 $\mathbb{R}\setminus E$ 中局部地建立相关结果, 然后再拓展到整个 $\mathbb{R}$.

以下的 **Cantor 引理**表明在定理条件下, 可以得到 $\{a_n\}$ 和 $\{b_n\}$ 均趋于零.

引理 21.5.3 设 $\sum\limits_{n=1}^{\infty}(a_n\cos nx+b_n\sin nx)$ 在区间 $[a,b]$ 上收敛, 则 $\lim\limits_{n\to+\infty}a_n=\lim\limits_{n\to+\infty}b_n=0$.

证明 记 $A_n:=\sqrt{a_n^2+b_n^2}\,(n\geqslant 1)$, 我们有 $\{\theta_n\}$ 使得

$$a_n\cos nx+b_n\sin nx=A_n\sin(nx+\theta_n),\qquad \forall x\in\mathbb{R}. \tag{21.5.10}$$

由引理假设, 对于任何 $x\in[a,b]$, $\lim\limits_{n\to+\infty}A_n\sin(nx+\theta_n)=0$. 我们要证 $\lim\limits_{n\to+\infty}A_n=0$.

如若不然, 则有 $n_1<n_2<n_3<\cdots$ 及 ε_0 使得对任何 $k\geqslant 1$, 有 $A_{n_k}>\varepsilon_0$. 从而对任何 $x\in[a,b]$, 有

$$\lim_{k\to+\infty}\sin(n_kx+\theta_{n_k})=0. \tag{21.5.11}$$

由 Arzelà 有界收敛定理, 得到

$$\lim_{k\to+\infty}\int_a^b\sin^2(n_kx+\theta_{n_k})\,\mathrm{d}x=0. \tag{21.5.12}$$

而另一方面,

$$\begin{aligned}
&\lim_{k\to+\infty}\int_a^b\sin^2(n_kx+\theta_{n_k})\,\mathrm{d}x\\
=&\lim_{k\to+\infty}\int_a^b\frac{1-\cos 2(n_kx+\theta_{n_k})}{2}\,\mathrm{d}x\\
=&\frac{1}{2}\lim_{k\to+\infty}\left(b-a-\frac{\sin 2(n_kb+\theta_{n_k})-\sin 2(n_ka+\theta_{n_k})}{2n_k}\right)\,\mathrm{d}x=\frac{b-a}{2}.
\end{aligned}$$

得到矛盾. 因此, 引理成立. □

以下两个引理用于将 $\mathbb{R}\setminus E$ 中建立的局部结果, 连接为整个 $\mathbb{R}$ 上的结果.

引理 21.5.4 (Riemann 第二定理) 设 $\lim\limits_{n\to+\infty} c_n = 0$, 则

$$\lim_{h\to 0}\sum_{n=1}^{\infty}\frac{c_n\sin^2 nh}{n^2h}=0. \tag{21.5.13}$$

证明 设 M 为 $|c_n|$ 的上界. 任取 $\varepsilon>0$, 对于 $0<|h|<\varepsilon$, 记 $N\equiv N_{\varepsilon,h}$ 为 $\dfrac{\varepsilon}{|h|}$ 的整数部分. 则

$$\begin{aligned}\left|\sum_{n=1}^{\infty}\frac{c_n\sin^2 nh}{n^2h}\right| &\leqslant \sum_{n=1}^{N}\left|\frac{c_n\sin^2 nh}{n^2h}\right|+\sum_{n=N+1}^{\infty}\left|\frac{c_n\sin^2 nh}{n^2h}\right| \\ &\leqslant MN|h|+\sup_{k\geqslant N}|c_k|\sum_{n=N+1}^{\infty}\frac{1}{n^2|h|}\leqslant M\varepsilon+\frac{\sup\limits_{k\geqslant N}|c_k|}{N|h|}\leqslant M\varepsilon+\frac{2\sup\limits_{k\geqslant N}|c_k|}{\varepsilon}.\end{aligned}$$

于是注意到 $\lim\limits_{h\to 0}N_{\varepsilon,h}=+\infty$, 我们有

$$\varlimsup_{h\to 0}\left|\sum_{n=1}^{\infty}\frac{c_n\sin^2 nh}{n^2h}\right|\leqslant M\varepsilon.$$

由 $\varepsilon>0$ 的任意性, 即得 (21.5.13) 式. □

引理 21.5.5 $\mathbb{R}$ 中的可列闭集必有孤立点.

证明 设 $E\subset\mathbb{R}$ 为可列闭集, $E=\{x_k|k\geqslant 1\}$. 若 E 没有孤立点, 则 E 中每一点均为其聚点.

于是, 有 $y_1\in E$ 使得 $y_1\neq x_1$. 取 $\delta_1=\dfrac{|y_1-x_1|}{2}$, 则 $\delta_1>0$, $x_1\notin[y_1-\delta_1,y_1+\delta_1]$.

进一步, 由于 y_1 是 E 的聚点, 因此, 有 $y_2\in E\cap(y_1-\delta_1,y_1+\delta_1)$ 使得 $y_2\neq x_2$. 取 $\delta_2=\dfrac{1}{2}\min\{|y_2-x_1|,\delta_1-|y_2-y_1|\}$, 则 $0<\delta_2\leqslant\dfrac{\delta_1}{2}$, $[y_2-\delta_2,y_2+\delta_2]\subset[y_1-\delta_1,y_1+\delta_1]$, $x_2\notin[y_2-\delta_2,y_2+\delta_2]$.

一般地, 可取到 E 中点列 $\{y_k\}$ 以及相应的正数列 $\{\delta_k\}$ 使得对任何 $k\geqslant 2$, 有 $0<\delta_k\leqslant\dfrac{\delta_{k-1}}{2}$, $[y_k-\delta_k,y_k+\delta_k]\subset[y_{k-1}-\delta_{k-1},y_{k-1}+\delta_{k-1}]$, $x_k\notin[y_k-\delta_k,y_k+\delta_k]$.

由闭集套定理, $\{[y_k-\delta_k,y_k+\delta_k]\}$ 有唯一的公共点 ξ. 则对任何 $k\geqslant 1$, $\xi\neq x_k$. 从而 $\xi\notin E$. 另一方面, 由于 E 是闭集, 从而 $\xi=\lim\limits_{k\to+\infty}y_k\in E$. 矛盾. 因此, 引理结论成立. □

引理 21.5.5 是 **Baire**[①] **纲定理**的特例. 在引入以下的引理前, 我们考察一种二阶广义导数. 对于函数 g, 如果 $g^{[\prime\prime]}(x):=\lim\limits_{h\to 0}\dfrac{\Delta_h^2 g(x)}{h^2}$ 存在, 则称之为 g 在 x 点的二阶广义导数, 其中对于 $h\neq 0$,

$$\Delta_h^2 g(x):=g(x+h)+g(x-h)-2g(x).$$

以下引理用于证明 F 的两阶广义导数为 f.

引理 21.5.6 设 $\sum\limits_{n=1}^{\infty}c_n=A$, 则

$$\lim_{h\to 0}\sum_{n=1}^{\infty}c_n\left(\frac{\sin nh}{nh}\right)^2=A. \tag{21.5.14}$$

① Baire, René-Louis, 1874 年 1 月 21 日—1932 年 7 月 5 日, 法国数学家.

证明 不妨设 $A=0$, 记 $S_n=\sum_{k=1}^{n}c_k\ (n\geqslant 1)$. 则

$$\begin{aligned}\sum_{n=1}^{\infty}c_n\left(\frac{\sin nh}{nh}\right)^2&=\sum_{n=1}^{\infty}S_n\left(\frac{\sin nh}{nh}\right)^2-\sum_{n=2}^{\infty}S_{n-1}\left(\frac{\sin nh}{nh}\right)^2\\&=\sum_{n=1}^{\infty}S_n\left[\left(\frac{\sin nh}{nh}\right)^2-\left(\frac{\sin(n+1)h}{(n+1)h}\right)^2\right].\end{aligned}$$

于是对任何 $m\geqslant 1$,

$$\begin{aligned}\varlimsup_{h\to 0}\left|\sum_{n=1}^{\infty}c_n\left(\frac{\sin nh}{nh}\right)^2\right|&\leqslant\varlimsup_{h\to 0}\sum_{n=m}^{\infty}|S_n|\left|\left(\frac{\sin nh}{nh}\right)^2-\left(\frac{\sin(n+1)h}{(n+1)h}\right)^2\right|\\&\leqslant\sup_{n\geqslant m}|S_n|\int_0^{+\infty}\left|\frac{\mathrm{d}}{\mathrm{d}t}\left(\frac{\sin t}{t}\right)^2\right|\mathrm{d}t.\end{aligned}$$

注意到 $\int_0^{+\infty}\left|\frac{\mathrm{d}}{\mathrm{d}t}\left(\frac{\sin t}{t}\right)^2\right|\mathrm{d}t$ 收敛, 在上式中令 $m\to+\infty$ 即得 (21.5.14) 式. □

以下引理用于证明 (21.5.7) 式在 $\mathbb{R}\setminus E$ 中局部成立.

引理 21.5.7 设函数 $g\in C[a,b]$, 且在区间 $[a,b]$ 内的二阶广义导数 $g^{[\prime\prime]}$ 存在, 且 $m\leqslant g^{[\prime\prime]}\leqslant M$. 则对任何 $h\in\left(0,\frac{b-a}{2}\right)$, 当 $a+h\leqslant x\leqslant b-h$ 时,

$$m\leqslant\frac{\Delta_h^2 g(x)}{h^2}\leqslant M\tag{21.5.15}$$

成立.

证明 任取 $x_0\in(a,b)$, $h>0$ 满足 $a\leqslant x_0-h\leqslant x_0+h\leqslant b$. 考察

$$\varphi(x):=g(x)-g(x_0)-\frac{g(x_0+h)-g(x_0-h)}{2h}(x-x_0)-\frac{\Delta_h^2 g(x_0)}{h^2}\frac{(x-x_0)^2}{2},$$

则 $\varphi(x_0+h)=\varphi(x_0)=\varphi(x_0-h)=0$. 因此, φ 在 $[x_0-h,x_0+h]$ 上的最大值和最小值都可以在 (x_0-h,x_0+h) 的内部取到. 设 ξ, η 分别为最大值点和最小值点, 则

$$\varphi^{[\prime\prime]}(\xi)\leqslant 0,\quad \varphi^{[\prime\prime]}(\eta)\geqslant 0.$$

即

$$g^{[\prime\prime]}(\xi)\leqslant\frac{\Delta_h^2 g(x_0)}{h^2}\leqslant g^{[\prime\prime]}(\eta).$$

从而 (21.5.15) 式成立. □

引理 21.5.7 的证明也可以通过证明 $\frac{Mx^2}{2}-g(x)$ 和 $g(x)-\frac{mx^2}{2}$ 均为凸函数得到.

现在我们来证明定理 21.5.2.

定理 21.5.2 的证明 不妨设 $a_0=0$. 对 (21.5.1) 式形式上逐项积分两次, 得到由 (21.5.7) 式定义的函数 F.

由引理 21.5.3, $\{a_n\}$ 和 $\{b_n\}$ 均趋于零. 因此, $\sum\limits_{n=1}^{\infty}\left(\dfrac{a_n}{n^2}\cos nx+\dfrac{b_n}{n^2}\sin nx\right)$ 一致收敛, 从而 $F\in C(\mathbb{R})$. 直接计算得到

$$\frac{\Delta_h^2 F(x)}{h^2}=\sum_{n=1}^{\infty}\frac{a_n\cos nx+b_n\sin nx}{n^2}\left(\frac{2\sin\dfrac{nh}{2}}{h}\right)^2. \tag{21.5.16}$$

于是, 由引理 21.5.6, 有①

$$F^{[\prime\prime]}(x)=f(x),\qquad \forall\, x\in\mathbb{R}\setminus E. \tag{21.5.17}$$

现考虑区间 $[a,b]\subset\mathbb{R}\setminus E$. 我们要建立以下等式:

$$\begin{aligned}&F(x)-F(a)-\frac{F(b)-F(a)}{b-a}(x-a)\\=&\int_a^x(x-s)f(s)\,\mathrm{d}s-\frac{x-a}{b-a}\int_a^b(b-s)f(s)\,\mathrm{d}s,\qquad\forall\, x\in[a,b].\end{aligned} \tag{21.5.18}$$

首先, 利用 L'Hôpital 法则易得

$$\begin{aligned}&\lim_{h\to0+}\left(\int_a^x(x-s)\frac{\Delta_h^2F(s)}{h^2}\,\mathrm{d}s-\frac{x-a}{b-a}\int_a^b(b-s)\frac{\Delta_h^2F(s)}{h^2}\,\mathrm{d}s\right)\\=&\lim_{h\to0+}\frac{1}{h^2}\left(\int_x^{x+h}(x+h-s)F(s)\,\mathrm{d}s-\int_{x-h}^{x}(x-h-s)F(s)\,\mathrm{d}s+\right.\\&\int_{a-h}^{a}\frac{(b-x)(a-h-s)}{b-a}F(s)\,\mathrm{d}s-\int_a^{a+h}\frac{(b-x)(a+h-s)}{b-a}F(s)\,\mathrm{d}s-\\&\left.\frac{x-a}{b-a}\int_b^{b+h}(b+h-s)F(s)\,\mathrm{d}s+\frac{x-a}{b-a}\int_{b-h}^{b}(b-h-s)F(s)\,\mathrm{d}s\right)\\=&F(x)-F(a)-\frac{F(b)-F(a)}{b-a}(x-a),\qquad\forall\, x\in[a,b].\end{aligned} \tag{21.5.19}$$

即 (21.5.19) 式左端的极限等于 (21.5.18) 的左端. 为得到 (21.5.18) 式, 我们要证 (21.5.19) 式左端的极限也等于 (21.5.18) 式的右端. 这只要说明 $\dfrac{\Delta_h^2F(x)}{h^2}$ 满足 Arzelà 有界收敛定理的条件. 注意到 E 为闭集, 因此, 存在 $h_0>0$ 使得 $[a-h_0,b+h_0]$ 与 E 不交. 又由假设条件, f 在 $[a-h_0,b+h_0]$ 上有界, 设上界为 M, 下界为 m. 这样, 由引理 21.5.7,

$$m\leqslant\frac{\Delta_h^2F(x)}{h^2}\leqslant M,\qquad\forall\, h\in(0,h_0),\ x\in[a,b]. \tag{21.5.20}$$

于是, 由 (21.5.17) 式以及 Arzelà 有界收敛定理得到

$$\begin{aligned}&\lim_{h\to0+}\left(\int_a^x(x-s)\frac{\Delta_h^2F(s)}{h^2}\,\mathrm{d}s-\frac{x-a}{b-a}\int_a^b(b-s)\frac{\Delta_h^2F(s)}{h^2}\,\mathrm{d}s\right)\\=&\int_a^x(x-s)f(s)\,\mathrm{d}s-\frac{x-a}{b-a}\int_a^b(b-s)f(s)\,\mathrm{d}s,\qquad\forall\, x\in[a,b].\end{aligned} \tag{21.5.21}$$

---

① (21.5.17) 式称为 Riemann 第一定理.

结合 (21.5.19) 式和 (21.5.21) 式, 就得到 (21.5.18) 式. 于是 F 限制在 $[a,b]$ 上连续可导且

$$F'(x) - \frac{F(b)-F(a)}{b-a} = \int_a^x f(s)\ \mathrm{d}s - \int_a^b (b-s)f(s)\ \mathrm{d}s, \qquad \forall\, x \in [a,b]. \tag{21.5.22}$$

进而

$$F'(x) - F'(a) = \int_a^x f(t)\ \mathrm{d}t, \qquad \forall\, x \in [a,b]. \tag{21.5.23}$$

由 $f \in \mathcal{R}^1_{\#}(\mathbb{R})$ 可见 F 在 $\mathbb{R}\setminus E$ 内连续可导, 且对任何 $[\alpha,\beta] \subset \mathbb{R}\setminus E$, 有

$$F'(\beta) - F'(\alpha) = \int_\alpha^\beta f(t)\ \mathrm{d}t. \tag{21.5.24}$$

现设

$$V := \left\{x \in \mathbb{R} \middle| \exists\, \delta > 0,\ \text{s.t. 对任意}\,[\alpha,\beta] \subset (x-\delta, x+\delta),\ (21.5.24)\ \text{式成立}\right\}.$$

则 V 为开集, $E^* := \mathbb{R}\setminus V \subseteq E$. 我们断言 $V = \mathbb{R}$. 否则 E^* 为至多可列的非空闭集. 由引理 21.5.5, E^* 有孤立点 ξ. 进而有 α, β 使得 $\alpha < \xi < \beta$, $[\alpha,\xi) \cup (\xi,\beta] \subset V$, 从而由 (21.5.23) 式,

$$\lim_{x\to\xi^-} F'(x) = F'(\alpha) + \int_\alpha^\xi f(t)\ \mathrm{d}t.$$

结合 F 的连续性以及 L'Hôpital 法则, 可得 $F'_-(\xi)$ 存在, 且

$$F'_-(\xi) = F'(\alpha) + \int_\alpha^\xi f(t)\ \mathrm{d}t. \tag{21.5.25}$$

同理, $F'_+(\xi)$ 存在, 且

$$F'_+(\xi) = F'(\beta) + \int_\beta^\xi f(t)\ \mathrm{d}t. \tag{21.5.26}$$

由 (21.5.16) 式和引理 21.5.4,

$$\lim_{h\to 0^+} \frac{F(\xi+h)+F(\xi-h)-2F(\xi)}{h} = \lim_{h\to 0} \frac{\Delta_h^2 F(\xi)}{h} = 0.$$

因此,

$$F'_+(\xi) = \lim_{h\to 0^+} \frac{F(\xi+h)-F(\xi)}{h} = \lim_{h\to 0^+} \frac{F(\xi)-F(\xi-h)}{h} = F'_-(\xi).$$

结合 (21.5.25) 式—(21.5.26) 式可见 $\xi \in V$. 得到矛盾. 因此, $V = \mathbb{R}$. 从而 F 在 $\mathbb{R}$ 上连续可导, 且

$$F'(x) - F'(0) = \int_0^x f(t)\ \mathrm{d}t, \qquad \forall\, x \in \mathbb{R}. \tag{21.5.27}$$

注意到 F 以 2π 为周期, 因此 $\displaystyle\int_0^{2\pi} f(t)\ \mathrm{d}t = F'(2\pi) - F'(0) = 0$. 于是, 利用分部积分可得

$$\begin{aligned}
\frac{1}{\pi}\int_0^{2\pi} f(x)\cos nx\ \mathrm{d}x &= \frac{n}{\pi}\int_0^{2\pi}\left(\int_0^x f(t)\ \mathrm{d}t\right)\sin nx\ \mathrm{d}x \\
&= \frac{n}{\pi}\int_0^{2\pi}\big(F'(x)-F'(0)\big)\sin nx\ \mathrm{d}x = \frac{n}{\pi}\int_0^{2\pi} F'(x)\sin nx\ \mathrm{d}x
\end{aligned}$$

$$= -\frac{n^2}{\pi}\int_0^{2\pi} F(x)\cos nx\,\mathrm{d}x = a_n, \qquad \forall n \geqslant 1.$$

即 (21.5.3) 式成立. 同理, 可以得到 (21.5.4) 式. 定理得证. □

现在我们来回答本节开头提到的第三个问题. 在第二节, 我们谈及了 Luzin 猜想–Calson 定理, 知道 $f \in \mathcal{R}^1_{\#}(\mathbb{R})$ 中函数的 Fourier 级数是几乎处处收敛到 f 的. 在这个基础上来看第三个问题, 回答是肯定的. 即有 $\displaystyle\int_0^{2\pi} |g(x) - f(x)|\,\mathrm{d}x = 0$. 然而, 这里的积分需要在 Lebesgue 积分的意义下去理解. 换言之, 当 $f \in \mathcal{R}^1_{\#}(\mathbb{R})$ 时, 其 Fourier 级数的和函数 g (若存在) 是否属于 $\mathcal{R}^1_{\#}(\mathbb{R})$ 仍然是一个问题. 值得注意的是, Kolmogorov 给出过 Lebesgue 可积函数的 Fourier 级数处处发散的例子, 因此, 在第三个问题中把 $\mathcal{R}^1_{\#}(\mathbb{R})$ 换成 $L^1_{\#}(\mathbb{R})$ 是两个相当不同的问题. 而对于 $\mathcal{R}^1_{\#}(\mathbb{R})$ 中的函数, 我们可以找出一个函数使得它的 Fourier 级数在任何一个预先给定的可列集上发散. 此时 Fourier 级数的和函数可以在一个稠密集上无定义, 从而也无从谈它属于 $\mathcal{R}^1_{\#}(\mathbb{R})$. 从中, 我们也可以看到, 如果降低第三个问题的条件, 则可以产生很多不同的问题. 而这些问题在 $\mathcal{R}^1_{\#}(\mathbb{R})$ 中讨论通常要比在 $L^1_{\#}(\mathbb{R})$ 中讨论更复杂一些. 另一方面, 对第三个问题的上述回答是基于困难的 Calson 定理. 以下我们对相关结论作一个相对简单的证明.

定理 21.5.8 设 $E \subset \mathbb{R}$ 的二阶导集为空集, $f \in \mathcal{R}^1_{\#}(\mathbb{R})$ 在 $\mathbb{R} \setminus E$ 上收敛到 g, 且对于任何有界闭区间 $[a,b] \subset \mathbb{R} \setminus \overline{E}$, g 在 $[a,b]$ 上 Riemann 可积. 则 $g \in \mathcal{R}^1_{\#}(\mathbb{R})$, 且

$$\int_0^{2\pi} |g(x) - f(x)|\,\mathrm{d}x = 0. \tag{21.5.28}$$

证明 不妨设 E 包含 f 的所有瑕点. 任取 $\delta \in (0,\pi)$, 则

$$\begin{aligned}
&\|\sigma_n(f;\cdot) - f(\cdot)\|_{\mathcal{R}^1[0,2\pi]} \\
&= \int_{-\pi}^{\pi} \left| \frac{1}{2n\pi}\int_{-\pi}^{\pi} (f(x+t) - f(x)) \left(\frac{\sin\frac{nt}{2}}{\sin\frac{t}{2}} \right)^2 \mathrm{d}t \right| \mathrm{d}x \\
&\leqslant \frac{1}{2n\pi}\int_{-\pi}^{\pi} \mathrm{d}t \int_{-\pi}^{\pi} |f(x+t) - f(x)| \left(\frac{\sin\frac{nt}{2}}{\sin\frac{t}{2}} \right)^2 \mathrm{d}x \\
&\leqslant \frac{1}{2n\pi}\int_{\delta<|t|\leqslant\pi} \left(\frac{\sin\frac{nt}{2}}{\sin\frac{t}{2}} \right)^2 \mathrm{d}t \cdot 2\|f\|_{\mathcal{R}^1[0,2\pi]} + \sup_{|t|\leqslant\delta}\int_{-\pi}^{\pi} |f(x+t) - f(x)|\,\mathrm{d}x.
\end{aligned}$$

因此,

$$\varlimsup_{n\to+\infty} \|\sigma_n(f;\cdot) - f(\cdot)\|_{\mathcal{R}^1[0,2\pi]} \leqslant \sup_{|t|\leqslant\delta}\int_{-\pi}^{\pi} |f(x+t) - f(x)|\,\mathrm{d}x.$$

再令 $\delta \to 0^+$ 得到 $\lim\limits_{n\to+\infty} \|\sigma_n(f;\cdot) - f(\cdot)\|_{\mathcal{R}^1[0,2\pi]} = 0$. 从而对于 $[a,b] \subset \mathbb{R} \setminus \overline{E}$,

$$\lim_{n\to+\infty}\int_a^b |\sigma_n(f;x) - f(x)|\,\mathrm{d}x = 0.$$

这等价于

$$\lim_{n\to+\infty}\int_a^b |\arctan\sigma_n(f;x)-\arctan f(x)|\,\mathrm{d}x=0. \tag{21.5.29}$$

另一方面, 由定理假设, $S_n(f;\cdot)$ 在 $[a,b]$ 上收敛到 $g(\cdot)$. 从而 $\sigma_n(f;\cdot)$ 在 $[a,b]$ 上收敛到 $g(\cdot)$. 由 Arzelà 有界收敛定理,

$$\lim_{n\to+\infty}\int_a^b |\arctan\sigma_n(f;x)-\arctan g(x)|\,\mathrm{d}x=0. \tag{21.5.30}$$

因此, 结合 (21.5.29) 式—(21.5.30) 式得到

$$\int_a^b |\arctan f(x)-\arctan g(x)|\,\mathrm{d}x=0.$$

这等价于

$$\int_a^b |f(x)-g(x)|\,\mathrm{d}x=0.$$

由此即可得到定理结论. □

习题 21.5

1. 试利用闭区间套定理证明引理 21.5.3.

2. 设函数 $f\in C[a,b]$, 且在区间 $[a,b]$ 内的二阶广义导数 $f^{[\prime\prime]}$ 非负. 证明: f 是凸函数.

3. 试构造一个可列闭集使得其二阶导集非空.

参考文献

[1] SAYEL A A. The mth ratio test: new convergence tests for series. The American Mathematical Monthly, 2008, 115(6): 514–524.

[2] 波利亚, 舍贵. 数学分析中的问题和定理: 第一卷. 张奠宙，宋国栋，等，译. 上海: 上海科学技术出版社, 1981.

[3] 陈传章, 金福临, 朱学炎, 等. 数学分析: 上册. 2 版. 北京: 高等教育出版社, 1983.

[4] 陈传章, 金福临, 朱学炎, 等. 数学分析: 下册. 2 版. 北京: 高等教育出版社, 1983.

[5] 陈纪修, 於崇华, 金路. 数学分析: 上册. 3 版. 北京: 高等教育出版社, 2019.

[6] 陈纪修, 於崇华, 金路. 数学分析: 下册. 3 版. 北京: 高等教育出版社, 2019.

[7] 陈天权. 数学分析讲义: 第一册. 北京: 北京大学出版社, 2009.

[8] 陈天权. 数学分析讲义: 第二册. 北京: 北京大学出版社, 2010.

[9] 陈天权. 数学分析讲义: 第三册. 北京: 北京大学出版社, 2010.

[10] 程艺, 陈卿, 李平. 数学分析讲义: 第一册. 北京: 高等教育出版社, 2019.

[11] 程艺, 陈卿, 李平. 数学分析讲义: 第二册. 北京: 高等教育出版社, 2020.

[12] 程艺, 陈卿, 李平，等. 数学分析讲义: 第三册. 北京: 高等教育出版社, 2020.

[13] 常庚哲, 史济怀. 数学分析教程: 上册. 3 版. 合肥: 中国科学技术大学出版社, 2012.

[14] 常庚哲, 史济怀. 数学分析教程: 下册. 3 版. 合肥: 中国科学技术大学出版社, 2013.

[15] 崔尚斌. 数学分析教程: 上册. 北京: 科学出版社, 2013.

[16] 崔尚斌. 数学分析教程: 中册. 北京: 科学出版社, 2013.

[17] 崔尚斌. 数学分析教程: 下册. 北京: 科学出版社, 2013.

[18] 布雷苏. 微积分溯源: 伟大思想的历程. 陈见柯, 林开亮, 叶卢庆, 译. 北京: 人民邮电出版社, 2022.

[19] 丁传松, 李秉彝，布伦. 实分析导论. 北京: 科学出版社, 1998.

[20] DUNHAM W. 微积分的历程: 从牛顿到勒贝格. 李伯民, 汪军, 张怀勇, 译. 北京: 人民邮电出版社, 2010.

[21] 菲赫金哥尔茨. 微积分学教程 (第 8 版): 第一卷. 杨弢亮，叶彦谦，译. 北京: 高等教育出版社，2006.

[22] 菲赫金哥尔茨. 微积分学教程 (第 8 版): 第二卷. 徐献瑜，冷生明，梁文骐，译. 北京: 高等教育出版社，2006.

[23] 菲赫金哥尔茨. 微积分学教程 (第 8 版): 第三卷. 路见可，余家荣，吴亲仁，译. 北京: 高等教育出版社，2006.

[24] 郝兆宽, 杨睿之, 杨跃. 数理逻辑证明及其限度. 上海: 复旦大学出版社, 2014.

[25] 华东师范大学数学系. 数学分析: 上册. 5 版. 北京: 高等教育出版社, 2019.

[26] 华东师范大学数学系. 数学分析: 下册. 5 版. 北京: 高等教育出版社, 2019.

[27] 郇中丹, 刘永平, 王昆扬. 简明数学分析. 2 版. 北京: 高等教育出版社, 2009.

[28] 黄玉民, 李成章. 数学分析. 2 版. 北京: 科学出版社, 2004.

[29] HUNT R A. On the convergence of Fourier series//Proceedings of the Conference on Orthogonal Expansions and Their Continuous Analogues. Carbondale: Southern Illinois University Press, 1968: 235–255.

[30] HUYNH E. A second Raabe's test and other series tests. The American Mathematical Monthly, 2022，129(9): 865–875.

[31] 吉林大学数学系. 数学分析: 上册. 北京: 人民教育出版社, 1978.

[32] 吉林大学数学系. 数学分析: 中册. 北京: 人民教育出版社, 1978.

[33] 吉林大学数学系. 数学分析: 下册. 北京: 人民教育出版社, 1978.

[34] KOLMOGOROFF A N. Une série de Fourier-Lebesgue divergente presque partout. Fundamenta mathematicae, 1923(4): 324–328.

[35] KOLMOGOROFF A N. Une série de Fourier-Lebesgue divergente partout. Comptes Rendus de l'Académie des Sciences Paris, 1926, 183: 1327–1328.

[36] KÖRNER T W. Uniqueness for trigonometric series. Annals of Mathematics, 1987, 126(1): 1–34.

[37] 李逸. 基本分析讲义：第一卷 上册. 北京: 高等教育出版社, 2025.

[38] 李逸. 基本分析讲义：第一卷 下册. 北京: 高等教育出版社, 2025.

[39] 刘玉琏, 傅沛仁, 林玎, 等. 数学分析讲义: 上册. 5 版. 北京: 高等教育出版社, 2008.

[40] 刘玉琏, 傅沛仁, 林玎, 等. 数学分析讲义: 下册. 5 版. 北京: 高等教育出版社, 2008.

[41] 楼红卫. 数学分析——要点・难点・拓展. 北京: 高等教育出版社, 2020.

[42] 楼红卫. 微积分进阶. 北京: 科学出版社, 2009.

[43] 楼红卫. 数学分析: 上册. 北京: 高等教育出版社, 2022.

[44] 楼红卫. 数学分析: 下册. 北京: 高等教育出版社, 2023.

[45] 楼红卫. 数学分析技巧选讲. 北京: 高等教育出版社, 2022.

[46] 梅加强. 数学分析. 2 版. 北京: 高等教育出版社, 2020.

[47] 欧阳光中, 朱学炎，秦曾复. 数学分析: 上册. 上海: 上海科学技术出版社, 1983.

[48] 欧阳光中, 朱学炎，秦曾复. 数学分析: 下册. 上海: 上海科学技术出版社, 1982.

[49] 裴礼文. 数学分析中的典型问题与方法. 3 版. 北京: 高等教育出版社, 2021.

[50] PRUS-WIŚNIOWSKI F. A refinement of Raabe's test. The American Mathematical Monthly, 2008, 115(3): 249–252.

[51] 齐民友. 重温微积分. 北京: 高等教育出版社, 2004.

[52] RUDIN W. 数学分析原理（原书第 3 版）. 赵慈庚, 蒋铎, 译. 北京: 机械工业出版社, 2004.

[53] SCHRAMM M, TROUTMAN J, WATERMAN D. Segmentally alternating series. The American Mathematical Monthly, 2014, 121(8): 717–722.

[54] 佘志坤. 全国大学生数学竞赛参赛指南. 北京: 科学出版社, 2022.

[55] 佘志坤. 全国大学生数学竞赛解析教程（数学专业类）——数学分析: 上册. 北京: 科学出版社, 2024.

[56] STUART C. An inequality involving $\sin(n)$. The American Mathematical Monthly, 2018, 125(2): 173–174.

[57] 陶哲轩. 陶哲轩实分析. 王昆扬, 译. 北京: 人民邮电出版社, 2008.

[58] TRENCH W F. Introduction to Real Analysis. Upper Saddle River: Prentice Hall, 2003.

[59] 王昆扬. 数学分析简明教材. 北京: 高等教育出版社, 2015.

[60] WATSON G N. A Treatise on the Theory of Bessel Functions. 2nd ed. Cambridge: Cambridge University Press, 1944.

[61] 伍胜健. 数学分析: 第一册. 北京: 北京大学出版社, 2009.

[62] 伍胜健. 数学分析: 第二册. 北京: 北京大学出版社, 2010.

[63] 伍胜健. 数学分析: 第三册. 北京: 北京大学出版社, 2010.

[64] 小平邦彦. 微积分入门 I: 一元微积分. 裴东河, 译. 北京: 人民邮电出版社, 2008.

[65] 小平邦彦. 微积分入门 II: 多元微积分. 裴东河, 译. 北京: 人民邮电出版社, 2008.

[66] 肖文灿. 集合论初步. 2 版. 北京: 商务印书馆, 1950.

[67] 谢惠民, 恽自求, 易法槐, 等. 数学分析习题课讲义: 上册. 2 版. 北京: 高等教育出版社, 2018.

[68] 谢惠民, 恽自求, 易法槐, 等. 数学分析习题课讲义: 下册. 2 版. 北京: 高等教育出版社, 2019.

[69] 辛钦. 数学分析八讲. 王会林, 齐民友, 译. 北京: 人民邮电出版社, 2010.

[70] 叶怀安. 连续函数列的极限函数的一个性质及其应用. 湖南数学年刊, 1985, 5(2): 87-88.

[71] 张福保, 薛星美. 数学分析 (全三册). 北京: 科学出版社, 2022.

[72] 张锦文. 公理集合论导引. 北京: 科学出版社, 1991.

[73] 张筑生. 数学分析新讲：第一册. 北京: 北京大学出版社, 1990.

[74] 张筑生. 数学分析新讲：第二册. 北京: 北京大学出版社, 1990.

[75] 张筑生. 数学分析新讲：第三册. 北京: 北京大学出版社, 1991.

[76] 周民强. 实变函数论. 3 版. 北京: 北京大学出版社, 2016.

[77] 周民强. 数学分析习题演练: 第一册. 北京: 科学出版社, 2006.

[78] 周民强. 数学分析习题演练: 第二册. 北京: 科学出版社, 2006.

[79] 卓里奇. 数学分析 (第 4 版): 第一卷. 蒋铎, 王昆扬, 周美珂, 等, 译. 北京: 高等教育出版社, 2006.

[80] 卓里奇. 数学分析 (第 4 版): 第二卷. 蒋铎, 钱佩玲, 周美珂, 等, 译. 北京: 高等教育出版社, 2006.

[81] ZYGMUND A. Trigonometric Series. 3rd. ed. Cambridge: Cambridge University Press, 2002.

常用符号

$\mathbb{N}$	自然数集
$\mathbb{Z}, \mathbb{Z}_+$	整数集, 正整数集
$\mathbb{Q}, \mathbb{Q}_+$	有理数域, 正有理数集
$\mathbb{R}, \mathbb{R}_+$	实数域, 正实数集
$\mathbb{R}^n$	n 维欧氏空间
$\mathbb{C}$	复数域
$\mathbb{C}^n$	n 维复空间
S^{n-1}	$\mathbb{R}^n$ 中单位球面, 即 $\left\{\boldsymbol{x} \in \mathbb{R}^n \,\middle|\, \\|\boldsymbol{x}\\| = 1\right\}$
$\mathbb{S}^n$	n 阶实对称矩阵全体
$B_r(\boldsymbol{x})$	半径为 r, 中心在 $\boldsymbol{x} \in \mathbb{R}^n$ 的开球
$\overset{\circ}{B}_r(\boldsymbol{x})$	半径为 r, 中心在 $\boldsymbol{x} \in \mathbb{R}^n$ 的去心开球
$I_r(\boldsymbol{x})$	边长为 $2r$, 中心在 $\boldsymbol{x} \in \mathbb{R}^n$ 且各边平行于坐标轴的闭方体
$\boldsymbol{A}^{\mathrm{T}}, \boldsymbol{x}^{\mathrm{T}}$	矩阵 $\boldsymbol{A}$, 向量 $\boldsymbol{x}$ 的转置
$\boldsymbol{x} \cdot \boldsymbol{y}$	$\mathbb{R}^n$ 中向量 $\boldsymbol{x}$ 与 $\boldsymbol{y}$ 的内积, 也常用 $\langle \boldsymbol{x}, \boldsymbol{y} \rangle$, $\boldsymbol{x}^{\mathrm{T}}\boldsymbol{y}$ 表示
$\langle x, y \rangle$	内积空间中两个元素 x, y 的内积
$\\|\boldsymbol{x}\\|_p$	$\mathbb{R}^n$ 中向量 $\boldsymbol{x} = (x_1, x_2, \cdots, x_n)^{\mathrm{T}}$ 的 p–范数 $\left(\sum\limits_{k=1}^{n} \|x_k\|^p\right)^{\frac{1}{p}}$
$\\|\boldsymbol{A}\\|_p$	方阵 $\boldsymbol{A} \in \mathbb{R}^{n\times n}$ 的诱导范数 $\\|\boldsymbol{A}\\|_p := \max\limits_{\\|\boldsymbol{x}\\|_p=1} \\|\boldsymbol{A}\boldsymbol{x}\\|_p$
$\\|\boldsymbol{x}\\|$	$\mathbb{R}^n$ 中向量 $\boldsymbol{x}$ 通常的范数, 即 $\\|\boldsymbol{x}\\|_2$
$\\|\boldsymbol{A}\\|$	方阵 $\boldsymbol{A} \in \mathbb{R}^{n\times n}$ 通常的诱导范数 $\\|\boldsymbol{A}\\|_2$
$\nu(E)$	$\mathbb{R}^n$ 中 Jordan 可测集 E 的 Jordan 测度 (容积)——长度、面积、体积
a^+, a^-	实数 a 的正部 $(\|a\| + a)/2$ 与负部 $(\|a\| - a)/2$
$a \vee b$, $a \wedge b$	实数 a, b 的最大值和最小值
$\mathrm{Re}\, z$, $\mathrm{Im}\, z$	复数 $z = a + b\mathrm{i}$ 的实部 a 和虚部 b, 其中 a, b 为实数
χ_E	集合 E 的特征函数, 即在 E 上取值为 1, 在其余点上取值为 0 的函数
$\exists$	存在
$\forall$	对于所有

$\gg, \ll$	大大大于, 大大小于
a.e.	几乎处处
s.t.	使得
$\varnothing$	空集
$\in, \ni$	$a \in E$ 和 $E \ni a$ 均表示 a 是 E 的元素
$\subseteq, \supseteq$	$E \subseteq F$ 和 $F \supseteq E$ 均表示集合 E 包含于集合 F, 即 F 包含 E
$\subset, \supset$	$E \subset F$ 和 $F \supset E$ 均表示集合 E 真包含于集合 F, 即 F 真包含 E
$\subset\subset$	集合的紧包含关系, $E \subset\subset F$ 当且仅当 $\overline{E}$ 是 F 的紧子集
$E\{\varphi \in F\}$	表示集合 $\{x \in E \vert \varphi(x) \in F\}$. 在 E 明确的情况下, 简记为 $\{\varphi \in F\}$
$f(D)$	当 f 是映射, D 是集合时, 表示 D 的像集 $\{f(x) \vert x \in D\}$
$\cap$	集合的交, $A \cap B$ 表示同时属于 A 和 B 的所有元素组成的集合
$\cup$	集合的并, $A \cup B$ 表示属于 A 或属于 B 的所有元素组成的集合
$\setminus$	集合的差, $A \setminus B$ 表示属于 A 而不属于 B 的所有元素组成的集合
$\mathscr{C}$	集合的补, $\mathscr{C}E$ 表示在全集 X 明确的情况下, E 的补集 $X \setminus E$
E°	集合 E 的内部, 即 E 的内点的全体
E'	集合 E 的导集, 即 E 的极限点 (聚点) 的全体
$\overline{E}$	集合 E 的闭包
∂E	集合 E 的边界
$\alpha E + \beta F$	线性空间中集合的伸缩、代数和与代数差等, 表示集合 $\{\alpha x + \beta y \vert x \in E, y \in F\}$
$\sum, \prod$	连加号, 连乘号
$[x], \{x\}$	实数 x 的整数部分 (即不大于 x 的最大整数) 与小数部分 (即 $x-[x]$)
$\overline{\lim}, \underline{\lim}$	上极限, 下极限
$\overline{\int}, \underline{\int}$	上积分符号, 下积分符号
$\mathcal{R}(I)$	区间 I 上的 Riemann 可积函数全体
$\mathcal{R}^p(I)$	区间 I 上正部与负部均 p 次 (广义) 可积的函数全体
$\mathcal{R}^p_{\#}(\mathbb{R})$	在 $\mathbb{R}$ 上以 2π 为周期在 $[0, 2\pi]$ 上正负部都 p 次 (广义) 可积函数全体, $1 \leqslant p < +\infty$
C_n^k	在 n 个不同的元素中选取 k 个的组合数
$C^\omega(I)$	区间 $I \subseteq \mathbb{R}$ 上的实解析函数全体
$C^k(\Omega)$	在 Ω 上有 k 阶连续 (偏) 导数的函数全体
$C_c^k(\Omega)$	在 Ω 上有紧支集且有 k 阶连续 (偏) 导数的函数全体
$C^{k,\alpha}(\Omega)$	在 Ω 上 k 阶 (偏) 导数满足 α 次 Hölder 条件的函数全体
$C^k_{\#}(\mathbb{R})$	在 $\mathbb{R}$ 上以 2π 为周期的 k 阶连续可微函数全体
$\mathscr{S}$	速降函数全体
$\widehat{f}, \check{f}$	函数 f 的 Fourier 变换, Fourier 逆变换
$f * g$	函数 f 和 g 的卷积
ℓ_∞	有界实数数列的全体
ℓ_p	$1 \leqslant p < +\infty$, p 次可求和序列的全体

索引

P

Q

R

S

T

W

X

Y

Z

郑重声明

高等教育出版社依法对本书享有专有出版权。任何未经许可的复制、销售行为均违反《中华人民共和国著作权法》，其行为人将承担相应的民事责任和行政责任；构成犯罪的，将被依法追究刑事责任。为了维护市场秩序，保护读者的合法权益，避免读者误用盗版书造成不良后果，我社将配合行政执法部门和司法机关对违法犯罪的单位和个人进行严厉打击。社会各界人士如发现上述侵权行为，希望及时举报，我社将奖励举报有功人员。

反盗版举报电话　（010）58581999　58582371
反盗版举报邮箱　dd@hep.com.cn
通信地址　北京市西城区德外大街4号
高等教育出版社知识产权与法律事务部
邮政编码　100120

读者意见反馈

为收集对教材的意见建议，进一步完善教材编写并做好服务工作，读者可将对本教材的意见建议通过如下渠道反馈至我社。

咨询电话　400-810-0598
反馈邮箱　hepsci@pub.hep.cn
通信地址　北京市朝阳区惠新东街4号富盛大厦1座
高等教育出版社理科事业部
邮政编码　100029

防伪查询说明

用户购书后刮开封底防伪涂层，使用手机微信等软件扫描二维码，会跳转至防伪查询网页，获得所购图书详细信息。

防伪客服电话　（010）58582300

图书在版编目（CIP）数据

数学分析. 下册 / 梅加强，楼红卫，杨家忠编著.
北京：高等教育出版社，2025. 3. -- ISBN 978-7-04-063829-5

Ⅰ. O17

中国国家版本馆 CIP 数据核字第 2024XK2834 号

Shuxue Fenxi

策划编辑	李　蕊	出版发行	高等教育出版社
责任编辑	李　茜	社　　址	北京市西城区德外大街4号
封面设计	王　洋	邮政编码	100120
版式设计	童　丹	购书热线	010-58581118
责任绘图	杨伟露	咨询电话	400-810-0598
责任校对	马鑫蕊	网　　址	http://www.hep.edu.cn
责任印制	赵义民		http://www.hep.com.cn
		网上订购	http://www.hepmall.com.cn
			http://www.hepmall.com
			http://www.hepmall.cn

印　　刷	北京盛通印刷股份有限公司
开　　本	787mm × 1092mm　1/16
印　　张	13.75
字　　数	260 千字
版　　次	2025年3月第1版
印　　次	2025年7月第2次印刷
定　　价	37.80 元

本书如有缺页、倒页、脱页等质量问题
请到所购图书销售部门联系调换

物 料 号　63829-A0

数学“101计划”已出版教材目录

1.	《基础复分析》	崔贵珍　高　延
2.	《代数学（一）》	李　方　邓少强　冯荣权　刘东文
3.	《代数学（二）》	李　方　邓少强　冯荣权　刘东文
4.	《代数学（三）》	冯荣权　邓少强　李　方　徐彬斌
5.	《代数学（四）》	冯荣权　邓少强　李　方　徐彬斌
6.	《代数学（五）》	邓少强　李　方　冯荣权　常　亮
7.	《数学物理方程》	雷　震　王志强　华波波　曲　鹏　黄耿耿
8.	《概率论（上册）》	李增沪　张　梅　何　辉
9.	《概率论（下册）》	李增沪　张　梅　何　辉
10.	《概率论和随机过程 上册》	林正炎　苏中根　张立新
11.	《概率论和随机过程 下册》	苏中根
12.	《实变函数》	程　伟　吕　勇　尹会成
13.	《泛函分析》	王　凯　姚一隽　黄昭波
14.	《数论基础》	方江学
15.	《基础拓扑学及应用》	雷逢春　杨志青　李风玲
16.	《微分几何》	黎俊彬　袁　伟　张会春
17.	《最优化方法与理论》	文再文　袁亚湘
18.	《数理统计》	王兆军　邹长亮　周永道　冯　龙
19.	《数学分析》数字教材	张　然　王春朋　尹景学
20.	《微分方程Ⅱ》	周蜀林
21.	《数学分析（上册）》	楼红卫　杨家忠　梅加强
22.	《数学分析（中册）》	杨家忠　梅加强　楼红卫
23.	《数学分析（下册）》	梅加强　楼红卫　杨家忠